P9-DVL-097

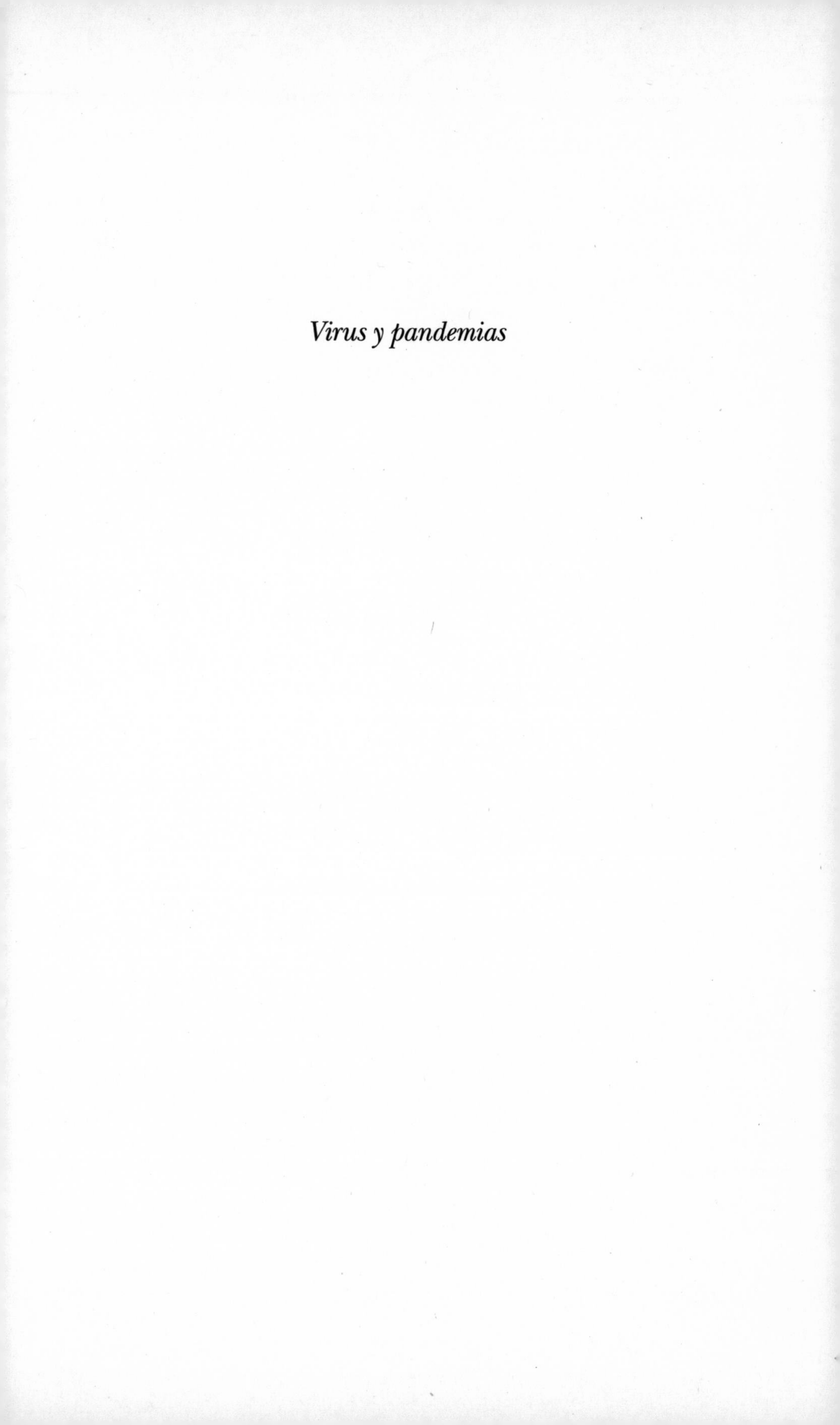

Virus y pandemias

IGNACIO LÓPEZ-GOÑI

Virus y pandemias

WITHDRAWN

GUADALMAZÁN

© Ignacio López-Goñi, 2020
© Talenbook, s.l., 2020

Primera edición en este sello: octubre de 2020

Reservados todos los derechos. «No está permitida la reproducción total o parcial de este libro, ni su tratamiento informático, ni la transmisión de ninguna forma o por cualquier medio, ya sea mecánico, electrónico, por fotocopia, por registro u otros métodos, sin el permiso previo y por escrito de los titulares del *copyright.*»
Guadalmazán • Colección Divulgación científica

Edición de Antonio Cuesta
Corrección de José Falcón
www.editorialguadalmazan.com
pedidos@almuzaralibros.com - info@almuzaralibros.com

Imprime: black print
ISBN: 978-84-17547-24-0
Depósito Legal: CO-956-2020
Hecho e impreso en España - *Made and printed in Spain*

A todos aquellos que perdieron su vida
durante la pandemia y a sus familias.

A todo el personal sanitario que luchó sin descanso.

A todos los que nos quedamos en casa confinados
y fuimos capaces de doblegar la curva.

Índice

«Un virus es un trozo de ácido nucleico
rodeado de malas noticias».

PETER BRIAN MEDAWAR
Premio Nobel de Medicina, 1960

Introducción

En la primera edición de este libro nos preguntábamos: Hoy en día, en pleno siglo XXI, ¿puede un virus cambiar el mundo? ¿Puede haber una nueva pandemia mundial? Desgraciadamente, hoy todos ya sabemos la respuesta.

André Michael Lwoff (1902-1994) fue un microbiólogo francés que trabajó en el Instituto Pasteur y recibió el Premio Nobel en Medicina en 1965, junto con François Jacob y Jacques L. Monod, por sus descubrimientos sobre cómo se multiplican los virus dentro de las células. Según dicen, una de sus frases lapidarias fue: «Los virus son virus». Durante siglos hemos padecido sus efectos sin saber ni siquiera quiénes eran. Edward Jenner desarrolló su famosa vacuna contra la viruela en 1796 cuando todavía ni él mismo sabía lo qué era un virus.

El término *virus* viene del latín y significa «veneno». Algo tan simple como un minúsculo virus ha originado una auténtica hecatombe mundial. Pero, además, con relativa frecuencia nos llegan noticias de nuevos virus que causan grandes epidemias y pandemias: no solo los coronavirus, sino también los famosos virus de la gripe aviar, las fiebres tropicales y el dengue en el sur de Europa, los brotes del virus del Nilo occidental en EE. UU., los miles de casos de chikungunya en América, el zika por todo el mundo o las epidemias de ébola en África.

En este libro explicaremos qué es un virus, cómo es la vida de un virus dentro de una célula y cómo se originan los nuevos virus de la gripe. Contestaremos a preguntas como por qué es tan difícil curar el SIDA o si el ébola acabará siendo una pandemia. Hablaremos también de mosquitos, de murciélagos, de camellos, y de los virus que transmiten. Repasaremos la historia para ver cómo los virus influyeron en la construcción del canal de Panamá o en la conquista de América. Veremos cómo se puede trabajar con virus y cómo podemos controlarlos. Todo ello con los últimos avances científicos en virología. Y, por supuesto, hablaremos de la pandemia de COVID-19. Después de leer este libro, serás consciente de que sin virus la vida en la Tierra sería muy diferente e incluso quizás no existiría. Los virus son la causa de muchas enfermedades infecciosas, muchas de ellas mortales, pero también nos pueden ayudar a controlar algunas infecciones. Hoy en día podemos manipular algunos virus y emplearlos como terapia contra el cáncer, y otros, como los retrovirus endógenos, son parte de nuestro genoma y probablemente hayan influido en nuestra propia evolución como humanos. Contestaremos a estas y muchas otras preguntas con rigor científico, pero con un lenguaje divertido y divulgativo.

La gripe española *de 1918*

En 1918 una epidemia de gripe causó más muertes en 25 semanas que el SIDA en 25 años. Mató a más personas en un año que la peste en la Edad Media en todo un siglo. Se calcula que entre 20 y 50 millones de personas murieron por la pandemia de gripe entre 1918 y 1919, muchas más muertes que en toda la Primera Guerra Mundial. Esta epidemia de gripe se diseminó más rápido que cualquier otra plaga. En solos tres meses se extendió por todo el planeta. Este virus de la gripe fue 25 veces más mortal que otros virus de la gripe anteriores. Si miras los registros oficiales de nacimientos y defunciones durante el siglo XX de tu pueblo o ciudad (o paseas por el cementerio) me apuesto lo que quieras a que muy probablemente en octubre de 1918 las defunciones superaron a los nacimientos. Y es que en Europa el pico de mortalidad ocurrió entre los meses de octubre y noviembre de 1918. Pero la gripe de 1918 fue un problema mundial. Sus efectos fueron devastadores, mató sobre todo a jóvenes entre 15 y 35 años, rápidamente, en solos dos o tres días, y con síntomas hemorrágicos. Solo en EE. UU. fallecieron ese año más de 650.000 personas.

En 1918 la causa de la pandemia todavía era un misterio. El virus de la gripe no se aisló hasta 1933. En 2005 se publicó un polémico trabajo en el que describían la reconstrucción en el laboratorio del virus de la gripe de 1918. Para *resucitar* el virus emplearon muestras de autopsias de soldados americanos que habían fallecido por la gripe del 18, que se guardaban en el Instituto de Patología de la Fuerzas Armadas, en Washington D.C. También emplearon muestras de cadá-

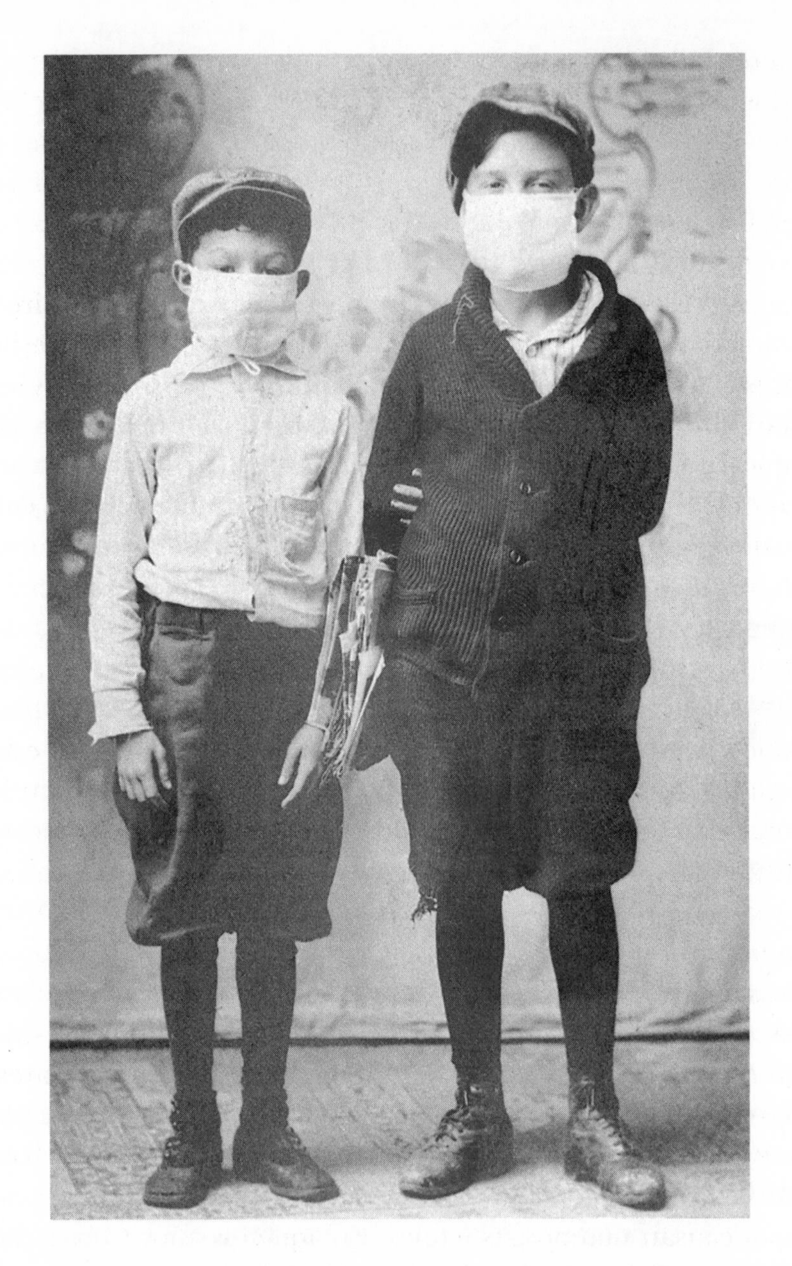

Niños listos para asistir a la escuela durante la epidemia de gripe de 1918 [Biblioteca y Archivos del Estado de Florida].

veres fallecidos por la misma causa, que habían permanecidos congelados en el permafrost de Alaska desde noviembre de 1918. Mediante técnicas de biología molecular, como si de un puzle se tratara, generaron un virus activo que contenía el genoma completo del de 1918. Confirmaron así que el virus de 1918 era un virus de la gripe A del tipo H1N1 (más adelante explicaremos qué significa esto), que surgió directamente de un virus de la gripe de aves, y que no necesitó mezclarse con otros virus para adaptarse al ser humano y ser tan mortal. Además, este trabajo permitió resolver una duda que tenían los investigadores desde hace mucho tiempo: ¿por qué esta gripe de 1918 fue tan mortal? Se ha comprobado que este virus de 1918 *resucitado* es muy virulento, causa la muerte en los ratones de laboratorio y en los embriones de pollo mucho más rápidamente que cualquier otro virus de la gripe humano conocido, y crece muy rápidamente en células humanas. Los virus que causan la gripe *normal* producen en los animales una respuesta inmune pasajera, estimulan nuestras defensas lo suficiente como para controlar la multiplicación del virus; por eso la gripe estacional dura solo unos días. Sin embargo, este virus de 1918 es capaz de causar una respuesta inmune anormalmente elevada, una reacción autoinmune masiva, que se conoce como *tormenta de citoquinas*, que, en vez de controlar al virus, lo que permite es que se multiplique y se disemine de forma mucho más agresiva, lo que daña y destruye rápidamente los tejidos pulmonares. Hoy sabemos que la gripe del 1918 estaba asociada a complicaciones respiratorias secundarias por colonización de bacterias como *Haemophilus influenza* y *Streptococcus pneumoniae*, que causan neumonías letales. En aquellos años todavía no habíamos descubierto los antibióticos. Afortunadamente, hoy sabemos que los antivirales actuales son efectivos contra este virus de 1918.

Como hemos dicho, este trabajo fue muy polémico: consistía en *resucitar* un virus que había causado una de las grandes pandemias del siglo XX. El objetivo de los investigadores

GRAND HÔTEL
12 Boulevard des Capucines
PARIS

Adresse Télégraphique
GRANDTEL-PARIS

Teleph. Central 35-40
35-49. 35-50

le Sept 1918

Dear Folks,

I am still alive and feeling fine its a wonder at that, if I ever get back to dear old U.S.A. I am going to kiss every one of you so much that you will think you were in a gas attack. The Americans are doing great things over here as you already know and I have been in the mess, don't think I'll ever forget what I've gone through over here. Every where in Paris, at all the shows you here nothing but, Yanks, Sammies, Americans, and American Music, Gee, it makes you proud to be an American and an Officer. My being in Paris is because I am returning from a course in Grenades, and am proceeding to my division. I ~~wont~~ don't think that I'll have to go back in the trenches for at least 3 weeks as my division is out for a rest we have been out a little over a week now. The big job I have now is to

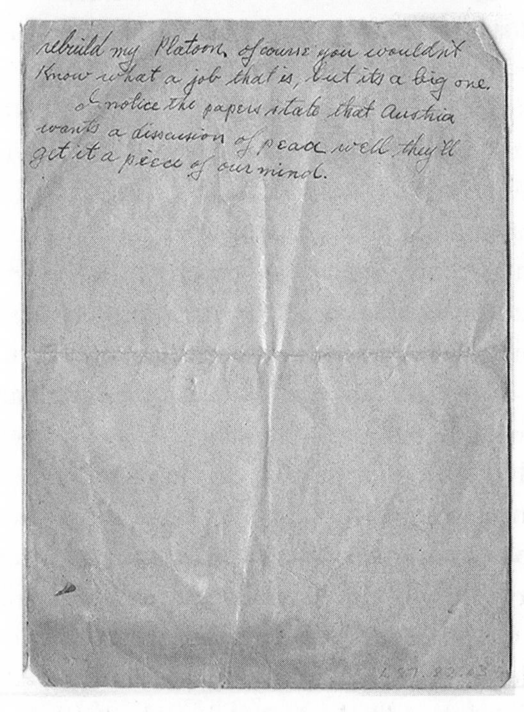
rebuild my Platoon, of course you wouldn't know what a job that is, but its a big one.

I notice the papers state that Austria wants a discussion of peace well they'll get it a piece of our mind.

Carta inacabada del segundo teniente Leslie Horn (1893-1918) a sus padres. El soldado perdió la vida en la batalla de Meuse-Argonne durante la Primera Guerra Mundial [Southern Methodist University].

era conocer mejor cómo era aquel virus, qué características tenía para hacerlo tan peligroso; así podemos prevenir y estar mejor preparados ante nuevas pandemias o amenazas de este tipo de virus de la gripe. No hay que olvidar que después de 1918 ha habido otras pandemias de gripe, pero no tan devastadoras: la gripe asiática de 1957 con cinco millones de muertos y la gripe de Hong Kong de 1968 con casi dos millones. La *resurrección* de virus tan peligrosos supone un riesgo (un posible *escape* del virus del laboratorio) y abre un debate sobre biopeligrosidad y potencial uso bioterrorista: la misma información puede ser empleada para prevenir y controlar mejor una pandemia o para crearla... Sin embargo, no es necesario pensar en la *creación* de virus pandémicos en un laboratorio. Como veremos a lo largo de este libro, la naturaleza se basta y se sobre para generar todo tipo de recombinaciones y mezclas de posibles nuevos virus patógenos.

Por cierto, ¿sabes por qué se llamó a la gripe de 1918 gripe *española*? España fue uno de los países europeos que no intervino en la Primera Guerra Mundial (1914-1918) y no censuró las noticias acerca de la epidemia de gripe. El 22 de mayo de 1918 apareció la primera noticia sobre la epidemia de gripe en el periódico madrileño *El Sol*. Sin embargo, el resto de los países que participaban en la Primera Guerra Mundial, entonces la Gran Guerra, censuró las noticias sobre la epidemia para no desmoralizar a las tropas. La noticia en otros países era la guerra, en España la epidemia de gripe. Por eso, dio la falsa impresión de que los primeros casos surgieron en España, aunque en realidad no fue así —de hecho, se cree que la epidemia llegó a España desde Francia—. Esta vez los españoles no tuvimos la culpa.

Para saber dónde surgió aquella pandemia, tenemos que irnos hasta la batalla de Meuse-Argonne, la ofensiva final de la Primera Guerra Mundial. Tuvo lugar en los alrededores de la ciudad de Verdún (en el noreste de Francia), entre los días 26 de septiembre y 11 de noviembre de 1918. Fue la mayor operación y victoria de la Fuerza Expedicionaria Americana

Appt.9/3/18 Burmeister Theresa UNATTACHED not
Oath 9/6/18 Thresa RED CROSS.
8418-1502 Reserve -
9/16/18- Nav.GREAT LAKES. DN-673-Rpt. 9/25/18.
9/23/18-Proceeding. (from Denver, Colo) 18418-1502
1-29-19- DIED - (6-35-AM-influenza.)
2-5-19--War Risk, W. R.-115138.
3-7-19-_BuNavigation notified -K-2N.
Next of kin notified (Hospital)
3-7-19-Health Record & Death Record to R&PD.
3/24/19 Second notice WR-115738-408 to War Risk
3.24.19 R.C.Papers returned. 4/30/19 Letter C-149383 War Risk
re-$100. burial claim to L.Burmeister
BURMEISTER :: THERESA

Date and place of birth. June 30, 1888 - Long Grove, Ia.
Date of Graduation St.Joseph's Hospital, Denver, Colo.
Mar.15,1917.
Relative - Miss Anna Burmeister,
Andalusia, Ill.
Address - West Vernon Hotel, 1209 E.Colfax,
Denver, Colo.
Next of kin. Father Mr. Ludwig Burmeister
Andalusia, Ill.
R.A.C. 11.19.32
1-6-27 Letter to Adj Gen State of Ill.
4/30/19 Spl. letter War Risk re-report.

Sobre estas líneas aparece la ficha de la enfermera Theresa Burmeister, nombrada miembro del Cuerpo de Enfermeras de la Armada el 3 de noviembre de 1918. Fue asignada al Hospital Naval de los Grandes Lagos y murió en la epidemia de gripe «española» de 1918, el 29 de enero de 1919 a las 6:35 a.m. [U.S. Navy Medicine & its headquarters, the Bureau of Medicine and Surgery].

contra el ejército alemán, e incluyó ataques de las tropas francesas, británicas y belgas. El resultado fue la derrota del ejército alemán y la firma del armisticio el 11 de noviembre de 1918, que puso fin a las hostilidades. Murieron 26.277 soldados americanos. Se considera la batalla que causó más bajas de la historia del ejército americano. El cementerio americano de Meuse-Argonne, con 14.246 soldados, es el mayor cementerio estadounidense en Europa. La ofensiva de Meuse-Argonne coincidió con la segunda oleada de la pandemia de gripe de 1918. No sabemos exactamente qué impacto tuvo la gripe en el desarrollo de la Primera Guerra Mundial, pero se calcula que causó más de 100.000 muertes entre los soldados de ambos frentes, y que dejó millones de soldados enfermos y debilitados. Así que, de alguna forma, el virus influyó. Por ejemplo, la gripe acabó con la vida de unos 30.000 soldados americanos en los campos de entrenamiento incluso antes de embarcarse para Francia. El número excede al de muertos en la batalla de Meuse-Argonne. Quizá la batalla contra el virus fue realmente la más mortífera del ejército americano.

Una característica de aquella pandemia es que ocurrió en varias oleadas de distinta letalidad. La primera se produjo en la primavera de 1918, fue relativamente suave y causó pocas muertes. Después de un periodo de calma, el virus reemergió con fuerza en los meses de otoño de 1918. En esta segunda oleada causó decenas de millones de muertos por todo el planeta. Una tercera oleada ocurrió en los primeros meses de 1919. No sabemos exactamente el origen de la pandemia, pero bien podría estar relacionado con los millones de hombres que se hacinaban en los cuarteles militares y en los campos de batalla durante la Primera Guerra Mundial. Se ha sugerido que la pandemia realmente comenzó en la base militar británica en Etaples, en la costa norte de Francia. La base estaba repleta de hombres, en la zona costera, con gran cantidad de aves migratorias y rodeada de muchas granjas de cerdos, patos y gansos que servían de alimento para los soldados y… de reservorio para los virus. Esto pudo contribuir a una epidemia de infección respiratoria que ocurrió entre diciembre de 1916 y marzo de 1917, con síntomas clínicos similares a los de 1918. El origen de la pandemia también se ha relacionado con soldados indochinos (de Vietnam, Laos y Camboya) que lucharon en Francia entre 1916 y 1918, y que padecieron varios brotes de neumonía aguda. Otra teoría sobre el origen de la pandemia lo relaciona con el primer brote generalizado de gripe que ocurrió en un campo de entrenamiento militar americano en Kansas, en marzo de 1918, entre un grupo de trabajadores chinos contratados. La gripe se extendió rápidamente por el campamento y afectó a más de 1.100 soldados. De ahí se extendió a otros campamentos americanos y pudo viajar a Europa en las tropas que desembarcaron en verano de 1918. En total, casi un 12% del ejército americano fue hospitalizado por infecciones respiratorias entre marzo y mayo de 1918. En el frente de batalla, la gripe apareció en Francia entre las tropas británicas en abril de 1918. En el mes de mayo, el ejercito francés tuvo que evacuar del frente entre 1.500-2.000 soldados diarios por culpa de la gripe. Y algo parecido ocurría también entre los alemanes.

Pero lo peor estaba por llegar. La segunda oleada, la más mortífera, ocurrió entre septiembre y noviembre de 1918. Decenas de miles los soldados de ambos bandos murieron por gripe, aunque las autoridades militares censuraron las noticias y minimizaron las cifras para no desanimar a los soldados: los héroes debían morir en el frente de batalla luchando contra el enemigo, no por gripe en la cama de un hospital. Es curioso comprobar que en muchas de las esquelas de la época se decía «por una enfermedad contraída en el frente de batalla», sin mencionar el tipo de enfermedad. Por eso, como hemos visto, la gripe de 1918 se llamó la gripe *española*.

Pandemias, epidemias mundiales

El 11 de junio de 2009, la directora general de la OMS se presentaba ante los medios de comunicación para declarar el nivel de alerta máximo ante una nueva pandemia de gripe. A finales de abril de 2009, la OMS anunció la aparición de un nuevo virus de la gripe A. Se trataba de una cepa H1N1 que no había circulado anteriormente en la especie humana, un virus completamente nuevo. En pocos meses se confirmaron más de 30.000 casos en 74 países. Nunca una pandemia había sido detectada con tanta precocidad ni había sido observada tan de cerca desde su inicio. A pesar de la alarma inicial, la inmensa mayoría de los pacientes presentaron síntomas leves y se recuperaron completamente y con rapidez, a menudo sin haber recibido tratamiento médico. La gravedad resultó ser moderada, muy similar a las epidemias estacionales de gripe *normal.* Afectó más a los jóvenes. Un tercio de los mayores de 60 años tenían anticuerpos contra ese virus, probablemente debido a exposiciones previas a un virus H1N1 en algún momento de sus vidas. A pesar de ello, se estima que aquel virus, que acabó denominándose H1N1 pdm09, causó entre 150.000 y 575.000 muertes en todo el mundo durante el primer año. El 10 de agosto de 2010, la OMS anunció el fin de la pandemia de gripe H1N1. Sin embargo, el virus sigue circulando entre nosotros como un virus estacional. Por cierto, se consiguió una vacuna contra este virus en un tiempo récord, pero estuvo disponible cuando ya había pasado el pico de la pandemia y los casos estaban disminuyendo. Diez años después, el 11 de marzo de 2020, la OMS declara la segunda pandemia del siglo XXI. Muchos seguíamos esperando que el causante fuera otro virus recombinante de la gripe. Pero no, se trataba de un nuevo coronavirus, el SARS-COV-2. Pero esto merece un capítulo a parte.

Hoy ya todos sabemos qué es una pandemia. El término significa «epidemia causada por un microorganismo patógeno que afecta a un gran número de población y con una extensión geográfica muy amplia». Es por tanto una epidemia que afecta a todo el mundo. *Pandemia* no es sinónimo de muerte, no hace referencia a la letalidad de un virus sino a su transmisibilidad y extensión geográfica. Normalmente una pandemia está causada por microorganismos patógenos con una gran capacidad de transmisión, lo más frecuente por vía respiratoria. Suelen ser genéticamente diferentes a los que ya circulan previamente entre la población, y para los que la población no tiene defensas, por lo que la mayoría de los individuos son susceptibles y pueden infectarse. La trascendencia y las consecuencias de una pandemia dependen de varios factores: de la capacidad que tenga el microorganismo de transmitirse entre la población, de lo virulento que sea, de la existencia de medicamentos y vacunas específicas contra ese microorganismo, y de las medidas de control de la transmisión y difusión que se lleven a cabo.

Las pandemias tienen varias fases que se definen por la evidencia o no de que haya transmisión entre personas y según la extensión geográfica que haya alcanzado la enfermedad. En las distintas fases, el nivel de alerta y las acciones que hay que tomar son diferentes. Clásicamente se habla de seis fases. Para explicarlo vamos a poner como ejemplo una pandemia de gripe. Las dos primeras fases (I y II) en realidad son interpandémicas: aún no hablamos de la existencia de una pandemia propiamente dicha, sino de riesgo de pandemia. En la primera fase no hay ningún caso de gripe en humanos, solo hay casos en animales, pero que no suponen ningún riesgo. En la segunda fase tampoco hay casos en humanos, pero comienza a haber un riesgo para el ser humano. La fase III es ya de alerta de pandemia, en la que ya ha habido algún caso confirmado en el laboratorio de gripe en humanos a partir de virus animales, pero no se ha demostrado todavía que haya habido transmisión del virus entre personas. Las tres fases siguientes corresponden propiamente a las fases pandémicas y se clasifican según el nivel de extensión geográfica y de adaptación del virus al ser humano. En la fase IV el virus no está todavía aún bien adaptado al hombre, hay una diseminación limitada entre personas capaz de producir una pequeña epidemia local y se alcanza el nivel epidémico en un país concreto. En la fase V el virus está mejor adaptado y la epidemia se extiende en dos o más países de la misma zona geográfica, en países cercanos. En la fase VI el virus ya está totalmente adaptado al ser humano y el nivel epidémico se alcanza en al menos otro país de una región distinta, en distintos continentes, por ejemplo. Existe una transmisión entre personas elevada y sostenida en el tiempo en varias zonas geográficas. No es pandemia cuando solo hay casos importados en muchos países. Para que haya pandemia debe existir trasmisión sostenida, eficaz y continua de la enfermedad de forma simultánea en más de tres regiones geográficas distintas. El control y la vigilancia de la aparición de pandemias se lleva a cabo a través de los laboratorios de referencia, que se integran dentro de una red internacional de vigilancia de enfermedades infecciosas. Los centros de referencia nacionales se comunican con los organismos internacionales como la OMS, el Centro de Control y Prevención de Enfermedades en EE. UU. (CDC) y en Europa (ECDC), que son los encargados de notificar la fase en la que se encuentra una pandemia y las medidas a tomar.

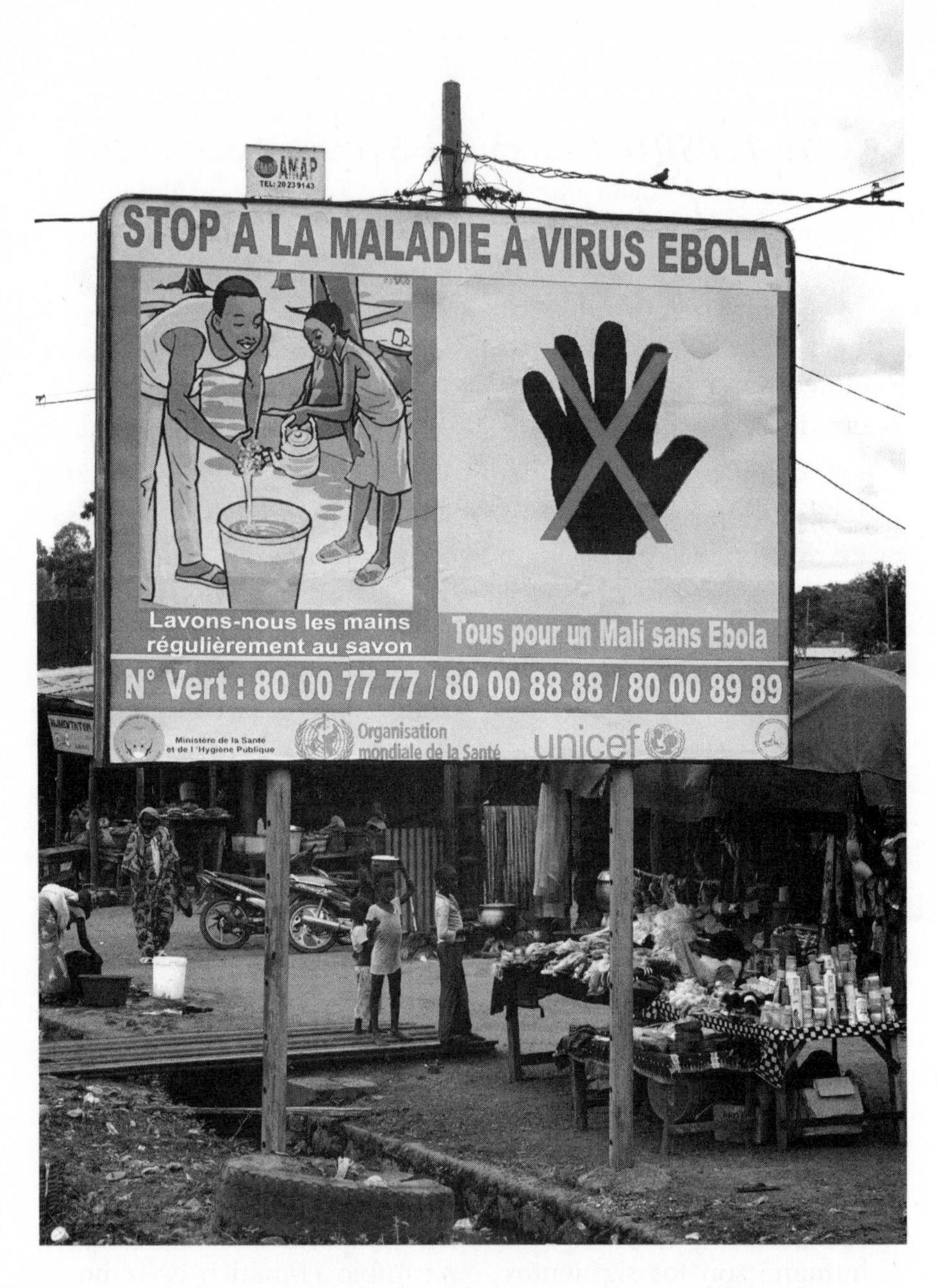

Malí, África, septiembre de 2015. Cartel de información de Unicef.
Campaña de prevención contra el virus del Ébola en un mercado de Malí.

Un riesgo para la supervivencia de la especie humana

¿Puede una pandemia viral poner en riesgo la supervivencia de la especie humana? Ya sabemos que sí, pero desde hace años se venía estudiando la probabilidad de que ocurriera una. A principios del año 2015 se publicó el primer informe sobre el riesgo mundial de que ocurra un daño severo para toda la humanidad, un colapso mundial de proporciones infinitas que ponga en riesgo la supervivencia de la especie humana. Este informe fue elaborado por la Global Challenges Foundation en colaboración con la Universidad de Oxford. Los autores elaboraron una lista de riesgos mundiales que tienen impactos que se pueden considerar infinitos y que ponen en jaque los propios cimientos de nuestra civilización. Se trataba de la primera visión en conjunto de eventos clave relacionados con esos riesgos y quería ofrecer una cuantificación aproximada de las probabilidades de esos impactos. El riesgo se evalúa como la probabilidad de que ocurre y el impacto que puede llegar a tener. En este informe se centraron en aquellos riesgos que, aunque haya una probabilidad baja de que ocurran, pueden provocar un impacto mundial infinito de consecuencias desastrosas. Según este estudio los doce riesgos mundiales con un impacto infinito que pueden poner en jaque a la civilización humana son los siguientes: un cambio climático extremo, una guerra nuclear, una catástrofe ecológica, una pandemia mundial, el colapso del sistema económico mundial, el impacto de un asteroide importante, la erupción masiva de los supervolcanes, la biología sintética, la nanotecnología, la inteligencia artificial, riesgos inciertos y la mala gobernanza mundial (interesante este último: ¡algunos gobernantes puede ser más peligrosos que una pandemia viral!). Dejo para otros incluir otros riesgos. Yo obviamente aquí me voy a dedicar a la posibilidad de que ocurra una pandemia que suponga un colapso mundial de proporciones infinitas y que ponga en riesgo la supervivencia de la especie humana.

Como veremos a lo largo de este libro, en la naturaleza ya existen microorganismos patógenos que producen enfermedades que prácticamente siempre son mortales, como el virus de la rabia. Otros son de difícil curación como el ébola. Algunos, como los virus de la gripe o el sarampión, son muy infecciosos y extremadamente fáciles de contagiar por vía aérea, y otros, como el virus del SIDA, tienen largos periodos de incubación. Imaginemos que surge algún nuevo virus capaz de combinar todas estas propiedades: un virus de difícil curación y con una mortalidad de casi el cien por cien, extremadamente fácil de trasmitir y con periodos de incubación muy largos. Las consecuencias serían fatales: habría muchos infectados y muchos muertos. A lo largo de la historia ya ha habido algunos patógenos que han puesto en serio riesgo la viabilidad de nuestra especie: la peste negra en la Edad Media acabó con más de la mitad de la población europea. Acabamos de ver que la gripe *española* de 1918 afectó a unos 500 millones de personas y causó cerca de 50 millones de muertos. Se calcula que un tercio de la población mundial está infectada por la bacteria *Mycobacterium* y que han existido otras pandemias globales como la sífilis, la viruela, el SIDA. En los últimos once años ha habido seis declaraciones de emergencia sanitaria internacional: la pandemia de gripe H1N1 en 2009, el ébola en África Occidental en 2014, ese mismo año otra por un brote de polio en Oriente Próximo, el zika en América en 2016, en 2019 de nuevo el ébola en la República Democrática del Congo, y la última en 2020 con el nuevo coronavirus COVID-19. Se trata de virus respiratorios de fácil diseminación (gripe y coronavirus), transmitidos por mosquitos, lo que dificulta su control (el zika), con una alta tasa de letalidad (el ébola) o casi a punto de ser erradicados del planeta (la polio).

En la intensidad y gravedad de una pandemia influyen muchos factores. Tenemos un conocimiento científico y un nivel de investigación muy desarrollados, y organismos de cooperación internacional dedicados a la salud que podrían ayudar en la detección, el control y el tratamiento de pandemias. Aunque hoy las condiciones sanitarias e higiénicas han mejorado sustancialmente, todavía hay muchas regiones del planeta con serias deficiencias en infraestructuras sanitarias, como hemos podido comprobar en la reciente epidemia de ébola en África. Y otros factores como la globalización, la movilidad internacional y el aumento de población —especialmente de grandes urbes— pueden facilitar la rápida trasmisión de una pandemia, como ha ocurrido con la gripe y los coronavirus. El bioterrorismo es una amenaza

Póster original de la película de 1995 *Twelve Monkeys* (*Doce Monos*), protagonizada por Bruce Willis, Brad Pitt, Madeleine Stowe, David Morse y Christopher Plummer. En esta cinta de ciencia ficción se narra la historia postapocalíptica de nuestro planeta, devastado por un virus.

cada vez más real. La aparición de un patógeno pandémico que afectara no solo al ser humano, sino también al ganado o a los cultivos, podría poner en riesgo también la provisión de alimentos.

Los autores de este informe de la Universidad de Oxford han analizado varios de estos factores. Por supuesto, muchos de estos riesgos están relacionados entre sí. Por ejemplo, una guerra nuclear, el impacto de un asteroide o una intensa actividad volcánica afectarían al clima, que tendría consecuencias en los ecosistemas y facilitaría la extensión de pandemias. El informe concluye que la probabilidad de que en los próximos cien años ocurra una catástrofe de consecuencias infinitas debido a una pandemia es del 0,0001%, o sea, muy baja, pero no imposible, como ya hemos visto. Es una probabilidad similar a la del impacto por un asteroide, de 0,00013%, superior a un cataclismo por supervolcanes (0,00003%), pero inferior a los efectos de una guerra nuclear (0,005%) o del cambio climático (0,01%). Este informe era algo más que una curiosidad. Su principal objetivo era fomentar la cooperación mundial y emplear esta nueva categoría de riesgo como un impulso para la innovación. Aunque la probabilidad de cataclismo global a causa de una pandemia mundial por un virus mortal era muy baja, según este informe, la realidad siempre supera las predicciones.

Pero, ¿qué es un virus?

Antes de seguir viendo ejemplos de virus pandémicos, dediquemos unas páginas a explicar qué es un virus y cómo se multiplica dentro de las células. Muchas enfermedades infecciosas están causadas por virus: desde el catarro común hasta la gripe, el sarampión o la varicela, el SIDA, la fiebre amarilla o la hepatitis. Pero ¿qué es un virus? Los virus no son células, son agentes infecciosos que infectan células, cualquier tipo de célula.

A primera vista una de las características más aparentes de los virus es su pequeño tamaño. En general, los virus tienen un tamaño aproximado de entre 20 y 300 nanómetros. Para que te hagas una idea, un milímetro es un millón de nanómetros. El virus de la polio, por ejemplo, es uno de los más pequeños y tiene tan solo 20 nanómetros de diámetro, es decir 0,00002 milímetros. En un espacio tan pequeño como el punto que hay al final de esta frase caben más de 50.000 virus de la polio. Otros virus son más grandes. El virus de la viruela es uno de los más grandes y mide más de 300 nanómetros, o lo que es lo mismos 0,0003 milímetros. Los virus por tanto pueden ser unas 100 veces más pequeños que una bacteria y entre 500 y 1.000 veces más pequeños que una de nuestras células. Por eso, los virus no los podemos *ver* con los microscopios ópticos normales de luz visible, sino que necesitamos microscopios especiales, como el microscopio electrónico, que en vez de utilizar un haz de luz visible emplean un haz de electrones. Los microscopios electrónicos más potentes pueden aumentar un objeto hasta un millón de veces. Producen imágenes en blanco y negro, pero se pueden colo-

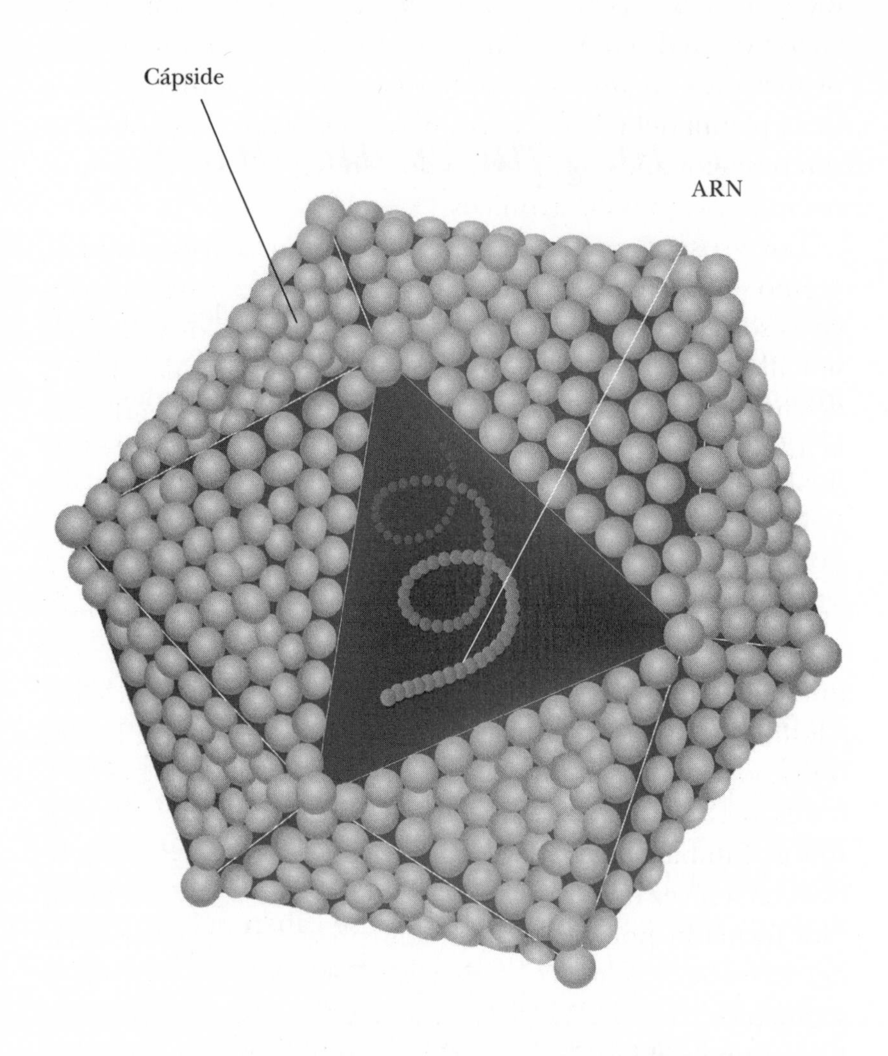

Ilustración esquemática del virus de la hepatitis A. Es un virus icosaédrico, ARN, cubierto por una capa proteica.

rear o retocar a través del ordenador. Por eso verás por ahí, fotos muy bonitas de virus a color, pero son «photoshop», los virus no son de colores. Aunque los virus se describieron por primera vez en 1898 al estudiar la enfermedad del mosaico de la planta del tabaco, la primeras imágenes no se obtuvieron hasta los años treinta cuando se desarrollaron los primeros microscopios electrónicos.

Los virus son muy pequeños, pero ¿cómo es su estructura?, ¿cómo son? Aunque su estructura es muy simple, no todos los virus son iguales, hay muchos tipos distintos. Los virus más sencillos están formados por una o varias moléculas de ácidos nucleicos, que constituye el genoma del virus, donde está la información genética. Este puede ser de tipo ADN o ARN. A diferencia de las células o las bacterias, que todas contienen ADN y ARN, los virus solo tienen un tipo de ácido nucleico a la vez, ADN o ARN, pero nunca ambos. Hay por tanto virus que denominamos ADN y otros serán los virus ARN. Además, este genoma podrá tener la típica estructura de doble hélice o ser una molécula sencilla con una sola hebra de ácido nucleico. Algunos genomas están formados por una molécula lineal, otros por moléculas circulares, unos tienen pocos genes, dos o tres, pero otros pueden llegar a tener más de 200 genes distintos. También hay virus que tienen el genoma segmentado, es decir, en vez de ser una única molécula de ácido nucleico, está formado por varios fragmentos o trocitos: el genoma del virus de la gripe, por ejemplo, está formado por ocho segmentos distintos de ARN. Además, del genoma los virus tienen una cubierta de proteínas que se denomina *cápside*. Estas proteínas rodean o *rebozan* la molécula de ADN o ARN y forman estructuras filamentosas con forma de hélice o cápsides más esféricas con forma de icosaedro (un icosaedro es una estructura geométrica muy estable con veinte lados). Un virus te lo puedes imaginar como si fuera un balón de futbol, la cápside, que contienen en su interior la molécula de ADN o ARN. Estas cápsides sirven para proteger el genoma viral y permitir la entrada del virus al interior de la célula que infectan. Este tipo de virus se denominan virus *desnudos,* pero hay otros que son más complejos y tienen rodeando la cápside una membrana de lípidos denominada *envoltura.* Son los virus con envoltura. Esta envoltura es la típica membrana biológica compuesta por una capa doble de fosfolípidos, como la membrana que hay en todas las células. En esta envoltura hay insertadas otras proteínas del virus, las glicoproteínas virales, que se proyectan hacia el exterior y cuya función es muy importante en el ciclo de multiplicación del virus, ya que facilitan la entrada del virus al interior de la célula que van a infectar.

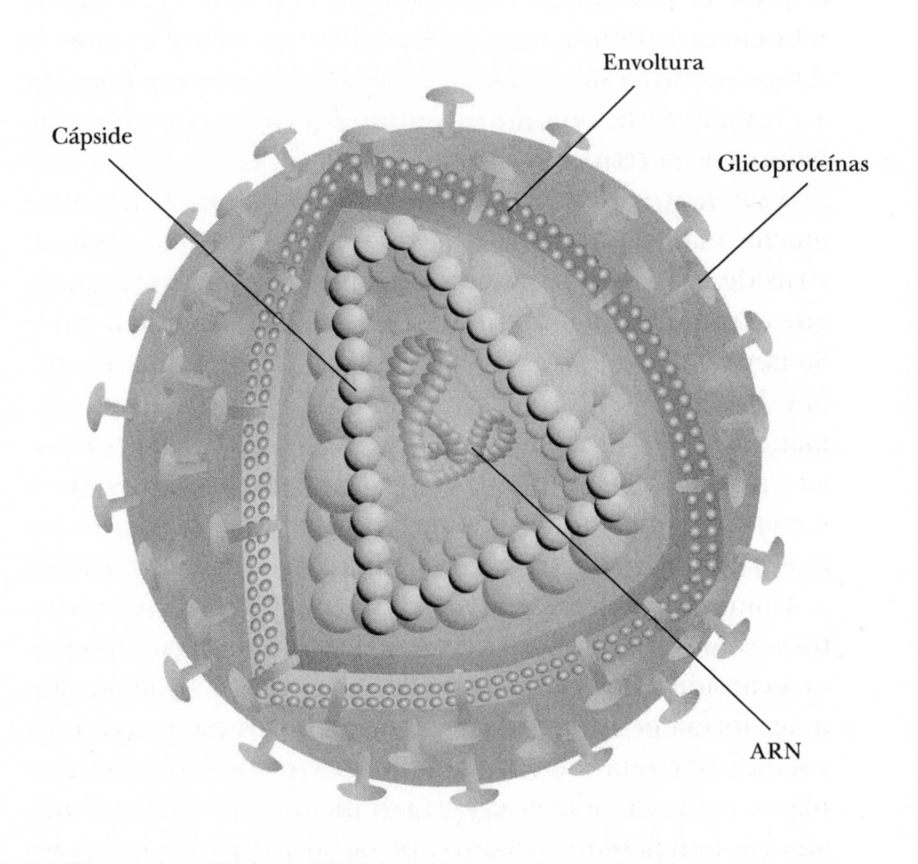

Estructura del VIH mostrando su envoltura y su cápside

Los virus no llevan a cabo reacciones químicas, no tienen metabolismo como ocurre dentro de nuestras células. Por eso, la mayoría de los virus no tiene enzimas (proteínas con acción enzimática) en su interior. Aunque hay algunas pocas excepciones. Existen algunos virus que llevan en su interior alguna enzima, que suelen ser del tipo de las polimerasas de ADN o ARN, necesarias para hacer copias del genoma del virus cuando está dentro de la célula. Un ejemplo de este tipo son los retrovirus, como el virus de la inmunodeficiencia humana (VIH) que causa el SIDA, que llevan dentro de la cápside una enzima que necesitaran cuando estén dentro de la célula para su propia replicación, la llamada retrotranscriptasa o transcriptasa inversa. Quizá hayas oído hablar de esta enzima porque muchos tratamientos contra el SIDA se dirigen contra esta enzima del virus, la bloquean e impiden así la multiplicación del VIH dentro de la célula: son los inhibidores de la retrotranscriptasa.

También existen otros virus que tienen una estructura mucha más compleja. Por ejemplo, los poxvirus, como el virus de la viruela, son uno de los más complejos y grandes que existen. Pueden llegar a medir más de 300 nanómetros. Su tamaño por tanto es similar al de las bacterias más pequeñas. Están cubiertos por unos túbulos de proteínas que forman una malla alrededor del virus. Dentro hay unos cuerpos laterales de función desconocida. Aunque ya conocemos la secuencia completa del genoma de este virus, todavía no sabemos la función concreta de cada una de sus distintas partes.

Como ves, aunque los virus son muy simples, su estructura es muy diversa. Los más sencillos son los formados por una cápside de proteínas que rodea al genoma y que pueden tener forma de hélice o de icosaedro. Otros están rodeados además por una membrana lipídica y otros son más complejos, como el de la viruela. Pero incluso, desde hace unos años, se han descubierto otro tipo de virus gigantes que cuestionan la misma definición de lo que es un virus. Pero esta historia te lo contaré más adelante.

dsDNA

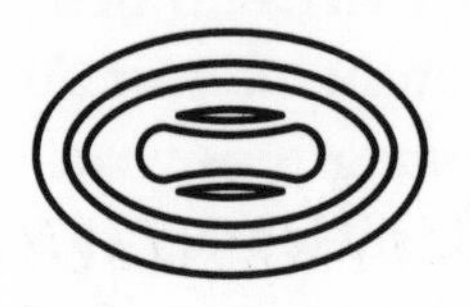

Poxviridae

Herpesviridae

Hepadnaviridae

ssRNA

Coronaviridae

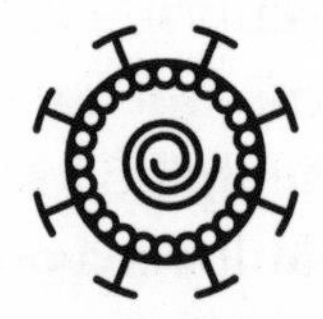

Paramyxoviridae

Bunyaviridae

Arenaviridae

Orthomyxoviridae

Retroviridae

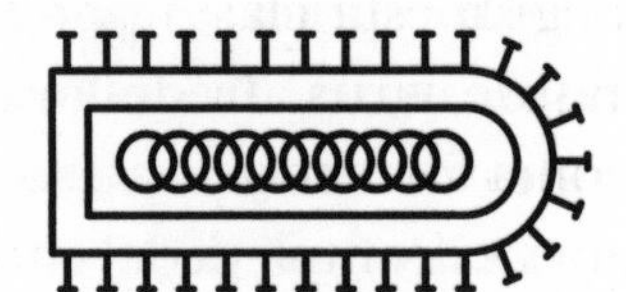

Rhadboviridae

Togaviridae

Flaviviridae

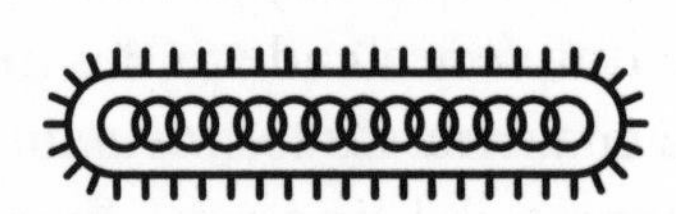

Filoviridae

Esquema de virus con envoltura externa.

Hay muchos tipos de virus

No sabemos cuántos tipos de virus existen en la naturaleza, pero fácilmente pueden ser cientos de miles de millones. Algunos sugieren que desconocemos más del 99,9% de los virus que hay ahí fuera. La diversidad es enorme. Una forma de clasificarlos es según el tipo de genoma y según cómo se multiplican dentro de la célula. Es lo que se denomina *clasificación de Baltimore.* David Baltimore estudiaba los retrovirus, como el VIH, y descubrió la enzima transcriptasa inversa encargada de copiar el ARN del virus en ADN. David Baltimore recibió el Premio Nobel de Fisiología y Medicina en 1975, junto con Renato Dulbecco y Howard M. Temin, por sus estudios sobre la relación entre los virus, las células y el cáncer.

Según esta clasificación, se definen hasta siete clases distintas de virus. Los virus de la clase I son los que tiene el genoma formado por una doble hebra de ADN, como nuestro genoma. Dentro de este grupo están entre otros los herpesvirus, el virus de la viruela o el papilomavirus, que produce el cáncer de cuello de útero o de cérvix. Los virus de la clase II, de los que hay muy poquitos, tienen el genoma en forma de una única cadena de ADN, en vez de la típica doble hebra. La mayoría de los virus que hay en la naturaleza tienen su genoma del tipo ARN. Suelen tener genomas más pequeños que los virus ADN, porque la molécula de ARN es más frágil y se rompe mucho más fácilmente que la de ADN. Además, el genoma de muchos de estos virus ARN está fragmentado, es decir, en vez de ser una única molécula de ARN, son varias moléculas de ARN. Por ejemplo, el virus de la gripe está for-

dsDNA

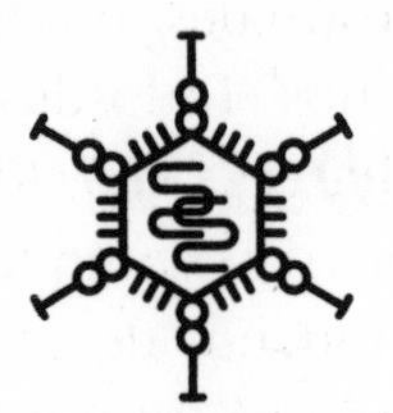

Adenoviridae

ssDNA

Parvoviridae

Polyomaviridae

Circinoviridae

dsRNA

Circinoviridae

ssRNA

Circinoviridae

Circinoviridae

Virus sin envoltura externa o virus desnudos.

mado por ocho trocitos o fragmentos de ARN. Los virus de la clase III tienen su genoma formado por una doble cadena de ARN. Dentro de este grupo están los rotavirus que producen diarreas e infecciones gastrointestinales, que pueden llegar a ser muy graves en niños pequeños. Todos los años mueren cientos de miles de niños por diarreas causadas por rotavirus. La clase IV está formada por virus como los coronavirus o el virus de la polio. Además, muchos de estos virus de la clase IV son trasmitidos por artrópodos (mosquitos y garrapatas) y producen fiebres como el dengue o la fiebre amarilla. Su genoma está formado por una sola cadena de ARN, que son infecciosos por sí mismos, es decir, nada más entrar dentro de la célula ya pueden comenzar a reproducirse, a sintetizar las proteínas virales. Por el contrario, los virus de la clase V también están formados por una sola cadena de ARN, pero en este caso necesitan una enzima viral para comenzar su replicación dentro de la célula. Dentro de este grupo de la clase V se incluyen virus tan importantes como el de la gripe o los que producen fiebres hemorrágicas como el ébola o el Marbug. La clase VI está formada por los retrovirus. En este grupo es en el que se incluyen el virus VIH, el causante del SIDA. Los retrovirus tienen un genoma formado por dos copias idénticas de una cadena sencilla de ARN, lo que proporciona al virus una mayor variabilidad. Además, como hemos visto, los retrovirus tienen una enzima, la retrotranscriptasa o transcriptasa inversa, que copia el ARN viral a ADN. Este ADN viral se puede insertar o pegar dentro del genoma de la célula que infecta, donde puede quedar latente o *escondido* durante mucho tiempo. Por último, la clase VII, en la que se incluye por ejemplo el virus de la hepatitis B. Son genomas formados por una doble hebra parcial de ADN y que incluyen también un paso de retrotranscripción durante su multiplicación dentro de la célula. Como vemos, los virus, a pesar de su pequeño tamaño y su estructura tan sencilla, son muy diversos, y están especializados para infectar y multiplicarse dentro de la célula.

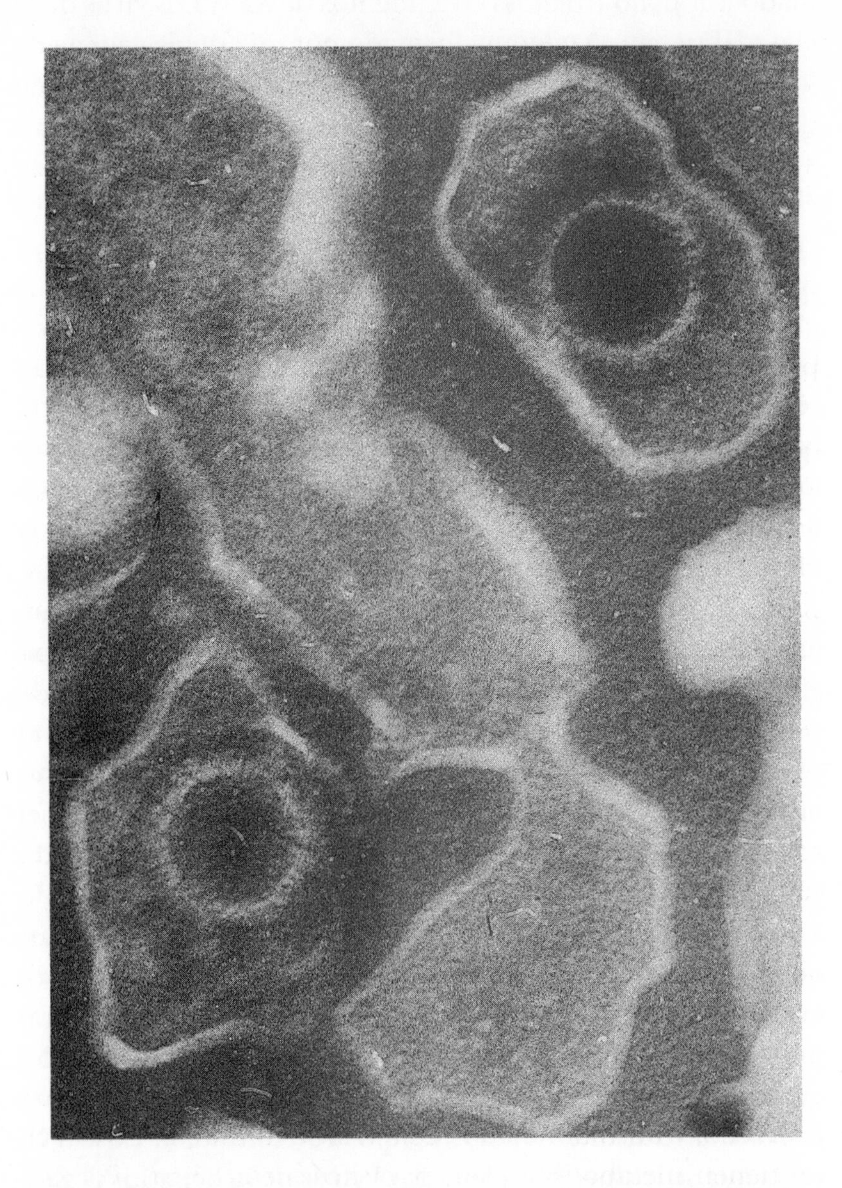

Esta imagen de microscopio electrónico muestra dos viriones del virus de Epstein Barr con sus cápsides esféricas rodeadas por la envoltura [Liza Gross].

Piratas de la célula

Los virus no son células, pero infectan células, todo tipo de células. Los hay que infectan células animales, otros infectan células vegetales, algas y hongos, hay virus que atacan a los protozoos y también incluso a las propias bacterias —los denominados *bacteriófagos*, a los que les dedicaremos algunos capítulos—. Todos los virus son parásitos intracelulares obligados. ¿Qué quiere decir esto? Pues que los virus tienen que multiplicarse dentro de las células, no crecen ellos solos en el ambiente, siempre tienen que reproducirse dentro de una célula. Fuera de la célula, por tanto, los virus no son capaces de multiplicarse, por eso solo duran unas horas o algunos días, como mucho, en el ambiente. Los virus son auténticos dictadores intracelulares: al entrar en el interior de una célula, imponen su información genética y obligan a la célula a *fabricar* virus. La célula infectada, en vez de realizar sus propias funciones —su multiplicación o la síntesis de sus proteínas—, se dedica a sintetizar los componentes del virus y a multiplicarlo. El virus, por tanto, emplea toda la maquinaria enzimática, todo el metabolismo de la célula para su propio provecho, y normalmente la célula al final muere. Los virus no tienen metabolismo, son parásitos metabólicos. Por eso decimos que los virus son parásitos intracelulares obligados.

Para estudiar y trabajar con los virus tenemos que hacerlos crecer o multiplicarlos sobre cultivos de células, sobre un césped de células que infectamos con el virus para que se reproduzcan. Cuando el virus se multiplica sobre un cultivo celular causa una serie de cambios bioquímicos y moleculares en las células, que se pueden ver fácilmente con un microscopio óptico normal. Conforme el virus se va multiplicado dentro de la célula, esta sufre una serie de cambios: pierde la forma, cambia de tamaño, se fusionan unas células con otras, se altera su viabilidad celular y en muchas ocasiones la célula estalla, se lisa y muere. Es lo que se denomina el *efecto citopático* de los virus. Si sobre un cultivo celular vemos al microscopio este efecto es debido a que ha habido una infección viral.

¿Sabes que los virus también pueden causar cáncer? El cáncer es una enfermedad provocada por un grupo de células que se multiplican sin control y de manera autónoma, y pueden invadir otros tejidos. Se conocen más de 200 tipos diferentes. Según el tejido en el que se produzcan, tiene distintas denominaciones: carcinoma, sarcoma, leucemia, linfoma, mieloma. Ya sabes que hay muchos factores que influyen en la aparición del cáncer: desde factores genéticos (si tienes antecedentes de cáncer en la familia es más probable que tú también lo padezcas), hasta factores ambientales (fumar causa cáncer, los rayos ultravioleta, la dieta, algunos agentes químicos, etc.). Pero los microbios, sobre todo los virus, también producen cáncer. En algunas ocasiones, la infección viral puede afectar tanto a la regulación de la célula que esta en vez de hacer copias del virus comienza a dividirse ella misma de forma descontrolada y se transforma en una célula tumoral. Por eso, hay tumores que son causados por una infección viral. De los cerca de 13 millones de cánceres que se diagnostican cada año, el 16% (unos dos millones) son atribuidos a infecciones microbianas, y aunque pueda parece mucho probablemente sea una estimación a la baja. La mayoría de los casos ocurren en los países en vías de desarrollo: varía desde un 3% en lugares como Australia y Nueva Zelanda hasta más de un 32% en países del África subsahariana. Por ejemplo, una verruga no es otra cosa que un grupo de células de la piel que se han vuelto *locas* y se dividen sin control por haber sido infectadas por un virus, en concreto por un papilomavirus. La mayoría de las verrugas son tumores benignos, más o menos estéticos o incómodos según dónde te salgan. Pero en algunos casos esas infecciones pueden llegar a ser malignas. Algunos papilomavirus pueden llegar a causar el cáncer de cérvix o cuello de útero. El cáncer de cuello de útero es el segundo más frecuente en mujeres después del de mama —con aproximadamente 500.000 nuevos casos al año en todo el mundo— y el quinto de todos los cánceres. Algunos papilomavirus también pueden estar relacionados con otros tipos de cánceres anogenitales (de vulva, vagina, pene, ano) y de boca y faringe. Este virus se transmite por vía sexual. En EE. UU. es la infección de transmisión sexual más común. Se calcula que en ese país hay unos 20 millones de personas infectadas por este virus, que causan más de 11.000 casos de cáncer de cuello de útero de las que unos 3.800 mueren cada año. Otros virus cuya infección también puede acabar produciendo cáncer son los virus de la hepatitis B y C, que pueden producir cáncer de hígado; algunos retrovirus como el virus linfotrófico de tipo 1 relacionado con leucemias; y algunos herpes como el virus de Epstein-Barr y el herpes humano de tipo 8, relacionados con algunos tipos de linfomas y sarcomas (linfoma de Burkitt, sarcoma de Kaposi). El cáncer de cuello de útero causado por los papilomavirus y el cáncer de hígado causado por los virus de la hepatitis B y C representan el 80% de las cánceres asociados con virus. Se calcula que el 15% de los tumores están causados por virus. Por eso, podemos definir a los virus como auténticos piratas de la célula.

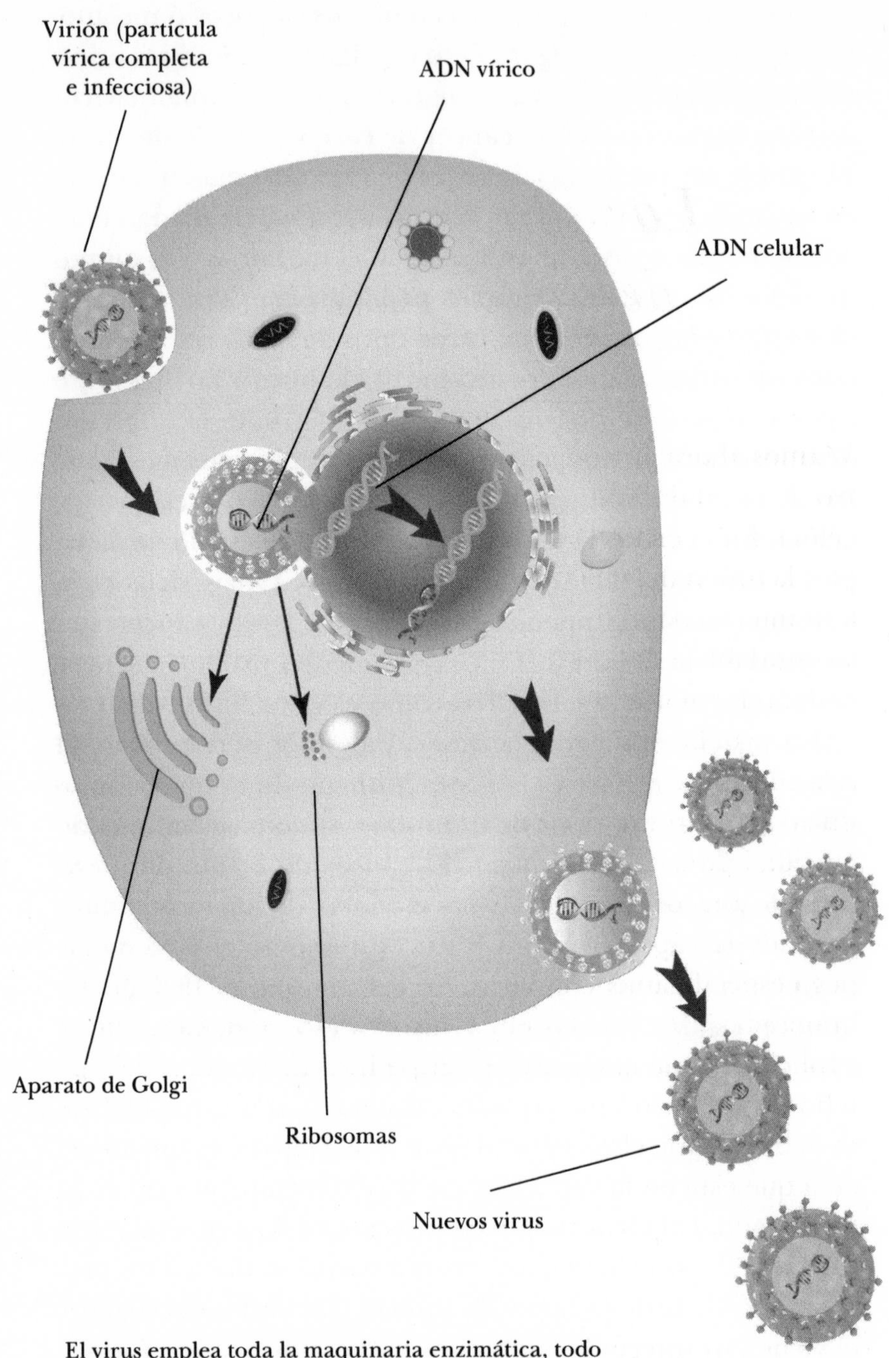

El virus emplea toda la maquinaria enzimática, todo el metabolismo de la célula, para su propio provecho, y normalmente la célula al final muere. Los virus no tienen metabolismo, son parásitos metabólicos. Este esquema muestra parte del proceso.

La vida de un virus dentro de la célula

Veamos ahora en concreto cómo se multiplica un virus dentro de la célula, cómo es la vida del virus en el interior de la célula. En el ciclo de multiplicación del virus hay varias etapas: la unión del virus a la superficie de la célula y la entrada a su interior, la multiplicación de los componentes del virus, su ensamblaje dentro de la célula y la salida de la célula para comenzar un nuevo ciclo de infección.

Lo primero que tiene que ocurrir es la unión del virus a la superficie de la célula. Esta primera etapa de unión es una de las más importantes, porque es la que explica la especificidad de la infección, es decir, el que un virus concreto infecte una célula determinada. Normalmente, una proteína de la cápside o de la envoltura del virus se une o se pega específicamente a una molécula o receptor de la membrana plasmática de la célula. Esa unión es muy específica y explica por qué el virus de la gripe infecta a células del epitelio respiratorio y no a células del hígado, por ejemplo. Esto es debido a que el receptor del virus de la gripe es una molécula que está en la superficie de la célula epitelial y no en la del hígado. Un virus no puede infectar cualquier célula sino solo aquellas que tienen los receptores que se unen a sus proteínas: el virus de la hepatitis infecta las células del hígado, el virus VIH infecta los linfocitos de la sangre, el virus de la gripe infecta las células epiteliales respiratorias. Esto explica también por qué a veces los virus pueden cambiar de hospedador, pueden pasar de animales al ser humano, como los coronavirus por ejemplo. Una pequeña mutación puede hacer que cambie la proteína (la llave) del virus y encaje en el receptor (la cerradura) de la célula, y de esta forma permitirle la entrada en un nuevo hospedador. Es lo que pasó con el coronavirus SARS-COV-2 y el receptor ACE2, como veremos.

Una vez que se ha dado la unión entre el virus y su célula, el siguiente paso es la entrada del virus al interior de la célula, y para ello tiene que atravesar la membrana celular. Hay distintas formas de entrar. El virus puede ser captado por la célula y lo introduce en una especie de burbuja o endosoma, que luego se fusiona con otra vesícula celular para al final dejar al virus dentro de la célula. En los virus con envoltura, ocurre una fusión de la envoltura viral con la membrana de la célula: se unen las membranas lipídicas. Esto te lo puedes imaginar como cuando dos gotas de aceite flotan sobre la superficie del agua, se aproximan entre ellas y se fusionan para formar una sola. Al final de este proceso lo que tenemos es el virus dentro de la célula. Es entonces cuando toda la maquinaria de la célula se pone a trabajar para el virus. Por una parte, se fabrican las proteínas del virus. Primero se fabrican las proteínas que van a formar las estructurales del virus y las enzimas encargas de hacer copias de su genoma. Por otra parte, se lleva a cabo la replicación o copia del genoma viral. Toda la célula se dedica a sintetizar los componentes del virus, a sintetizar sus proteínas y a hacer copias del genoma de virus. En la siguiente etapa ocurre el ensamblaje del virus: se monta el virus, es la unión de los distintos componentes del virus para acabar formando la partícula viral completa. Durante el ensamblaje los ácidos nucleicos del virus son empaquetados con las proteínas de la cápside. Después de este empaquetamiento hay una fase de maduración, en la que todas las piezas del virus acaban encajando perfectamente para que el virus acabe siendo infeccioso. Es como el juego de Lego, en el que al final es necesario que encajen perfectamente todas las piezas para que la estructura sea estable. Por último, los virus recién formados y maduros tienen que liberarse y salir para comenzar un nuevo ciclo de infección. En algunos casos, la célula estalla, explota, se rompe y libera al exterior cientos de nuevas partículas virales infecciosas. Pero en el caso de los virus con envoltura, frecuentemente, el virus sale de la célula a través de la membrana celular, por un proceso de gemación que se lleva consigo parte de esa membrana, que acabará constituyendo la propia envoltura del virus. En este caso, la célula se mantiene viable durante más tiempo y va liberando los virus poco a poco, aunque al final también muere. En algunos casos, como el VIH, los virus tienen un ciclo latente, en el cual el genoma del virus puede insertarse, pegarse, dentro del ADN de la célula y quedar *escondido*, indetectable, en forma de provirus durante un tiempo en el interior del genoma de la célula que infectan. Hasta que en un determinado momento, muchas veces por causas poco conocidas, el provirus se activa, se suelta del ADN de la célula y continua el ciclo viral como hemos explicado anteriormente.

Abril de 1919. Sanitarios durante la pandemia de gripe «española», Riley St. Depot, Surry Hills [NSW State Archives].

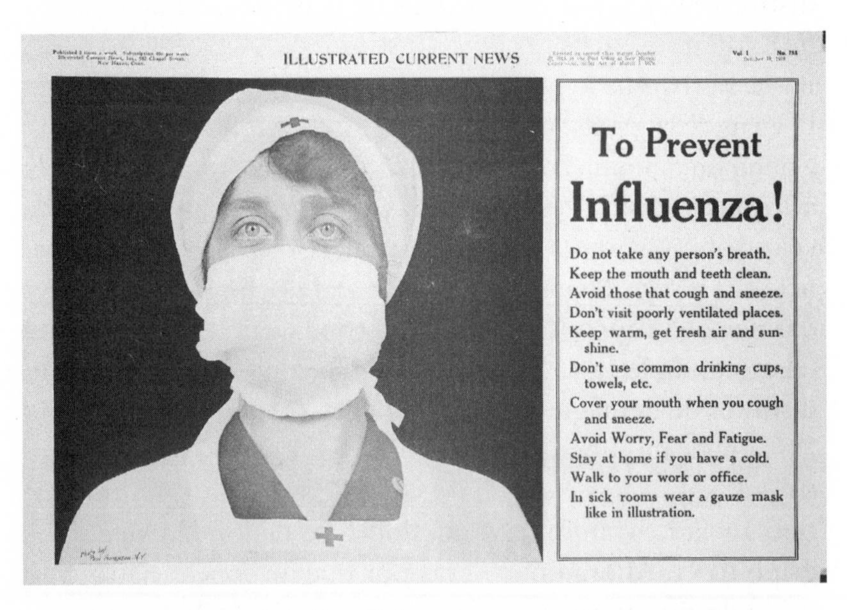
ILLUSTRATED CURRENT NEWS

To Prevent Influenza!

Do not take any person's breath.
Keep the mouth and teeth clean.
Avoid those that cough and sneeze.
Don't visit poorly ventilated places.
Keep warm, get fresh air and sunshine.
Don't use common drinking cups, towels, etc.
Cover your mouth when you cough and sneeze.
Avoid Worry, Fear and Fatigue.
Stay at home if you have a cold.
Walk to your work or office.
In sick rooms wear a gauze mask like in illustration.

Una enfermera de la Cruz Roja con una mascarilla de gasa ilustra un texto que ofrece consejos para prevenir la gripe. *Illustrated Current News,* 1918 [Paul Thompson, National Library of Medicine].

Los nuevos virus de la gripe

Una vez que hemos entendido qué es un virus y cómo se multiplica dentro de la célula, volvamos de nuevo al virus de la gripe o influenza. El término *influenza* se introdujo en Italia en el siglo XV para describir las epidemias estacionales que se atribuían a la *influencia* de las estrellas y el frío. La palabra fue adoptada por los ingleses en el siglo XVIII, mientras que los franceses le dieron el nombre de *grippe*. Gripe o influenza es lo mismo. La variabilidad de este virus es enorme: la gripe, junto con el virus VIH, son los campeones de la variabilidad. En realidad, no hay un virus de la gripe, sino muchos tipos distintos. Pero ¿por qué el virus de la gripe cambia tanto?

Existen tres tipos genéticos distintos del virus de la gripe: A, B y C. El virus de la gripe A es el más frecuente entre humanos. El virus de la gripe está rodeado de una membrana o envoltura y tiene un genoma contenido en ocho fragmentos de ARN, con información para diez proteínas. Dos de estas proteínas del virus son muy importantes en la infección, están en la superficie del virus y además son muy variables. Son las denominadas hemaglutinina (que se abrevia con la letra H) y neuraminidasa (con la letra N). De momento, se conocen hasta 18 tipos distintos de hemaglutininas, denominadas H1, H2, H3, ... H18. De la neuraminidasa hay once tipos diferentes, denominadas N1, N2, N3, ... N11. Así, el virus que lleva la hemaglutinina del tipo 1 y la neuraminidasa del tipo 1, se denomina virus de la gripe H1N1. Ahora entenderás por qué a veces se habla de la gripe de tipo H1N1, H3N2, H5N1..., y así hasta H18N11, según las distintas combinaciones posibles entre estas dos proteínas del virus. Además, hay que tener en cuenta que el hospedador natural del virus de la gripe no es el ser humano, sino las aves (sobre todo las silvestres, patos, gaviotas, pollos, etc.), que actúan como reservorio o almacén de los distintos tipos de virus. El virus de la gripe es en realidad un virus de aves. En las aves es donde podemos encontrar todas las combinaciones posibles del virus de la gripe, en teoría desde el virus H1N1 hasta el H18N11 (como siempre hay excepciones, los virus H17N10 y H18N11 solo se han identificado en murciélagos, de momento). Pero los virus de la gripe también pueden infectar a otras especies animales, como los cerdos, los caballos, las focas, etc. Y por supuesto al ser humano. Normalmente, los virus de la gripe que infectan al ser humano suelen ser de los tipos H1N1, H2N2 o H3N2. No todos los virus de la gripe infectan al ser humano, sino solo aquellos que pueden unirse a los receptores de las células humanas, los que tienen la llave (la proteína del virus) para abrir la cerradura (el receptor de la célula humana). La gripe es el primer ejemplo que vemos de virus zoonótico, lo que quiere decir que es una enfermedad de los animales que ha pasado al hombre. A lo largo de este libro veremos muchos más ejemplos de estos virus.

El virus de la gripe puede variar de dos maneras distintas. Puede sufrir algunos errores o mutaciones puntuales en los genes de la hemaglutinina y de la neuraminidasa, lo que origina que a su vez haya varios subtipos o cepas distintas de virus H1N1, H2N2... que cambian con el tiempo y que son la causa de los brotes o epidemias de gripe anuales y de que haya que renovar las vacunas cada año. En concreto, las vacunas se preparan con un cóctel de los virus que se trasmitieron en la población el año anterior. Pero el virus de la gripe también puede variar, porque se pueden mezclar o recombinar sus fragmentos. Como hemos dicho, puede infectar a varias especies de animales distintas y su genoma está dividido en ocho fragmentos de ARN. Puede ocurrir que dos cepas distintas del virus de la gripe infecten a la vez a un mismo animal y que dentro de él se produzca una mezcla de los dos virus y aparezcan así nuevas combinaciones o virus quiméricos. Este fenómeno ya ha ocurrido en el cerdo, por ejemplo, que puede ser infectado al mismo tiempo por un virus de la gripe humana de tipo H2N2 y por otro de aves de tipo H3N8. Dentro del cerdo, los virus se recombinan entre sí y se produce una nueva estirpe de virus (tipo H3N2), que toma la H3 del virus de aves y la N2 del virus humano, y que es capaz de infectar y multiplicarse en humanos. En este sentido, el cerdo puede actuar como un auténtico tubo de ensayo natural donde se mezclen y aparezcan nuevas recombinaciones de virus. Esto explica la aparición de cepas pandémicas: nuevos tipos de virus de la gripe que causan epidemias mundiales porque la población humana no ha estado nunca expuesta a este nuevo virus y no tiene defensas contra él.

Como ya hemos visto, hoy en día sabemos que la cepa de la gripe de 1918 era del tipo H1N1 y de origen aviar. La pandemia de 1957 se originó por la aparición de un nuevo virus del tipo H2N2 por recombinación entre virus de aves y humanos; y la pandemia de 1968 fue causada por una nueva cepa H3N2 también originada por la recombinación de virus de aves y humanos. Por tanto, estos procesos de cambios y mezclas (mutaciones y recombinaciones) entre los virus hace que algunas veces los virus de la gripe de las aves o del cerdo cambien y se adapten mejor al ser humano, pudiendo aparecer cepas nuevas capaces de infectarlo y causar nuevas epidemias o incluso pandemias mundiales.

¿Cómo se nombran las distintas cepas de los virus de la gripe? Las cepas de los virus de la gripe tienen unos nombres en clave. Por ejemplo, el virus A/Pekin/12/93 (H2N2). ¿Qué significa este código? Se trata de una cepa de la gripe de tipo A, aislada en diciembre (12) de 1993 (93) en Pekín y que presenta una hemaglutinina de tipo 2 (H2) y una neuraminidasa de tipo 2 (N2). La próxima vez que te pongas la vacuna de la gripe, pídele al médico o enfermero que te dé el prospecto y fíjate en el nombre de las cepas que componen la vacuna. Algunas vacunas están formadas por tres, otras por cuatro, cepas distintas y suelen incluir virus de la gripe de tipo A y B, con mezclas de virus H1N1 y H3N2, que son los que suelen causar las epidemias anuales.

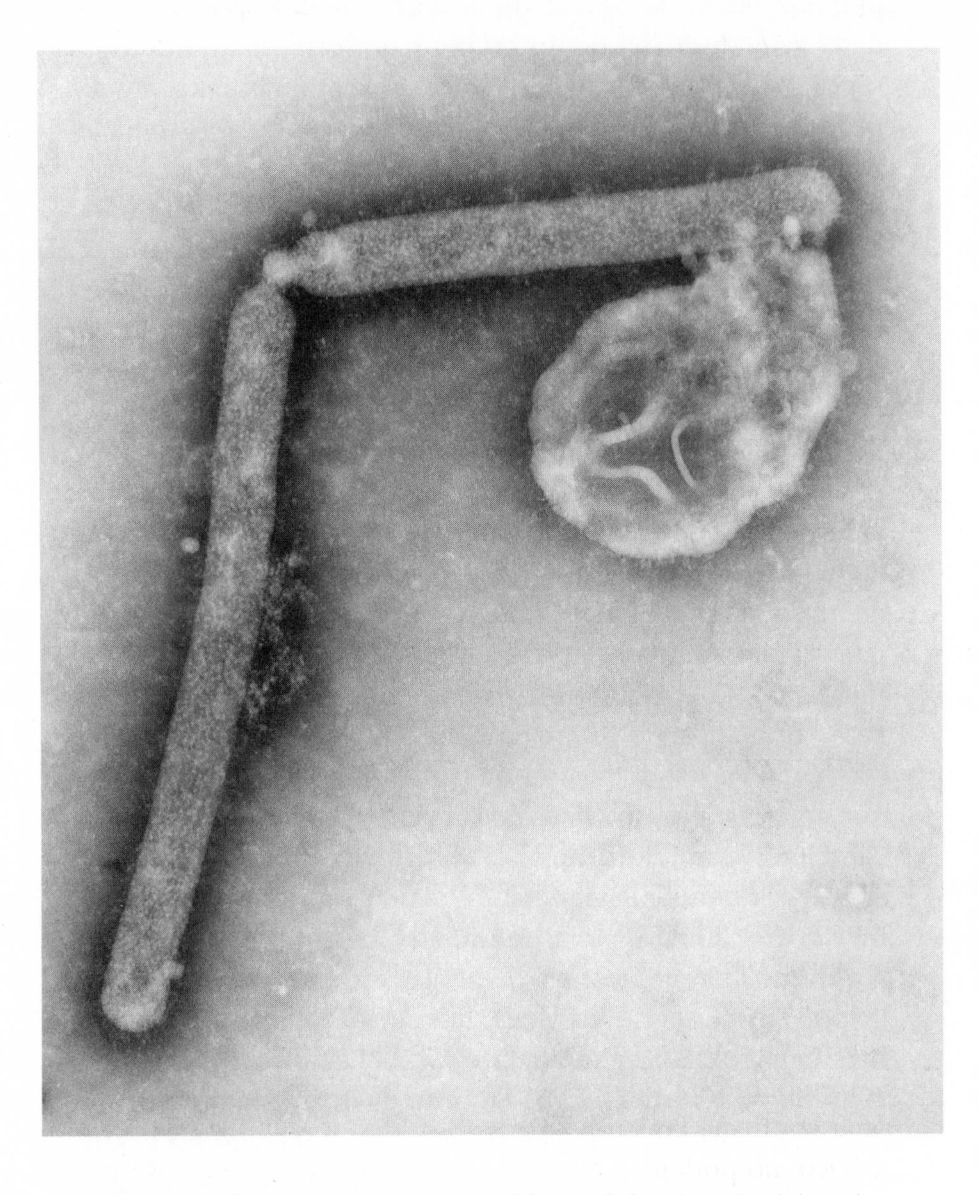

Fotografía de microscopia electrónica del virus de la gripe aviar A (H5N1). En 1997 se documentó en Hong Kong el primer caso de propagación directa de gripe A H5N1 entre aves y seres humanos [Everett].

A la espera del Big One: H5N1, H1N1, H7N9, H10N8, H5N8...

Desde hace unos años, ha habido varias alertas de posibles pandemias por distintos tipos de virus de la gripe, las llamadas gripe aviar o porcina. A finales de los años 90, se aislaron virus de la gripe del tipo H5N1 muy virulentos para las aves. A través de las aves migratorias, el virus se ha extendido prácticamente por todo el planeta y ha causado la muerte de cientos de millones de aves. En 1997 en Hong Kong se informó del primer caso de muerte humana atribuible a este virus H5N1 de gripe aviar. Desde entonces se han confirmado más de 700 casos en más de 15 países, con una mortalidad superior al 40%. Aunque la tasa de letalidad es muy alta, afortunadamente la capacidad de transmisión de este virus de persona a persona es muy baja. Por eso, no ha acabado siendo un virus pandémico. En realidad, este virus H5N1 ha causado poco más de 300 fallecidos desde el 2003 frente a más del medio millón de muertos cada año por la gripe común. Sin embargo, la aparición de este nuevo virus de la gripe aviar confirmó las sospechas de que, desde un punto de vista teórico, no podemos descartar la posibilidad de que alguna vez vuelva a aparecer una nueva combinación del virus de la gripe que, como en 1918, causa una gran pandemia mundial. Como hemos contado antes, en 2009 se declaró una alerta mundial por una nueva cepa H1N1. Este cepa H1N1pmd09 se originó por una recombinación o mezcla entre virus de la gripe aviar, porcina y humana. Aunque hubo miles de casos humanos repartidos por todo el mundo, resultó ser una falsa alarma, incluso menos peligrosa que la gripe común.

A principio de 2013 se notificó el aislamiento en humanos de otra nueva cepa de virus de la gripe, la H7N9. El aislamiento en humanos de cepas de la gripe del tipo H7 no es una sorpresa. Desde 1996 hasta el año 2012 ha habido otras infecciones en humanos por virus con la hemaglutinina del tipo 7: H7N2, H7N3 y H7N7, que cursaron con síntomas respiratorios leves y conjuntivitis —solo en un caso el paciente falleció—. Ya sabíamos que la cepa H7N9 circulaba entre las aves, pero lo que sí es nuevo es que hasta ahora no se había aislado en humanos. Desde marzo de 2013, se han notificado un total de 440 personas infectadas, 122 de las cuales han fallecido (poco más de un 27% de letalidad). Más del 96% de los casos se han dado en China. El virus se ha detectado en pollos, patos y palomas, y no se ha aislado en cerdos. Se transmite de aves a personas, los infectados habían estado en estrecho contacto con aves de corral. Lo mismo que ocurrió con el H5N1, el virus H7N9 no se transmite de forma eficaz de persona a persona. La infección se manifiesta como una neumonía severa, pero es sensible a los antigripales como el Tamiflu. El análisis de las secuencias del genoma de esta cepa H7N9 sugiere que todos sus genes son de origen aviar: seis genes provienen de un virus del tipo H9N2, el gen de la hemaglutinina 7 de otra cepa H7N3 y el gen de la neuraminidasa 9 de otro virus distinto H7N9. Por tanto, la nueva cepa del virus H7N9 se habría formado por reorganización o mezcla de los genomas de otros tres virus de aves: H7N3, H7N9 y H9N2. En diciembre de 2013 se notificó también el caso de una mujer fallecida en China por la infección por otro nuevo virus de la gripe: el H10N8. Este tipo de virus ya se había aislado desde hace años en aves y en varios otros países, pero esta ha sido también la primera vez que se ha detectado en humanos y con resultado fatal. Unos meses después se detectó el virus en otro caso humano. Ambas personas frecuentaban los mercados de aves.

Desde finales de 2016 se han detectado varios brotes de infecciones por otra combinación del virus de la gripe, el H5N8, en aves silvestres y domésticas en muchos países de Europa y Asia. Se trata de una cepa del virus de la gripe patógena muy virulenta para las aves. Esta era la segunda vez que el virus H5N8 se extendía por varios continentes. En 2014, el virus viajó desde Corea hasta Rusia, Europa y Norteamérica a través de las aves migratorias. Parece ser que el virus manifiesta toda su virulencia cuando se asienta en poblaciones densas de aves, y es responsable de la muerte de cientos de miles de aves silvestres. La buena noticia es que no parece que afecte a los mamíferos. Hasta ahora, no se ha detectado ningún caso de infección en humanos. Sin embargo, sí que ha habido algún caso humano de infección por el virus relacionado H5N6 en China. Las infecciones humanas por virus de la gripe del tipo H5 no son frecuentes y suelen ocurrir en personas expuestas a aves infectadas.

Como estamos viendo, todos estos virus de la gripe se encuentran en las aves silvestres, de ahí han pasado a patos y pollos de granja, y algunos a cerdos. Estos virus se han establecido en los mercados de aves y animales vivos y de forma ocasional se han transmitido a humanos. Quizá te has preguntado alguna vez por qué este tipo de virus siempre surgen en el sureste de China. Muy probablemente sea porque hay mucho chino en China. Pero además hay también una gran población de pollos y patos domésticos y de cerdos. Se calcula que donde han aparecido estos virus H7N9 o H10N8, en un radio de unos 50 kilómetros, viven 131 millones de personas, 241 millones de pollos, 47 millones de patos y 22 millones de cerdos domésticos. Los mercados, casi medievales, de animales vivos en esa zona son muy frecuentes. Si además tenemos en cuenta que las condiciones de temperatura y humedad de la zona facilitan la transmisión de los virus, se entiende que todos estos factores favorezcan la evolución y el intercambio de virus entre animales y el hombre. La misma historia veremos que se repetirá más adelante con los coronavirus.

H5N1, H1N1, H7N9, H10N8, H5N8... son nuevos virus de la gripe que de forma esporádica van apareciendo en humanos. Nuevos virus que como el H1N1 de 1918 pueden en teoría llegar a producir una pandemia grave. Por eso, la vigilancia y las alertas, a veces fallidas, de la OMS. Hasta ahora no ha habido grandes problemas con estos virus. Pero no cabe duda de que, conociendo la biología del virus de la gripe, solo es cuestión de tiempo y un nuevo virus de la gripe pandémico llegará. Pero la naturaleza siempre se encarga de sorprendernos. Aunque muchos apostábamos porque la próxima pandemia sería causada por un nuevo virus de la gripe, hoy ya sabemos que la realidad ha sido otra.

Ciencia o bioterrorismo

Estos virus de la gripe de los que estamos hablando, aunque pueden causar infecciones graves e incluso mortales, afortunadamente no están adaptados al ser humano. La capacidad de transmitirse de persona a persona es escasa, por lo que, aunque sean virulentos, su transmisibilidad es baja, de momento... Por eso, el número de fallecidos es bajo y hasta ahora han causado brotes puntuales. Sin embargo, la preocupación de los científicos es que estos nuevos virus pudieran cambiar y hacerse fácilmente transmisible entre personas, lo que podría causar una pandemia importante.

Para conocer y entender qué cambios moleculares son necesarios para hacer que un virus de la gripe como el H5N1 sea fácilmente transmisible entre mamíferos por el aire, los científicos realizaron una serie de experimentos que en algunos medios fueron muy criticados. También generaron un intenso debate en la comunidad científica. Se trataba de modificar en el laboratorio un virus potencialmente peligroso como el H5N1, del que acabamos de hablar, para hacerlo más transmisible. Las críticas surgieron al intentar publicar los resultados. Un virus de este tipo puede llegar a ser peligroso. Existen dudas de la posibilidad de que el virus pueda *escapar* del laboratorio. Además, publicar cómo se ha construido podría ser empleado incluso para desarrollar una nueva arma biológica, el bioterrorismo. Por ello, el Comité Nacional de Bioseguridad de los EE. UU. (*National Science Advisory Board for Biosecurity*, NSABB) recomendó modificar la redacción de los artículos antes de publicarlos. Finalmente, en 2012 se publicaron dos trabajos en las revistas *Nature* y *Science* sobre la creación de cepas mutantes del virus de la gripe aviar H5N1 con capacidad para trasmitirse entre mamíferos por vía aérea.

En uno de ellos, los investigadores construyeron una quimera: un nuevo virus mezclando siete genes de un virus de la gripe humana H1N1 aislado en California en 2009 con el gen de la hemaglutinina del virus de la gripe aviar H5N1 aislado en Vietnam en 2004 y que habían modificado previamente. Este nuevo virus modificado genéticamente llevaba todos los genes de un virus de la gripe humana H1N1, excepto el de la hemaglutinina, que provenía del virus H5N1. Para comprobar si este nuevo virus recombinante fabricado en el laboratorio se transmitía por el aire emplearon hurones. Los hurones se emplean como modelo animal de experimentación, porque son animales susceptibles a la infección con virus de la gripe humana y de aves, y desarrollan una gripe muy similar a la nuestra. Para ello, colocaron en jaulas próximas hurones sanos junto con hurones infectados con los nuevos virus. Al cabo de unos días pudieron confirmar la infección y la presencia del virus recombinante en los hurones sanos, demostrando que se había transmitido por el aire. Los investigadores concluyen que solo cuatro modificaciones genéticas en la hemaglutinina H5 del virus son suficientes para permitir la trasmisión a través del aire en hurones.

En el otro trabajo, publicado al mismo tiempo en la revista *Science*, los investigadores, en vez de construir un nuevo virus quimera mezclando genes, lo que hicieron fue modificar genéticamente mediante mutación el virus H5N1 —en concreto una cepa aislada de humanos en Indonesia en 2005—. Además, a este virus mutante lo sometieron a varios pases secuenciales entre hurones. Tras los pases, adquirió las mutaciones espontáneas necesarias que le permitieron trasmitirse entre los hurones por vía aérea. En este caso, los virus tenían cinco mutaciones.

Ambos trabajos demuestran que, en teoría, se podría obtener un nuevo virus de la gripe pandémico mediante recombinación o mezcla entre virus o solamente por mecanismos de mutación. Sin embargo, en ambos trabajos, los nuevos virus, a pesar de ser fácilmente transmisibles, no eran virulentos para los animales, y ninguno de los hurones falleció. Por tanto, las modificaciones que hacen más transmisible al virus disminuyen, en este caso, su virulencia. Los investigadores también demostraron que estos nuevos virus de laboratorio eran sensibles al antigripal de uso común oseltamivir y que las vacunas actuales contra la gripe son útiles para su control, confirmando que las medidas de control actuales podrían servir contra estos nuevos virus transmisibles. En el virus de la gripe hay que distinguir entre virulencia y transmisibilidad. Estos trabajos nos ayudan a conocer cómo el virus H5N1 puede adquirir la habilidad en condiciones naturales de transmitirse entre mamíferos por el aire. Aunque el conocimiento científico puede también usarse para hacer el mal, identificar los requerimientos mínimos para la trasmisión del virus entre mamíferos tiene un valor predictivo y diagnóstico muy útil, lo que nos permite estar preparados para una posible pandemia de gripe. Gracias a estos trabajos sabemos que solo cinco pequeños cambios o mutaciones son suficientes para hacer que el virus H5N1 se trasmita entre mamíferos por el aire. ¿Podría por tanto la naturaleza generar nuevas cepas de gripe capaces de causar una pandemia tan devastadora como la de 1918? En ciencia el riesgo cero no existe. Sin embargo, nuestra capacidad de investigación, el conocimiento que tenemos hoy en día de este tipo de virus, las condiciones sanitarias e higiénicas de la población, la existencia de antibióticos que controlen las complicaciones de la gripe, las vacunas y los antigripales, en definitiva, la situación actual es muy diferente a la que hubo en 1918. Por eso, la posibilidad de una pandemia de gripe tan devastadora como la de 1918 es baja. Aunque el valor de una sola vida humana es infinito, algunas estimaciones de la OMS nos pueden ayudar a enfocar el problema: cada año fallecen en el mundo más de 250.00 personas por la gripe común, 660.000 por malaria, 1,4 millones por tuberculosis (una enfermedad infecciosa causada por una bacteria) y 1,5 por SIDA. De estos nuevos virus de la gripe hay que ocuparse y estar vigilantes.

VACCINATION

PARISH OF LIVERPOOL.

SMALL POX

Having made its appearance in the Parish, and caused the deaths of several persons who had not been Vaccinated, the SELECT VESTRY, desire to urge upon Parents of Children, and all other Persons, the importance of Vaccination as the only security against this dreadful malady.

Vaccination, if properly performed, effectually protects the Child from Small Pox, or renders the attack comparatively harmless, and thus prevents the suffering and disfigurement which so generally result from the Disease, where Vaccination has been neglected.

To secure the benefits of Vaccination it should be performed and its progress watched by a Medical Man.

The following Medical Gentlemen have been appointed by the Select Vestry to attend as stated, for the purpose of Vaccinating, FREE OF CHARGE, all persons resident in the Parish who may apply.

Mr. A. B. STEELE,
J. E. DONLEVY,
GEO. GILL,
JOHN CALLAN,
HENRY EMETT,
FREDERICK CRIPPS,
THOMAS NORRIS,
HENRY SWIFT,
HENRY BRADSHAW,
JAMES GARTHSIDE,
J. B. HYAMS,
T. B. GILDERSLEEVES,

5, Virgil-street	10 to 11 o'clock, a.m. daily
66, Bostock-street	10 to 11 o'clock, a.m. daily
2, Soho-street	9 to 10 o'clock, a.m. daily
19, Marybone	9 to 10 o'clock, a.m. daily
137, Vauxhall-road	10 to 11 o'clock, a.m. daily
9, Hunter-st.	10 to 11 o'clock, a.m. daily
4, Sawney Pope-st.	11 to 12 o'clock a.m. daily
111, Dale-street,	9 to 10 o'clock a.m. daily
14, Eldon-place,	10 to 11 o'clock, a.m. daily
2, South Castle-st.	10 to 12 o'clock, a.m. daily
73, Adlington-street,	9 to 11 o'clock, a.m. daily
45, Islington	2 o'Clock p.m. every Tues. and Thurs.
2-Court, Pembroke-pl	10 to 12 o'clock, a.m. daily
18, Parr-street,	9 to 11 o'clock, a.m. daily
10, Back Colquit-st.	10 to 12 o'clk. every Tuesday & Thursday
155, Duke-street,	8 to 10 o'clock, a.m. every Monday, Wednesday and Friday
51, Great George-st	9 to 11 o'clock, a.m. daily

Every Child, even Infants a few days after birth, and every Person not already Vaccinated, should be Vaccinated without delay.
To Expose or Carry About, at the risk of Infecting others, any Person having Small Pox, is punishable by Law.
It is the duty of all Persons, therefore, to give information at the Police Office, of any Person who may have been guilty of the offence, that effectual means may be taken for the protection of the Public.

AUGUSTUS CAMPBELL,
RECTOR OF LIVERPOOL, CHAIRMAN OF THE SELECT VESTRY.

R. H. FRASER, PRINTER, 13, CABLE STREET, LIVERPOOL

Edward Jenner desarrolló una vacuna contra la viruela en 1796. Como se observa en este cartel de Liverpool, quienes no tenían la vacuna puesta aún sufrían las letales consecuencias de la enfermedad. En 1853 la Ley de Vacunación hizo obligatoria la aplicación de la vacuna a todos los niños [The National Archives UK].

La fascinante historia de la viruela

Probablemente tú ya no te acuerdes de la viruela. Para saber algo sobre esta enfermedad tendrás que preguntar a tu abuela, que quizá haya retenido la expresión «estar picado de viruelas». Se usaba hace años para describir a esas personas que tenían lesiones en la cara causadas por esa enfermedad. Esta enfermedad era muy contagiosa y se transmitía por el aire, principalmente. Como en la mayoría de las infecciones virales, solía comenzar bruscamente con síntomas parecidos a una gripe: malestar general, cansancio, fiebre alta, dolor de cabeza... Al cabo de unos pocos días la piel se cubría de unos bultitos que no tardaban en llenarse de líquido, como ampollas, y luego exudaban pus, las pústulas. Un par de semanas después, se secaban las pústulas y se formaban costras que, cuando se desprendían, dejaban esos típicos hoyos en la piel. También eran frecuentes los vómitos, las diarreas y las hemorragias. Más del 30% de las personas infectadas podían morir a los pocos días. Los que sobrevivían, a menudo quedaban ciegos, estériles y con profundas cicatrices y lesiones en la piel.

La viruela (*smallpox*, en inglés) estaba causada por un virus, del grupo de los poxvirus. Se cree que la viruela apareció en algún momento al comenzar los primeros asentamientos agrícolas, hace unos diez mil años, y que se extendió por todo el planeta desde China al resto de Asia, primero, luego a Europa y después al continente americano. Pero la primera evidencia de la viruela proviene de los restos de la momia del faraón egipcio Ramsés V, cuyo examen demostró que murió de esta enfermedad a los treinta y cinco años (para ser más precisos, se llamaba Usermaatra-Sejeperenra Ramsés-Amonhirjopshef y fue el cuarto faraón de la vigésima dinastía de Egipto, entre los años 1147 y 1143 a. C.). Como veremos más adelante, fueron los españoles quienes introdujeron la viruela en América. La enfermedad se extendió con rapidez por todo el Imperio azteca porque la población indígena no había tenido exposición al virus antes de la llegada de los españoles. Los brotes de viruela devastaron los Imperios azteca e inca, y también afectaron a otros indios americanos. Probablemente la conquista del Imperio azteca no habría sido igual sin los estragos de esta enfermedad entre los indios. En los siglos XVII y XVIII, la viruela asoló Europa y solo en Inglaterra afectó a más del 90% de los niños. Sabemos de varios personajes famosos que también padecieron o murieron de viruela: María II de Inglaterra, Pedro II emperador de Rusia y Luis XV, rey de Francia. Mozart, George Washington y Abraham Lincoln padecieron viruela, pero sobrevivieron. La OMS calcula que este virus ha sido responsable de más de trescientos millones de muertos, solo en el siglo XX, o sea, más que las guerras mundiales, la gripe de 1918 o el SIDA juntos. Como ves, la viruela ha sido responsable de cientos de millones de muertes y ha influido incluso en muchos hechos históricos.

Los intentos de prevenir esta enfermedad han sido muchos. Ya en el siglo XVI, los hindúes practicaban lo que se denominaba la *variolización*, que consistía en inocular intencionadamente un poco de las costras secas de viruela de un enfermo en una persona sana, para exponerla al virus. La infección así transmitida era mucho más leve que cuando se adquiría por vía respiratoria, y como afortunadamente la viruela solo se pasa una vez en la vida, la persona quedaba así protegida. Sin embargo, dependiendo de las personas, esta variolización o infección intencionada era muy peligrosa y podía llegar a causar la muerte en un 3% de los casos. A pesar de ello, esta práctica ya se usaba en Inglaterra a mediados del siglo XVIII. Con esta experiencia previa, no es de extrañar que en 1796 al médico inglés Edward Jenner (1749-1823) se le ocurriera hacer un experimento pionero en la historia de la vacunación. Ya se sabía que las mujeres que ordeñaban vacas solían contraer una enfermedad muy leve (les aparecían unas ampollas en las manos) que se denominaba *viruela de las vacas* o *vacuna*. Por tradición popular se creía que las ordeñadoras no enfermaban de la viruela humana; de hecho, no padecían esas marcas en la piel. Por el contrario, su piel era tersa y suave, y quizá de aquí viene esas historias sobre la belleza de las campesinas y pastorcillas que jalonan poemas, cuentos y cuadros de aquella época. Jenner hizo un experimento de variolización en el que, en vez de inocular una pústula de viruela humana, empleó el líquido obtenido de esas ampollas de las manos de las ordeñadoras, que contenían el virus de la viruela de las vacas. Para ello, empleó como *voluntario* al hijo de su jardinero, un niño de ocho años. El niño tuvo un poco de fiebre, pero permaneció sano. Unos meses después le inyectó el auténtico virus de la viruela humana y el niño siguió estando sano, nunca padeció viruela; estaba inmunizado. Jenner repitió el experimento con varios *voluntarios* más y comprobó que funcionaba. Había comenzado la fascinante historia de la vacunación. Hoy en día este *experimento* no pasaría el filtro de ningún comité de ética experimental. Pero estábamos en el siglo XVIII.

En 1800, Richard Dunning, amigo de Jenner, se refirió a este proceso como vacunación (del latín, *vacca*) y al material obtenido de las pústulas o linfa le denominó *vacuna*, virus de la viruela de las vacas (*cowpox*, en inglés), o simplemente *virus vacuna*. Sin embargo, ya en 1939, el investigador británico Allan Watt Downie demostró que el virus vacuna (o sea la vacuna contra la viruela) y el virus de la viruela de las vacas (*cowpox*) no eran el mismo. Años después, los datos de secuenciación de genomas demostraron que efectivamente eran distintos. Se podría pensar que durante la fabricación de las vacunas contra la viruela durante los siglos XVIII y XIX se podrían haber mezclado ambos virus, pero resulta que todas las cepas actuales del virus de la vacuna están compuestas de un único virus, el virus vacuna, distinto del virus de la viruela de las vacas. El origen del virus de la vacuna, por tanto, sigue sin estar claro. En aquella época, la forma de mantener este activo era inoculándolo en personas sanas y transmitiéndolo entre personas de brazo en brazo. Parece ser que la primera vacuna llegó a España vía Barcelona, procedente de París, cuando François Colon se la envió a Francesc Piguillem i Verdacer, que comenzó la vacunación en Puigcerdá en 1800 y después en la ciudad de Barcelona. Un segundo envío en 1801 hizo llegar la vacuna a Madrid, también desde París. Fue Ignacio María Ruiz de Luzuriaga quien la propagó de brazo en brazo por la villa. Esa misma linfa fue probablemente la que viajó a América y Asia en la Real Expedición Filantrópica de la Vacuna, de la que luego hablaremos. La vacuna también llegó a España vía Gibraltar, en esos mismos años. Como vemos, pronto comenzaron las primeras campañas de vacunación contra la viruela por toda Europa, y al mismo tiempo... las críticas: rumores de que al inocularte te podían salir por el cuerpo ¡cuernos y apéndices de vaca! A pesar de las críticas, la vacuna de Jenner fue un éxito y hasta Napoleón dio la orden de vacunar a toda su tropa en el año 1805.

En 1803, la Corona española organizó lo que sería la primera expedición filantrópica de la historia, la expedición Balmis, para llevar la vacuna al Nuevo Mundo y a Filipinas. En 1802 hubo una terrible epidemia de viruela en los Virreinatos de Santa Fe de Nueva Granada (ahora Colombia) y del Perú, y pidieron ayuda al rey español Carlos IV. El rey ya estaba concienciado de la gravedad de la enfermedad porque su propia hija María Luisa la había padecido, y su hermano y su cuñada habían fallecido de viruela, así que se propuso llevar la vacuna hasta el continente americano. Pero ¿cómo atravesar el océano sin neveras para mantener la vacuna viva y llevarla hasta América en una travesía que solía durar más de un mes? Francisco Xavier Balmis (1753-1819), un médico cirujano de la corte del rey español, propuso una idea que hoy nos parece descabellada: llevar la vacuna en un *recipiente* humano. Para mantener la vacuna viva, había que inyectarla en la piel de una persona y, cada nueve o diez días, ir traspasando la vacuna de una persona a otra, una cadena humana que mantuviera el virus vacuna vivo con sus plenas facultades. Para poder tener éxito en semejante hazaña, Balmis se dio cuenta de que necesitaba voluntarios que no hubieran padecido la viruela ni estuvieran ya vacunados, para que no se interfiriera en el proceso inmunitario. Los *recipientes* humanos deberían ser niños. Pero Balmis no encontró ningún padre que estuviera dispuesto a ofrecer a sus hijos para semejante *experimento.* ¿Dónde encontrar voluntarios? La solución fue recurrir a los niños abandonados en los orfanatos o casas de expósitos o inclusas. Solía tratarse de niños procedentes de partos fuera del matrimonio, o huérfanos de padre en situación de extrema pobreza. Hay que hacer un cierto esfuerzo mental para imaginarnos cómo podía ser la vida en una de esas casas de expósitos de principios del siglo XIX en España. Se recogían varios miles de niños cada año en este tipo de orfanatos. La mortalidad infantil en esos orfanatos era superior al 50%. Balmis recurrió a la Casa de Expósitos de La Coruña donde *reclutó* a 18 niños, todos chicos de entre tres y nueve años, además de otros cuatro de Madrid. Así, el 30 de noviembre de 1803 partió del puerto de La Coruña la Real Expedición Filantrópica de la Vacuna a bordo de la corbeta María Pita con 22 niños, que hicieron de cadena humana para mantener la vacuna viva hasta el continente americano. Balmis exigió que, una vez finalizado el viaje, los niños fueran devueltos a su lugar de origen. Dos de ellos fallecieron en México; del resto nada se sabe. La primera parada de la expedición la hicieron en las islas Canarias. Durante tres años la expedición llevó la vacuna a

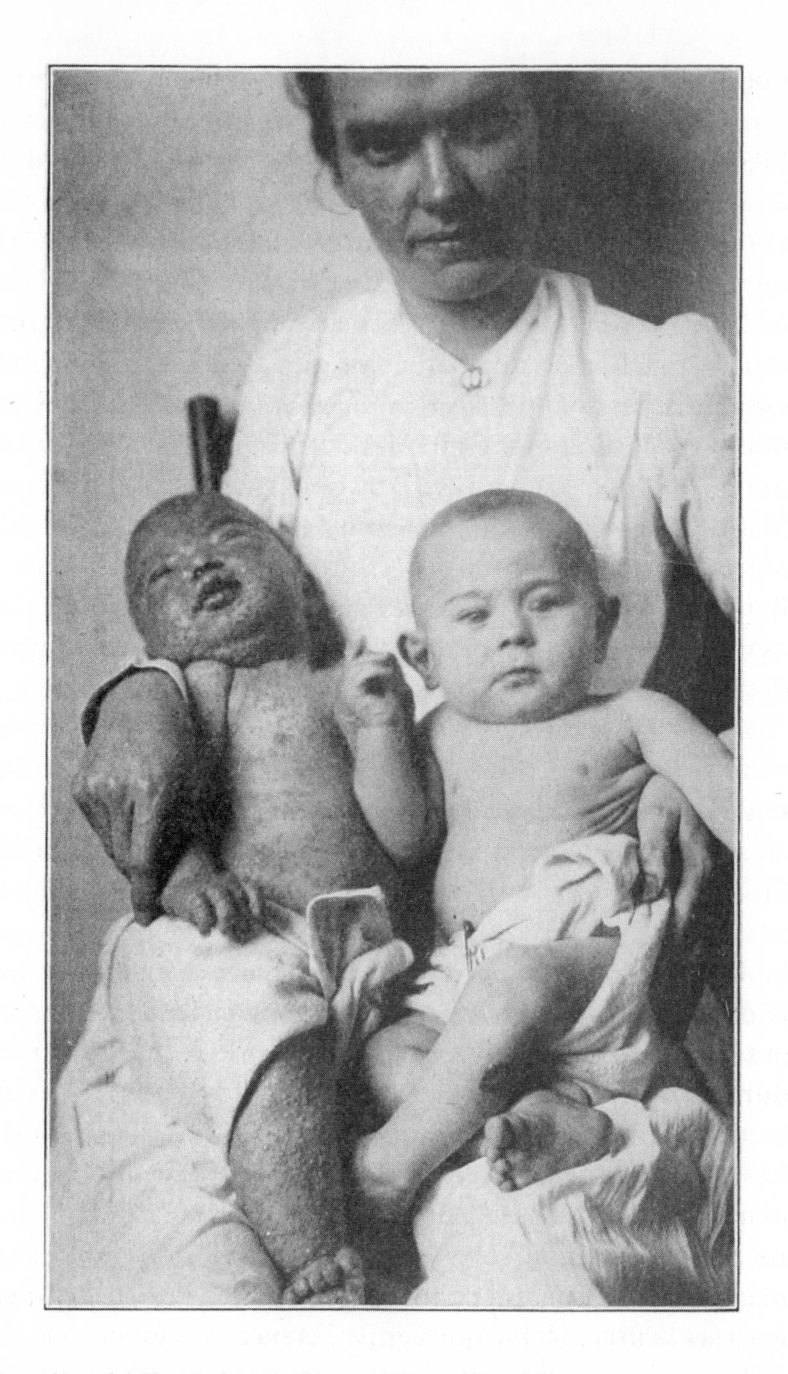

Dos niños del Hospital Municipal de Filadelfia en 1903, uno sin vacunar y el otro vacunado el día de la admisión —la marca se observa en la pierna—. Este niño permaneció en el hospital con su madre, quien estuvo enferma de viruela durante tres semanas y fue dada de alta perfectamente. El niño no vacunado, admitido con viruela, murió [Welch & Schamberg, *Acute Contagious Diseases*].

Puerto Rico, Cuba y México. Ahí la expedición se dividió y un grupo dirigido por Balmis siguió la ruta hacia el norte. Llegó hasta Filipinas, Macao y Cantón, e introdujo la vacuna en Asia. Otro grupo, encabezado por el segundo de Balmis, el médico José Salvany y Lleopart (1778-1810), distribuyó la vacuna por Sudamérica (Venezuela, Colombia, Bolivia, Perú y Chile). Se calcula que se vacunaron más de 250.000 personas. Pero los verdaderos héroes de aquella hazaña fueron esos 22 niños abandonados de los que tan solo sabemos sus nombres: Vicente, Pascual, Martín, Juan Francisco, Tomás, Juan Antonio, José Jorge, Antonio, Francisco, Clemente, Manuel María, José Manuel, Domingo, Andrés, José, Vicente María, Cándido, Francisco Antonio, Gerónimo, Jacinto, Benito y Pascual. Actualmente, hay un recuerdo con 22 placas con sus nombres y edades en una balconada de la Casa del Hombre de los Museos Científicos Coruñeses.

Pero nos queda una heroína más, que ha pasado desapercibida y de la que poco sabemos —como tantas veces ha ocurrido en la historia de la ciencia, se trataba de una mujer—. Ni siquiera los historiadores se ponen de acuerdo en su nombre (¡hay hasta 35 versiones distintas!): doña Isabel (Cendala y Gómez). Isabel era la rectora de La Casa de Expósitos de La Coruña. Balmis enseguida se dio cuenta de que, para que la expedición lograra llevar con éxito la vacuna a América, era imprescindible una persona que cuidara de los niños durante la travesía y, al llegar a tierra, que se ocupara de su aseo y su limpieza, de conservarlos sanos y bien alimentados. El viaje iba a ser peligroso y muy incómodo para los niños: mareos, vómitos, gastroenteritis, parásitos, accidentes..., y no podían atravesar solos el océano con un grupo de rudos marineros. Además, el cambio de Galicia al Caribe también iba a ser brusco. Había que vigilar las sucesivas inoculaciones de la vacuna, que los niños inoculados no se mezclaran con el resto para que no se contagiaran, evitar que se manipularan las pústulas y no se rascaran, que las inoculaciones se hicieran lo más limpiamente posible... —si alguna vez has tenido un niño pequeño con varicela, por ejemplo, ya sabrás lo difícil que es que no se rasque y que no se le infecten las pústulas—. Gracias a la labor de esta mujer, los niños y la vacuna llegaron al continente americano. Isabel controlaba todo lo relacionado con los niños y fue uno de los pilares de la expedición. Su misión no acabó cuando llegaron a América, sino que continuó con la expedición hasta Filipinas. Después se estableció en México, donde se le pierde ya la pista. Existe un total desconocimiento de sus datos personales. Solo sabemos que uno de los 22 niños era suyo, Benito. Balmis buscaba para la expedición una mujer «que acreditara ante el director su buena vida y costumbres, fuera menor de 40 años y de constitución robusta». Se daba preferencia a las solteras y a las viudas. Isabel tal vez era viuda. Debió de ser una mujer de gran fortaleza de carácter. Era la rectora de la Casa de Expósitos, una de las grandes obras de beneficencia de Galicia en aquella época. Desgraciadamente su figura ha sido muy poco valorada, aunque algunos la hayan definido como una de las primeras enfermeras de la historia. En México existe un premio nacional Isabel Cendala y Gómez dedicado a premiar a los profesionales de la enfermería y una escuela de enfermería lleva su nombre. En España, tristemente, es una figura olvidada, excepto en el nombre de una calle en La Coruña (por cierto, Isabel López Gandalla). El propio Jenner dijo, en 1806, acerca de la expedición de Balmis: «No me imagino que en los anales de la historia haya un ejemplo de filantropía tan noble y extenso como este». Desgraciadamente algunos de los héroes más importantes de esta hazaña han sido casi olvidados. La Real Expedición Filantrópica de la Vacuna fue una de las mayores hazañas médicas, la primera misión humanitaria de la historia y la primera campaña de vacunación masiva. Hoy resulta inaceptable la práctica de mantener la vacuna pasándola de un niño a otro, pero en aquella época en la que no había ni refrigeración, ni contenedores estériles, fue la única forma de transportar la vacuna de Europa a América y de América a Asia.

Esta práctica salvó millones de vidas humanas. El último caso de viruela en México es de 1951, unos 150 años después de la expedición de Balmis. Desde mediados del siglo XX ha habido campañas de vacunación masivas contra la viruela por todo el planeta. Así, se ha conseguido que el último caso de infección natural por viruela fuera el 26 de octubre de 1977: Ali Maow Maalin, un joven somalí de 23 años, fue la última persona conocida en el mundo que padeció viruela como infección natural. En 1980, la OMS declaró erradicada la viruela. Ha sido la primera y, de momento, la única enfermedad infecciosa humana erradicada del planeta.

El procedimiento de ir pasando la vacuna de brazo en brazo poco a poco se fue abandonando y en seguida comenzó a propagarse la vacuna en animales: era una forma más segura y controlada de fabricar la vacuna, y se evitaba transmitir otras enfermedades humanas como la sífilis. Por eso, a partir de 1866 comenzó a emplearse como vacuna una linfa obtenida de dos casos de viruela de las vacas en la ciudad de Beaugency en el valle del Loira, en Francia. Esa linfa se empleó para inocular más vacas y se empleó como semilla para la producción de la vacuna a gran escala. Es lo que se conoce con el nombre de *linfa de Beaugency*. De esta forma, se mejoró la calidad y el control en la producción de la vacuna, se estandarizaron los protocolos, los métodos de inoculación, de desinfección, de producción...

Durante el siglo XIX hubo un intenso intercambio de cepas vacunales entre los distintos países, lo que complica mucho poder seguir la pista a las primeras vacunas. Por ejemplo, el suero o linfa de Beaugency se distribuyó prácticamente por todo el mundo: Bélgica, Alemania, Suiza, Reino Unido y otros países europeos, Brasil, EE. UU., Cuba... En principio, el origen de esta linfa parecía ser el virus de la viruela de las vacas, pero hay que tener en cuenta que el virus vacuna, el de la viruela de las vacas o el de los caballos pueden infectar tanto a las vacas, los caballos como a los humanos, y producen el mismo tipo de pústulas en la piel. Es muy difícil saber, por tanto, de qué virus se trata. Durante 1860 y 1890 hubo varios brotes de viruela en caballos en Francia, por lo que no podemos descartar que el origen real del virus de la linfa de Beaugency fueran lesiones en vacas, pero causadas por el virus de la viruela de los caballos. De todas formas, los análisis genómicos actuales nos permiten hacer estudios filogenéticos entre las distintas cepas de los virus de la viruela. Se comprueba que todas las cepas de virus vacuna actuales son similares, y que entre ellas existen tres grupos filogenéticos: el eurasiático, que incluye cepas de Europa y Asia; el de Suramérica, que curiosamente incluye al virus de la viruela de los caballos; y un tercer grupo americano, cuyo origen puede ser la linfa de Beaugency. Otra rama del árbol separada incluye el virus de la viruela de las vacas, la viruela de los camellos y el de la viruela humana. Este análisis sugiere, por tanto, que el origen de la vacuna fue el virus del caballo. Por tanto, la linfa Beaugency que dio origen a la mayoría de las cepas vacunales era un virus vacuna de caballo y no de vaca. Quizá incluso las primeras vacunas que se emplearon eran también de caballo, y quizá nunca se usó de vaca... Sigue siendo un misterio. Quizá sea más correcto hablar de *equinación* en vez de vacunación.

Una pregunta que nos podríamos hacer: ¿por qué solo se ha podido erradicar esta enfermedad? Para otras enfermedades también hay vacunas que funcionan muy bien, pero ¿por qué es tan difícil conseguir una vacuna para otras enfermedades? En el caso de la viruela, son varias las características del virus que han facilitado su control y erradicación gracias a la vacunación. En primer lugar, es una enfermedad que solo ocurre en humanos, no existen reservorios animales que actúen como *almacén* donde el virus pueda *esconderse* y dificultar su control. Además, el virus de la viruela es muy estable y homogéneo genéticamente, tiene muy poca variabilidad y no existen distintos tipos de virus de la viruela. No existían portadores sanos sin síntomas infectados de viruela, personas infectadas que no manifestasen la enfermedad pero que podían transmitirla. La enfermedad de la viruela siempre se manifestaba: cuando estabas infectado por viruela enseguida aparecían las típicas pústulas en la piel, por lo que el diagnóstico era evidente y muy fácil y se podía actuar con rapidez. Además, no era una enfermedad que se transmitía por mosquitos o por otros vectores, lo que también facilitó su control. Por último, la viruela era una enfermedad que solo se pasaba una vez; la infección por el virus te inmunizaba, te protegía para posteriores encuentros con el virus. Una vez contraída la enfermedad y curada, el cuerpo adquiría inmunidad permanente.

Como hemos dicho, la viruela se erradicó del planeta en 1980, pero esto no quiere decir que el virus haya desaparecido, que ya no exista. Se ha erradicado la enfermedad, no el virus. Durante años ha permanecido en algunos laboratorios de investigación repartidos por el planeta; de hecho, en realidad el último caso de viruela ocurrió en Birmingham (Reino Unido) en 1978 debido a una exposición accidental en un laboratorio. Hoy en día, hasta donde sabemos, oficialmente solo existen dos laboratorios en el mundo que conserven virus vivos de la viruela: el CDC de Atlanta (EE. UU.), que todavía tiene unas 350 cepas del virus, y el laboratorio VECTOR del Centro de Investigación en Virología y Biotecnología en Koltsovo (Novosibirsk, Rusia), que guarda unas 120. Ambos colaboran con la OMS y son inspeccionados por expertos en bioseguridad de esta institución cada dos años. Desde la erradicación de la viruela se suspendieron todas las campañas de vacunación y, desde entonces, se ha sugerido la necesidad de destruir los remanentes. El debate de si se deben destruir todas las reservas del virus sigue abierto. El problema es que se sigue investigando sobre la viruela. Hasta hace poco había diez proyectos de investigación en curso para mejorar los métodos de diagnóstico, desarrollar nuevos fármacos y nuevas vacunas más efectivas y seguras. Por ejemplo, en los últimos años se han ensayado más de 100 compuestos sintéticos distintos. En julio de 2018, la FDA americana aprobó un nuevo agente antiviral denominado Tecovirimat, que inhibe la salida del virus. Se trataba del primer fármaco aprobado para el tratamiento de la viruela. Se han desarrollado nuevos sistemas de diagnóstico rápido y ya se tiene la secuencia del genoma completo de 50 cepas del virus. El virus es muy estable y no se cree que haya nuevas cepas. Con esta información se puede distinguir fácilmente el virus de la viruela de otros poxvirus similares como la viruela de los monos, camellos y vacas. Respecto a las vacunas, se calcula que hay entre 570 y 720 millones de dosis de la vacuna almacenadas en todo el planeta y que se tiene la capacidad para fabricar más de 200 millones de dosis al año. De todas formas, se siguen desarrollando nuevos candidatos de vacunas de tercera generación más eficaces, inmunogénicas y seguras. Todas estas investigaciones son necesarias para prevenir y controlar posibles brotes infecciosos por otros virus similares al de la viruela. Por ejemplo, existen casos de infección en humanos por el virus de la viruela de los monos en África, y es necesario tener sistemas de diagnóstico rápido que lo identifique, tratamientos y vacunas. Tampoco podemos descartar que, en el futuro, otros virus similares se adapten al ser humano. Por todo ello, es necesario mantener un grupo de expertos en este tipo de virus.

Ni siquiera se puede descartar la reemergencia del propio virus. En enero de 2014 se destruyeron, en presencia de personal de bioseguridad de la OMS, varios tubitos que contenían fragmentos de ADN clonado del virus de la viruela, que habían sido guardados en un laboratorio en Sudáfrica. En junio de ese mismo año se encontraron en un laboratorio del NIH en Bethesda (EE. UU.) dieciséis tubos marcados como «Viruela» que contenían material liofilizado. Se comprobó que seis de ellos contenían el virus todavía viable. Tras secuenciar su genoma, fueron destruidos en presencia de personal de bioseguridad de la OMS. ¿Hay más muestras de viruela escondidas en el fondo de algún arcón congelador en algún laboratorio? No lo sabemos. Las preguntas no acaban ahí. ¿Se podría *resucitar* el virus de cadáveres congelados en el permafrost que fallecieron de viruela, como hemos visto que ocurrió con el virus de la gripe de 1918? No sabemos cuánto puede durar el microorganismo en un cadáver, pero en el año 2011 unos trabajadores de la construcción de Nueva York encontraron el cuerpo de una mujer del siglo XIX que había fallecido por viruela. Avisaron a las autoridades, que determinaron que el cuerpo no suponía riesgo alguno para la salud. También se han detectado fragmentos de ADN de viruela en la momia de un niño en Lituania que había fallecido entre 1643 y 1665. Otro riesgo potencial es que hoy las técnicas de biología sintética permiten reconstruir un virus completo a partir de su genoma. Esto ya se ha hecho con el de la gripe, el ébola e incluso el de la viruela de los caballos. En 2017 se demostró que ya es posible reconstruir este último a partir de información de acceso público, en solo seis meses y por unos 100.000 dólares.

La discusión de si hay que destruir todo los almacenes del virus de la viruela continúa. La solución no es fácil. No parece que haya razones de salud pública para mantener el virus vivo. La mayoría de los expertos cree que no es necesario para el desarrollo de nuevas vacunas, pero sí para la investigación de nuevos agentes antivirales específicos. No hay consenso en si es necesario para el desarrollo de nuevos sistemas de diagnóstico. De momento la decisión final se pospone. El virus de la viruela seguirá encerrado (eso esperamos) en los laboratorios.

Jóvenes contra la polio (*Teens Against Polio «TAP»*) vendiendo cacahuetes a cambio de donaciones en Tallahassee, Florida, 1956 [State Library & Archives of Florida].

La enfermera Grace Kyler trabaja con dos pacientes de polio en el Hospital FAMU en Tallahassee, 1953 [State Library & Archives of Florida].

Polio, el siguiente de la lista

La viruela ha sido la primera enfermedad infecciosa erradicada del planeta, pero no ha sido la única. En 2011 la peste bovina se declaró oficialmente erradicada de todo el mundo. Es la primera enfermedad animal erradicada en la historia de la humanidad. La peste bovina está causada por un virus (del género de los morbillivirus, familia *Paramyxoviridae*). Afecta sobre todo al ganado vacuno, aunque también a los búfalos, las jirafas, los ñus y los antílopes. Afortunadamente no es patógeno para el ser humano, pero para el ganado vacuno es muy infecciosa y la tasa de mortalidad puede llegar al 90%. La enfermedad ha estado presente en Europa, África y Asia desde la época de los romanos y ha causado cientos de millones de muertes de cabezas de ganado a lo largo de cientos de años. Por eso, las epidemias de peste bovina no solo han estado asociadas a grandes pérdidas económicas, sino también han ocasionado grandes hambrunas en la población humana. Los animales que se recuperan de la peste bovina tienen inmunidad permanente y no vuelven a padecer la enfermedad. Además, no existen animales que actúen como reservorios o almacenes de la enfermedad. En los años ochenta comenzó un programa mundial para la erradicación de la peste bovina. El último caso registrado de peste bovina data de 2001, y diez años después se declaró oficialmente que el mundo estaba libre de esta enfermedad. Gracias a las vacunas hemos sido capaces de erradicar del planeta dos grandes plagas, la viruela en humanos y la peste bovina. ¿Y cuál puede ser la siguiente?

La poliomielitis es otra enfermedad infecciosa que ha causado epidemias desde hace siglos. Unas inscripciones en

Con el lema «Para que bailemos de nuevo», este póster anuncia el baile benéfico del Hotel President para recaudar fondos en apoyo de la lucha contra la parálisis infantil (1936/1939) [Biblioteca del Congreso].

algunas tumbas egipcias en las que se muestra un sacerdote con una pierna atrofiada típica de la poliomielitis evidencian que esta enfermedad tiene una larga historia entre nosotros. Está causada por un virus que invade el sistema nervioso y puede paralizar los músculos de la respiración y causar la muerte. Tiene consecuencias deformantes e invalidantes. La polio puede afectar a cualquier edad, pero es mucho más grave en niños menores de cinco años. Si buscas en internet imágenes con la palabra *polio* verás impactantes fotografías de las lesiones que el virus causa en las extremidades, sobre todo en niños. También podrás ver imágenes de pabellones de hospitales llenos de niños dentro de pulmones de acero, un sistema de ventilación mecánica que se empleaba para forzar la respiración cuando la persona perdía el control de sus músculos torácicos debido a la enfermedad. Ha sido una de las enfermedades más extendidas en el siglo XX, hasta la aparición del SIDA. Entre los años 40 y 50 hubo un importante brote de polio en EE. UU. En 1952 se llegó al punto máximo con 58.000 casos de polio. En aquella época había auténtico terror a esta enfermedad debido también a su *misteriosa* incidencia estacional, entre julio a octubre. A muchos niños no se les permitía incluso salir a jugar fuera de casa por miedo.

La polio se transmite de persona a persona. Cuando un niño se infecta, el virus entra en el cuerpo por la boca y se multiplica en el intestino. Luego se expulsa al ambiente a través de la heces y puede extenderse rápidamente entre la población, sobre todo si se dan situaciones de falta de higiene. La polio, por tanto, se puede transmitir a través de los alimentos y las aguas contaminadas con heces. La mayoría de las personas infectadas no presentan síntomas, pero son portadoras del virus y lo pueden extender entre la población. Si se detecta un caso de polio grave es evidencia de que en realidad hay una epidemia. Es una enfermedad para la que no existe cura, solo tratamientos para aliviar los síntomas. Lo que sí existen son vacunas para prevenir la infección. Varias dosis de la vacuna de la polio pueden llegar a proteger a un niño de por vida. Gracias a las intensas campañas de vacunación, la polio puede ser la segunda enfermedad infecciosa humana erradicada del planeta. Desde hace años se han vacunado millones de niños en el mundo entero. Estas campañas masivas han conseguido que actualmente solo haya tres países con polio endémica: Nigeria, Afganistán y Pakistán. El número de casos de polio salvaje en el mundo ha disminuido de 350.000 en 1988 a solo 173 en 2019.

Existen tres tipos del virus. La principal diferencia entre estos tres tipos está en una proteína de la cápside del virus, ligeramente distinta en cada uno de ellos. El único que sigue circulando y causando la enfermedad es el de tipo 1. El poliovirus de tipo 2 ha sido eliminado de la naturaleza —el último caso se detectó en India en 1999 y se declaró erradicado en septiembre de 2015—. El de tipo 3 la última vez que se detectó fue en noviembre de 2012 y se dio por erradicado en octubre de 2019. Todo esto se ha conseguido gracias a las vacunas. Contra el virus de la polio existen dos vacunas. La vacuna inactivada desarrollada por Jonas Salk (IPV, *inactivated poliovirus vaccine*) que comenzó a emplearse en EE. UU. en 1955. La vacuna original consistía en los tres tipos del poliovirus inactivados con formalina. El virus está destruido, no es infectivo, pero sigue siendo inmunogénico. Si se inactiva adecuadamente esta vacuna no causa poliomielitis. La vacuna de Salk se empleó en EE. UU. desde 1955 hasta 1960. Gracias a ella los casos de parálisis por poliomielitis disminuyeron de 20.000 cada año a 2.500. La otra vacuna contra la polio fue desarrollada por Albert Sabin y es una vacuna viva atenuada. Sabin obtuvo su vacuna replicando varias veces los tres tipos del poliovirus en diferentes animales y células. La vacuna de Sabin, pese a estar compuesta de virus vivos atenuados, fue diseñada para administrarse de forma oral, por lo que se conoce como la vacuna oral de la polio (OPV, *oral poliovirus vaccine*). Como ocurre durante la infección natural con el virus salvaje de la polio, los virus de la vacuna de Sabin también se replican en el intestino y se excretan en las heces. Se sabe que, en un número muy pequeño de personas, esta vacuna puede causar poliomielitis, lo que se conoce como *parálisis asociada a la vacuna*, a diferencia de la vacuna inactiva de Salk, que no causa la enfermedad. Se calcula que ocurre un caso de parálisis asociada a la vacuna por casa 2,9 millones de dosis. Debido a esto, el empleo de esta vacuna ha sido revisado y cuestionado en varias ocasiones. Sin embargo, siempre se ha decidido que, a pesar del riesgo asociado a esta vacuna, compensaba su uso porque esta vacuna viva, a diferencia de la inactiva, tiene un mayor poder de protección en personas no inmunizadas, se administra vía oral no por inyección, induce una inmunidad protectora en las mucosas mayor y la inmunidad probablemente sea definitiva. La vacuna viva comenzó a ensayarse en humanos en 1954. En un principio hubo cierto rechazo en EE. UU., pero un comité internacional de la OMS recomendó que se ensayará en varios países en 1957. En 1958 se administró a 200.000 niños en Singapur durante un brote de polio, después a 140.000 niños en Checoslovaquia y a finales de 1959 a cerca de 15 millones de personas en la Unión Soviética. Para mediados de los años 60 se calcula que se vacunaron con la vacuna viva cerca de 100 millones de personas en la Unión Soviética, Checoslovaquia y Alemania del Este. Durante todos esos años no se reportó ningún efecto secundario. Esto convenció a otros países, y la vacuna inactiva fue finalmente sustituida por la viva como vacuna de rutina contra la poliomielitis. Sin embargo, tan pronto como comenzó su uso masivo en EE. UU., comenzaron a describirse algunos casos de parálisis asociada a la vacuna. Hubo dudas de si estos casos eran realmente debidos a los virus atenuados de la vacuna o a virus salvajes. En los años 80, gracias al desarrollo de los métodos de secuenciación fue posible comparar las secuencias del ADN de los genomas de las cepas vacunales, cepas salvajes originales y las de los virus aislados de pacientes con parálisis asociada a la vacuna. Los resultados demostraron que los genomas de los virus aislados de pacientes con parálisis asociada a la vacuna derivaban de las cepas vacunales de Sabin y no de poliovirus salvajes. Hoy sabemos que los pacientes que reciben la vacuna viva al cabo de unos días excretan virus más neurovirulentos que las cepas vacunales. Esta evolución hacia formas más virulentas ocurre durante la replicación de las cepas vacunales en el intestino, donde los genomas virales sufren mutaciones y recombinaciones que eliminan las mutaciones que disminuyen la virulencia y que fueron seleccionadas en los distintos pases que realizó Sabin en distintos huéspedes para obtener las cepas de la vacuna atenuada. Si la incidencia de polio es muy alta, como la vacuna viva es mucho más efectiva en la eliminación del virus salvaje y más fácil de administrar que la inactiva, se podría admitir el riesgo de los pocos casos de parálisis asociada a la vacuna. Sin embargo, desde que en 1988 la OMS comenzó su iniciativa mundial para la erradicación de la polio y conforme ha ido disminuyendo la incidencia de enfermedad, se hace más difícil justificar el uso de la vacuna viva. En EE. UU. en el año 2000, la vacuna inactiva ha vuelto a sustituir a la viva y como consecuencia ya no hay casos de parálisis asociada a la vacuna en ese país. Ahora que se está próximo a erradicar la polio del planeta, estos casos de parálisis asociada a la vacuna pueden poner en peligro las campañas de vacunación. Por eso, la OMS recomienda una transición global hacia la vacuna inactiva, continuando con una estrecha vigilancia epidemiológica. En resumen, cuando el número de casos de polio era muy alto, se empleaba la vacuna viva, más efectiva. Conforme disminuían los casos, se sustituía por la vacuna inactiva, menos eficaz pero más segura. Lo que realmente no se entiende es por qué no se describió ningún caso de parálisis asociada a la vacuna en los ensayos masivos con la vacuna viva que se realizaron en la Unión Soviética en los años 60. Si se hubiera descrito algún caso, muy probablemente la vacuna viva no habría sido seleccionada para las campañas de vacunación masiva. El uso global de esta vacuna viva ha conseguido prácticamente eliminar la poliomielitis paralítica del planeta. Con la vacuna inactiva habríamos evitado los pocos casos de parálisis asociada a la vacuna, pero ¿se habría conseguido el mismo efecto de manera global, es decir, casi erradicar la enfermedad? Nunca sabremos la respuesta.

El SIDA *en el mundo*

El VIH (virus de inmunodeficiencia humana) es un retrovirus y es el agente causante del SIDA (síndrome de inmunodeficiencia adquirida), una enfermedad infecciosa que, en la práctica, sigue siendo incurable. Tras la infección con el VIH, comienza una primera fase aguda, que puede durar unas semanas o meses, con síntomas muy parecidos a los de una infección gripal: cansancio, dolor muscular, fiebre, malestar general, etc. Continua con una fase de latencia, sin grandes síntomas aparentes, en la que el enfermo puede no ser consciente de la infección. Esta fase de latencia puede durar años. El VIH destruye nuestras defensas, infecta un tipo concreto de células sanguíneas, los denominados linfocitos T CD4, que son como el director de orquesta de nuestras defensas, de nuestro sistema inmune. Dentro del linfocito, el virus se multiplica y la célula acaba muriendo. Al final, la población de estas células del sistema inmune disminuye tanto que el enfermo se queda sin defensas. Es entonces cuando otros microorganismos oportunistas (otros virus, bacterias u hongos) aprovechan la inmunodepresión, se multiplican y el enfermo padece infecciones mortales (tuberculosis, neumonías, infecciones por herpes, citomegalovirus, salmonelosis, candidiasis) o algunos cánceres poco frecuentes como el sarcoma de Kaposi o el linfoma de Burkitt. En condiciones normales, el sistema inmune de una persona sana controla y mantiene a raya a estos microorganismos, pero la inmunodepresión que causa el VIH hace que sean mortales. Es entonces cuando el enfermo entra en la fase que se denomina propiamente SIDA. El SIDA ocurre, por tanto, cuando una persona está infectada por el virus VIH, su población de linfocitos T CD4 ha disminuido drásticamente y aparecen algunas de estas infecciones oportunistas. El SIDA es la última etapa de la infección por el virus VIH.

Los tratamientos contra el VIH consiguen alargar la fase de latencia, de manera que se retrasa mucho tiempo —diez o más años— la aparición de los síntomas del SIDA. Por eso, hoy en día el SIDA puede considerarse una enfermedad crónica. Sin embargo, sin tratamiento las cosas son muy diferentes. Por ejemplo, supongamos que la esperanza de vida de una persona sana normal en un país de altos ingresos económicos sea de alrededor de 79 años. La esperanza de vida de esa persona, pero diagnosticada de VIH y que recibe tratamiento antirretroviral, sería de unos 71, pero solo de 32 si no lo recibiera. Desde el comienzo de la pandemia del VIH, aproximadamente 78 millones de personas han contraído el virus y 32 millones han fallecido a causa de enfermedades relacionadas con el VIH. Algunos datos actuales demuestran que el VIH sigue siendo uno de los virus más mortíferos del planeta. Actualmente se calcula que hay en todo el mundo unos 38 millones de personas que conviven con el virus, de las que casi 13 millones tuvieron acceso a medicamentos antirretrovirales, lo que supone solo el 37% de los infectados. Cada año 1,7 millones contraen por primera vez la infección por el VIH y 770.000 fallecieron el último año a causa de enfermedades relacionadas con el SIDA. Las enfermedades relacionadas con el SIDA son la principal causa de muerte entre los adolescentes de entre 10 y 19 años en África. La tuberculosis continúa siendo la principal causa de muerte en las personas que viven con el VIH. Se calcula que unas 320.000 personas han fallecido en un año a causa de dicha enfermedad.

Como ves el SIDA sigue siendo un problema muy grave. Lo más dramático de esta enfermedad es que más del 90% de los casos de SIDA ocurren en países de bajos ingresos, principalmente la zona del África subsahariana y Asia oriental. Se calcula que solo en África puede haber 11 millones de niños huérfanos de padre y madre por el SIDA. Los tratamientos son muy caros para muchos de estos países. Por ejemplo, comparemos la situación del SIDA en dos países: Canadá y Zimbabue. En Canadá el 0,2% de la población está infectada por el virus VIH; en Zimbabue el 20%. En Canadá, el 80% de la población infectada por el VIH tiene acceso a la medicación contra el SIDA, a los tratamientos antirretrovirales; en Zimbabue, solo el 2%. Esto al final lo que significa es que en Canadá mueren anualmente unas 2.000 personas por SIDA y en Zimbabue más de 200.000. Como siempre, el SIDA se ceba con las poblaciones menos favorecidas.

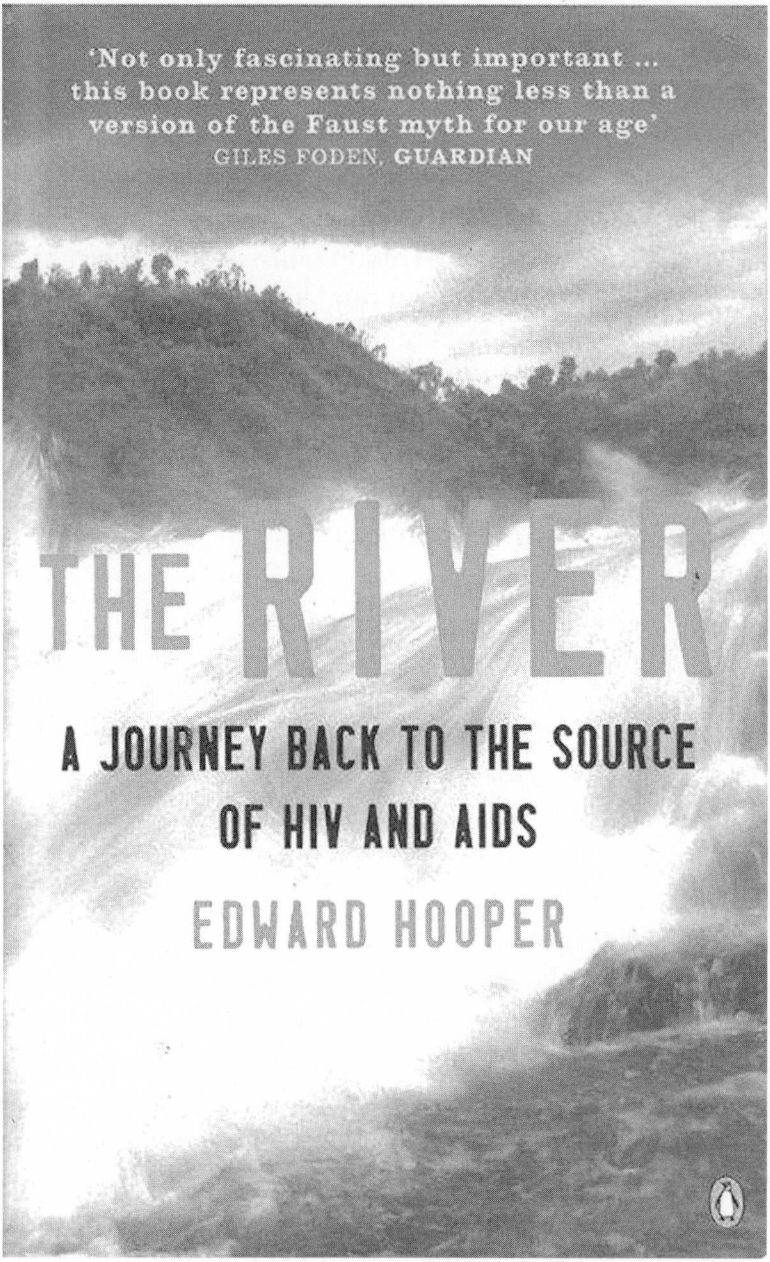

Cubierta de una de las ediciones de la obra *The river: a journey to the source of HIV and AIDS*, escrita por Edward Hooper [Penguin].

El origen del SIDA

Los primeros casos de SIDA se describieron por primera vez en 1981. ¿Por qué no se detectaron casos de esta enfermedad con antelación? ¿Es que el SIDA no existía antes? ¿De dónde surgió el virus? ¿Cuál es su origen? ¿Hay más de un tipo de virus VIH o son todos iguales? En 1992, la revista *Rolling Stone* publicó una historia que relacionaba la vacuna contra la polio como una posible fuente del VIH y de la epidemia del SIDA. Tras una demanda, la revista rectificó y publicó una aclaración. Sin embargo, en 1999 el periodista Edward Hooper escribió un libro llamado *The river: a journey to the source of HIV and AIDS* (*El río: un viaje rumbo al origen del VIH y el sida*), en el que insistía en la hipótesis de que había un vínculo entre la vacuna de la polio y el origen del VIH. Su hipótesis se basaba en el hecho de que, a fines de la década de 1950, varios grupos de investigación desarrollaban vacunas contra la polio, que en aquella época era todavía una enfermedad epidémica en todo el mundo, como hemos visto. Una de estas vacunas se usaba en pruebas en África, después de haber sido probada con éxito en EE. UU. El virus de la vacuna se fabricaba a partir de cultivos de tejido de monos, en concreto de macacos. La vacuna se aplicó a aproximadamente a un millón de personas en Burundi, Ruanda y la actual República Democrática del Congo durante 1958 y 1959. Según el periodista Hooper, las células animales utilizadas para cultivar el virus de la vacuna de la polio eran de riñones de chimpancés originarios del lugar donde se usó la vacuna, y esos chimpancés estaban infectados con el virus de inmunodeficiencia de simios (VIS). Según Hooper, esta vacuna producida en un cultivo de células de chimpancés fue la causa de la infección humana por el VIH. Las afirmaciones de Hooper recibieron mucha publicidad, y todavía hoy en día hay gente que culpa del origen del SIDA a la vacuna de la polio contaminada. Sin embargo, hay evidencias científicas que contradicen la hipótesis del vínculo entre la vacuna de la polio y el VIH. Una investigación exhaustiva demostró sin lugar a duda que la hipótesis sensacionalista de Hooper era toda una invención.

En realidad no debemos hablar del virus VIH, sino de los virus VIH. Existen muchos tipos, grupos y subtipos distintos. La variabilidad genética del virus es enorme debido a las altas tasas de mutación y recombinación, y a su enorme velocidad de multiplicación. Un paciente con SIDA puede albergar en su cuerpo miles de variantes genéticas diferentes del virus. En concreto, existen dos tipos distintos del virus del SIDA, llamados VIH-1 y VIH-2, cuyo origen es distinto y que son diferentes desde el punto de vista genético y antigénico. Los genomas del VIH-1 y VIH-2 tienen una similitud de solo el 40-50%. El VIH de tipo 1 corresponde al virus descubierto originalmente, es más virulento e infeccioso que el VIH de tipo 2 y es el causante de la inmensa mayoría de las infecciones de SIDA en el mundo. El VIH-2 es menos contagioso y produce una enfermedad menos agresiva. El VIH-2 es frecuente en la zona de África Occidental (Camerún, Costa de Marfil, Senegal) y es más raro encontrarlo fuera de esta región. Además, dentro del VIH-1 se conocen cuatro grupos diferentes denominados M, O, N y P. A su vez, dentro del grupo M, el más numeroso, se han descrito hasta nueve subtipos genéticamente distintos, que se han denominado por las letras mayúsculas de la A hasta la k. La distribución geográfica de todos estos virus también es distinta. A veces, incluso ocurren infecciones mixtas que crean nuevos virus híbridos, los denominados *formas recombinantes circulantes*. Como vemos no podemos hablar de un tipo de VIH, sino de varios, y además con distintos orígenes.

Las comparaciones de los genomas de los retrovirus de mamíferos demuestran que el virus VIH tiene su origen en otros retrovirus de primates no humanos, de simios, los VIS. El SIDA, por tanto, se puede considerar también una zoonosis, una enfermedad infecciosa que se transmite de los animales al hombre. Esta transmisión de virus entre simios y humanos ha debido ocurrir en más de una ocasión, probablemente asociada a actividades de caza y sacrificio de primates para el consumo. El paso de virus de simios a humanos no es algo raro —lo mismo ha ocurrido con el ébola, como veremos más adelante—. Se conocen más de 40 especies distintas de primates no humanos, y cada una con su retrovirus específico. El virus VIH humano por tanto proviene de los retrovirus de monos, no por la contaminación de la vacuna de la polio. El origen de los distintos tipos de VIH también es diferente. Todos provienen de retrovirus de primates, pero de distintos primates y en momentos históricos diferentes, y todos se han originado en distintas zonas de África. Al comparar las secuencias de los genomas de los VIH humanos y de retrovirus de simios, podemos concluir lo siguiente: los virus VIH-1 de los grupos M y N se han originado directamente, pero de forma independiente, de retrovirus de chimpancés; los virus de los grupos O y P están relacionados con el retrovirus de gorilas, y el origen del VIH-2 parece estar en los retrovirus de un tipo de macacos. Aunque las primeras evidencias de infección por VIH en humanos son de 1959, los análisis genéticos sugieren que el grupo M es el más antiguo de los VIH y que debió aparecer en las primeras décadas de 1900. El origen del grupo O puede ser alrededor de los años 20, la aparición del grupo N quizá sea de alrededor de los años 60, y el VIH-2 es más reciente, entre los años 60-70. Por tanto, el origen de los virus VIH está en los retrovirus de primates, de distintos tipos de primates, que en momentos concretos y en varias ocasiones a lo largo del último siglo pasaron al ser humano. Por fenómenos de mutación y recombinación se adaptaron al nuevo huésped y acabaron siendo auténticos retrovirus humanos. No podemos descartar que este paso de virus de primates al hombre vuelva a ocurrir y que por tanto en el futuro se aíslen nuevos tipos de VIH.

Hoy en día no hay ninguna duda del origen de los distintos tipos de virus VIH y de que no existe relación entre la vacuna de la polio y el SIDA. Hace unos años, se analizaron las existencias sobrantes de la vacuna contra la polio de 1958-1959, y se demostró que se fabricaron usando células de macaco y no de chimpancé, como afirmaba Hooper. Además, las vacunas no contenían ADN de chimpancé y ninguna estaba contaminada con el virus VIH ni con el de los simios. Desgraciadamente ha habido que dedicar mucho esfuerzo, trabajo y dinero para demostrar que las opiniones de Hooper solo eran especulaciones sensacionalistas.

¿Por qué es tan difícil curar el SIDA?

El SIDA sigue siendo una enfermedad incurable. Se conocen muy pocos casos de curación: el denominado *paciente de Berlín*, Timothy Brown, supuestamente se curó tras recibir un trasplante de médula ósea de un donante genéticamente resistente al VIH. Aunque es un *experimento* muy difícil de repetir, en los últimos años se han descrito algunos casos más de pacientes sometidos a trasplantes de células madre con una mutación (en el correceptor CCR5), que les hace resistentes a la infección por el virus. Pero ¿por qué es tan difícil curar el SIDA?

Son varios los factores que influyen. En primer lugar, la enorme velocidad de multiplicación del virus. El VIH se replica, se multiplica a una velocidad increíblemente rápida. El virus se divide tan rápidamente que podemos llegar a tener cientos de millones de partículas virales en un tubo de ensayo. Un paciente que lleva 10 años infectado puede tener en su organismo virus que son la generación 3.000 del virus que inició la infección. Pero, además, la variabilidad del VIH es enorme, es incluso más variable que el virus de la gripe, por ejemplo. Uno de los factores que más contribuye a ello es que su genoma es de tipo ARN y que su replicación depende de la enzima viral transcriptasa inversa, una enzima con una tasa de error (mutación) muy alta, que comete muchos fallos al copiar el genoma y la reparación de esos errores es más difícil en el caso del ARN. Por esto, en un mismo paciente podemos aislar estirpes de VIH genéticamente distintas a lo largo de su vida. El virus cambia tanto y se multiplica a tanta velocidad que es como si la evolución en el VIH fuera a toda velocidad, a cámara superrápida. Esta enorme variabilidad es la causa de que los tratamientos antirretrovirales fallen muchas veces. Se conocen decenas de mutaciones, lo que hace que este sea resistente a más de 15 fármacos distintos y produzcan más de un 50% de los fallos terapéuticos. Para evitar estas resistencias, los tratamientos combinan tres fármacos, la denominada *triple terapia,* dos sustancias que inhiben la enzima de la transcriptasa inversa y una tercera que inhibe una proteasa del virus. El tratamiento requiere además un seguimiento médico continuo del enfermo. Esta variabilidad también hace que la obtención de una vacuna contra el SIDA sea francamente difícil. La esperanza está puesta en las vacunas terapéuticas, es decir, vacunas que en vez de protegernos antes de la infección ayuden a controlar al virus en personas ya infectadas. Las vacunas terapéuticas contra el VIH tienen el objetivo de reforzar la respuesta inmune, las defensa del cuerpo contra el VIH, con el fin de controlar mejor la infección. En la actualidad, no hay vacunas terapéuticas autorizadas, pero sí varias pruebas en ensayos clínicos muy prometedores. Por otra parte, otro hecho que dificulta el control del virus es que el VIH ataca nuestras defensas y se esconde dentro de las células. La diana objetivo del VIH son nuestras propias defensas: el virus destruye nuestro sistema inmune. Infecta en concreto un tipo de células coordinadoras de nuestras defensas, los linfocitos T CD4. Al final, sin estas células es como si el enfermo se quedara sin defensas. Pero no solo eso, el VIH también juega al escondite. El virus puede infectar también otras células en las que puede quedar latente durante mucho tiempo. El virus puede pasar desapercibido entre nuestras propias células, casi indetectable, esperando el momento para reactivarse. Por último, el hecho de que más del 90% de los casos de SIDA están en países en vías de desarrollo dificulta también su control. La triple terapia debe mantenerse de por vida, suele requerir varias dosis diarias, tiene efectos secundarios importantes y es un tratamiento muy caro en muchos países. Todo esto dificulta que muchas personas puedan tener acceso y seguir los tratamientos. Como hemos visto solo el 37% de los enfermos tiene acceso al tratamiento. La discriminación de la mujer en las sociedades de esos países y el que la infección por HIV sigue siendo un estigma social dificulta también el tratamiento y facilita la extensión de la enfermedad.

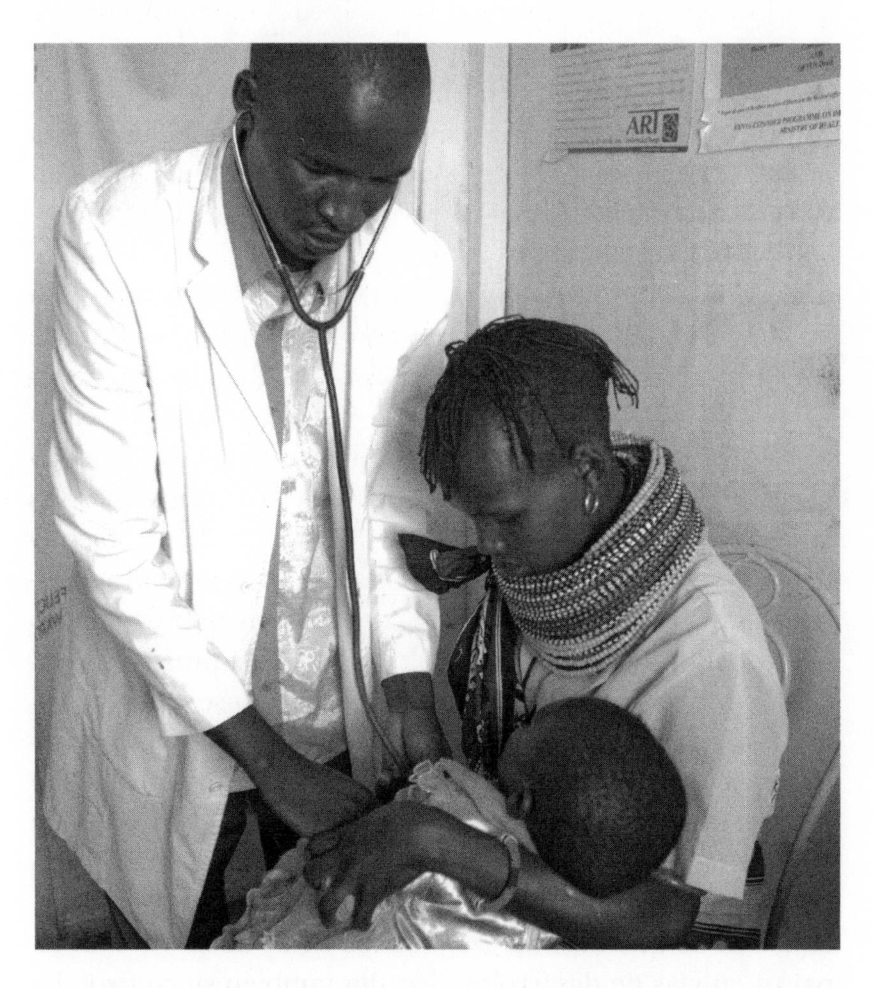

Un médico examina a una madre y su hijo en el Programa de Rehabilitación Comunitaria de Sida. Nairobi, Kenia, enero de 2007 [Joseph Sohm].

No Matter What Shape You're In,
Anyone Can Get The AIDS Virus.

Talk About AIDS

Heard Much
About AIDS Lately?

AMERICA
RESPONDS
TO AIDS

"I Didn't Know I Had AIDS...
Not Until My Baby
Was Born With It."

Anuncios de los años ochenta promovidos por la U.S. Centers for Disease Control para prevenir el contagio del sida [National Library of Medicine].

¿Qué probabilidad tienes de contagiarte de SIDA*?*

Ya hemos visto que los virus que se trasmiten por vía respiratorio, como el de la gripe o los coronavirus, son más propensos a causar pandemias. El VIH no es un virus respiratorio, pero sí ha causado una gran pandemia. La probabilidad de contagiarte del SIDA depende de la vía de transmisión del virus. El VIH solo se transmite de persona a persona por distintas vías, sexual, sanguínea y materna. A escala mundial, la mayor parte de las infecciones ocurren por vía sexual: en el África subsahariana y en el Caribe por relaciones heterosexuales, mientras que, en Europa occidental, EE. UU., Canadá y Australia es más frecuente en hombres homo o bisexuales. También el virus puede pasar de la madre al hijo, durante el embarazo, el parto o la lactancia. Sin embargo, si se trata con antirretrovirales a la madre, el nacimiento es por cesárea y se evita la lactancia materna, la posibilidad de infección del bebé es mínima. Las transfusiones de sangre o hemoderivados es otra vía de infección muy importante, especialmente en países donde no hay control sanitario. También es posible adquirir la infección por salpicaduras en mucosas o heridas de sangre o secreciones genitales infectadas por el virus. El pincharse con objetos infectados, como les pasa a los consumidores de drogas inyectables, es otra fuente de infección. Esta vía predomina ahora en los países bálticos, Europa del este y Asia central. Aunque el virus VIH puede encontrarse en la saliva, lágrimas y sudor, la concentración es tan pequeña en esas secreciones que no se han descrito casos de transmisión a partir de ellos. No se conocen casos de transmisión del VIH por mordisco entre niños, por ejemplo. ¿Y los mosquitos? ¿Puede el VIH transmitirse por picadura de mosquitos como el dengue, la fiebre amarilla o la malaria? No, el VIH no es capaz de multiplicarse y permanecer en los mosquitos, por lo que, aunque pique a un enfermo con el virus en su sangre, el mosquito no puede trasmitir el virus a otra persona. Otro dato importante es que, desde hace de casi 40 años desde que se identificó el virus, no se conocen casos de infecciones por el contacto habitual dentro de la familia, el trabajo o la escuela. Esto quiere decir que no hay ninguna razón para discriminar a una persona que tenga VIH en el trabajo o en la escuela. No te contagias con el VIH con el trato normal que pueden tener dos hermanos de una misma familia, por ejemplo. La vía más eficaz de transmisión es la inyección de productos contaminados, como transfusiones de sangre o hemoderivados. La probabilidad de infección si la sangre está contaminada por el virus es superior al 90%. Afortunadamente, en países donde hay control sanitario las transfusiones de sangre son seguras. Un pinchazo accidental con una aguja infectada puede transmitir el virus en 3 de cada 1.000 exposiciones. Entre el 30 y el 50% de los hijos de embarazadas con VIH pueden nacer infectados si la madre no recibe tratamiento, pero esta proporción puede bajar hasta el 1% si lo recibe. Respecto a la transmisión sexual, la vía más eficaz de transmitir el SIDA es el coito anal: la probabilidad es de entre 5 y 30 infecciones por cada 1.000 exposiciones, siendo el riesgo mayor para la persona receptiva que para la que penetra. La razón de esto es que, a diferencia del canal vaginal, la capacidad de elasticidad del esfínter anal es limitada y la última parte del recto es una zona muy irrigada con muchos vasos sanguíneos para absorber el agua de la masa fecal. Por eso, durante una penetración anal es muy fácil que se produzcan pequeñas erosiones o microlesiones que dañen el epitelio y ponga en contacto directo el semen y la sangre. En el coito vaginal, la probabilidad de transmisión es mayor de hombre infectado a mujer sana que al contario, entre 1 y 2 infecciones por cada 1.000 exposiciones. Además, hay otros factores que influyen. La probabilidad de contagio sexual aumenta si algún miembro de la pareja tiene otra infección de transmisión sexual, como la sífilis, por ejemplo, que produce úlceras; o cuando existe sangre, debido a la menstruación o erosiones; o cuando la cantidad de virus en la persona infectada es alta, lo que ocurre al inicio de la infección o si no se recibe tratamiento antirretroviral. Las personas con tratamiento correcto y que lo siguen regularmente tienen menor número de virus, lo que reduce el riesgo de infección para su pareja. Los hombres circuncidados también presentan menor riesgo de infectar a la mujer.

A veces se ha dicho que todos estamos expuestos al virus del SIDA, pero esta afirmación no es del todo correcta. Es cierto que todos estamos expuestos al virus de la gripe o al coronavirus, por ejemplo. Al tratarse de un virus que se transmite por vía aérea, es mucho más difícil evitar que nos contagiemos si estamos cerca de una persona infectada. Pero en el caso del VIH es distinto. Las vías de transmisión son muy concretas (sexual, sanguínea y materna), y si se ponen los medios para evitarlas, la posibilidad de infección puede ser nula. Como en otras infecciones de transmisión sexual, hay que tener en cuenta tres factores. En primer lugar, el tiempo que se está expuesto al agente infeccioso: cuanto más precoz se sea en iniciar las relaciones sexuales más tiempo habrá para infectarse. En segundo lugar, el número de exposiciones diferentes: a mayor número de contacto sexuales con personas diferentes, más posibilidad hay de contagio. Dicho de otra manera, si tú no estás infectado y tu pareja tampoco y siempre mantienes relacionas con la misma pareja, no hay posibilidad de infección. Y en tercer lugar, el riesgo de adquirir el agente infeccioso en cada contacto: el riesgo aumenta si se padecen más de una infección genital simultáneamente. Es decir, la infección se puede prevenir.

Anuncio de los años ochenta promovido por la U.S. Centers for Disease Control para prevenir el contagio del sida [National Library of Medicine].

SIDA: *tratamiento = prevención*

Según la reviste *Science*, uno de los grandes descubrimientos del año 2011 fue un trabajo en el que se demostraba que la transmisión por vía sexual del virus VIH de una persona infectada a su pareja está directamente relacionada con la cantidad de virus en sangre y en el tracto genital. Durante muchos años hubo un fuerte debate sobre si los medicamentos antirretrovirales empleados para tratar a las personas infectadas por el virus VIH podrían tener un doble efecto y ser beneficiosos para reducir las tasas de transmisión y prevenir así la infección. Para algunos era obvio: las drogas antirretrovirales reducen la cantidad de virus en el organismo y así los individuos tienen menor capacidad de infectar a otros. Sin embargo, los detractores de esta idea eran mucho más cautos y exigían más investigación y datos científicos para poder determinar la cantidad de virus en sangre que prediga el riesgo de transmisión del VIH. Este trabajo recoge los resultados de un ensayo realizado en nueve países (cinco de África subsahariana, y Brasil, India, Tailandia y EE. UU.) con 1.763 parejas, de las cuales uno de ellos estaba infectado por el virus (VIH positivo) y el otro no (VIH negativo). La mayoría eran parejas heterosexuales casadas. De manera aleatoria, a la mitad de los individuos VIH positivos se les proporcionó una terapia antirretroviral. Se ensayaron dos tipos de terapias: un tratamiento temprano que comenzó nada más empezar el estudio y un tratamiento tardío que se iniciaba cuando los datos clínicos se relacionaban con el SIDA. Los investigadores esperaban completar el estudio para el año 2015. El ensayo clínico, denominado HPTN 052 (*HIV Prevention*

Trials Network), comenzó con una prueba piloto en abril del 2005 y se llevó a cabo desde de junio del 2007 hasta mayo de 2010. Los resultados fueron tan espectaculares que los publicaron inmediatamente, no esperaron al 2015. Hubo un total de 36 personas del grupo VIH negativo que se infectaron; de estas, 28 se habían infectado con el mismo virus que su pareja. Solo una persona del grupo que había recibido los medicamentos antirretrovirales se infectó. Es decir, la terapia antirretroviral había reducido significativamente (¡un 96%!) la tasa de transmisión sexual del VIH. Por supuesto, a todas las personas de este estudio infectadas se les proporcionó la terapia inmediatamente. Las personas que toman medicamentos para combatir el SIDA deben hacerlo durante décadas, lo cual es difícil y costoso en muchas zonas del planeta. La terapia antirretroviral no es una vacuna, pero los autores de este ensayo clínico demuestran que si se hace de manera temprana tiene unos efectos clínicos beneficiosos tanto para las personas infectadas por el HIV como para sus parejas sexuales no infectadas. Por tanto, el tratamiento es prevención, y los beneficios de la terapia antirretroviral son una esperanza que puede ayudar a controlar la transmisión del SIDA de manera eficaz.

Desde hace unos años se está aplicando lo que se denomina *profilaxis preexposición* (PrEP), que consiste en un tratamiento diario con medicamentos contra el VIH que reciben las personas seronegativas (que no tienen el VIH), pero expuestas a riesgo de contraer la infección por el virus, porque su pareja sea seropositiva, por ejemplo. El objetivo es reducir la posibilidad de contraer el VIH. Si una persona se expone al VIH, tener los medicamentos en la corriente sanguínea puede evitar que el virus se adhiera a las células y se propague por todo el cuerpo. La eficacia de este tratamiento puede llegar a reducir el riesgo de infección en un 99%, si se toma de manera consistente todos los días. Como es obvio, es necesario un seguimiento médico.

Sida, año 2030

Sobre el futuro del SIDA hay que ser optimista. Aunque de momento no haya vacuna y los efectos secundarios de la terapia sean importantes, los tratamientos actuales antirretrovirales han conseguido hacer que sea una enfermedad crónica: se puede estar muchos años con tratamiento con una calidad de vida aceptable y evitando que aparezcan los síntomas del SIDA. Según ONUSIDA, es ahora cuando hay que actuar si queremos acabar con el SIDA en el años 2030. El objetivo para los próximos años se resume en 90-90-90: i) conseguir que el 90% de las personas que viven con el VIH conozcan su estado serológico, ii) que el 90% de las personas seropositivas tengan acceso al tratamiento, y iii) que el 90% que tengan acceso al tratamiento logren una represión viral efectiva. Se trata en definitiva de mejorar el acceso al diagnóstico, a los tratamientos y al seguimiento de los enfermos. De esta forma se quiere reducir las nuevas infecciones por el VIH en más de un 75%. En 2018, más de 1,7 millones de personas contrajeron la infección por el VIH en todo el mundo, de los que unos 240.000 eran niños. Lógicamente otro de los objetivos es conseguir «cero» discriminación con la persona infectada por el virus. Si conseguimos estos objetivos, podemos soñar con parar la epidemia mundial para el año 2030, con el objetivo de conseguir *solo* 200.000 nuevas infecciones para ese año. De esta forma se calcula que se habrán prevenido cerca de 28 millones de nuevas infecciones por el VIH. Para ello, los esfuerzos tienen que concentrarse en 30 países concretos, la mayoría en el África subsahariana y el oeste asiático, donde se registran el 90% de las nuevas infecciones. Estos países solo pueden financiar el 10% de los recursos necesarios, por lo que la ayuda internacional de los países con más recursos es esencial. Para conseguir estos objetivos, es fundamental insistir en la combinación de prevención, diagnóstico y tratamiento. Según datos del Centro para el Control y Prevención de Enfermedades (CDC) de EE. UU., más del 14% de las personas que viven con el virus VIH nunca han sido diagnosticadas. Todo el mundo debería tener acceso a las pruebas diagnósticas para, si el resultado es positivo, poder comenzar un tratamiento médico cuanto antes y poder reducir el riesgo de transmitir el virus a otras personas. Para disminuir la carga viral es esencial proporcionar cuidados médicos continuados y tratamiento antirretroviral a las personas con VIH. Solo el 37% de las personas con VIH reciben tratamientos anti-VIH. La combinación de prevención, diagnóstico y tratamiento reducirá significativamente la incidencia de esta enfermedad en un futuro no muy lejano. Repito, sobre el futuro del SIDA hay que ser optimista.

Este cartel anuncia a los visitantes del peligro del ébola.
Septiembre de 2013, Makoua, Congo [Sergey Uryadnikov].

La epidemia de ébola de 2014

El 10 de marzo de 2014, los servicios de salud de Guéckédou y Macenta, dos aldeas en el sur de Guinea en África, alertaron al Ministerio de Salud de ese país de varios casos de muertes por una misteriosa enfermedad que se caracterizaba por fiebre, diarrea severa y vómitos. Once días después, el 21 de marzo, el Ministerio de Salud de Guinea anunció un brote de ébola en 49 personas. Poco después, el Instituto Pasteur de París secuenció el genoma del virus y confirmó que se trataba de la especie *Zaire* del género Ebolavirus, un patógeno con una mortalidad superior al 50%. El virus del Ébola está clasificado en el máximo nivel de bioseguridad, nivel 4, en el que se incluyen algunos de los virus más peligrosos del planeta como el de la viruela, los que producen fiebres hemorrágicas y otros de los grupos arenavirus, bunyavirus y paramyxovirus.

Hoy sabemos que aquella historia comenzó exactamente el 2 de diciembre de 2013, en la aldea de Meliandou (Guéckédou, Guinea) cuando un niño de dos años de edad, probablemente jugando con algún murciélago, frecuentes en esa zona, se infectó con el virus y comenzó a sentir fiebre, diarreas y vómitos. Falleció cuatro días después. Cada día mueren en ese país unos 50 niños por malaria, así que su familia pensó que esta vez el maldito parásito de la malaria había llamado a su puerta. Como es costumbre, lavaron el cadáver y lo velaron en la propia casa o choza durante varios días. Toda la familia y amigos pasaron a despedirse del niño, con besos, abrazos y caricias al cadáver, según la costumbre del lugar. El 13 de diciembre falleció la madre del

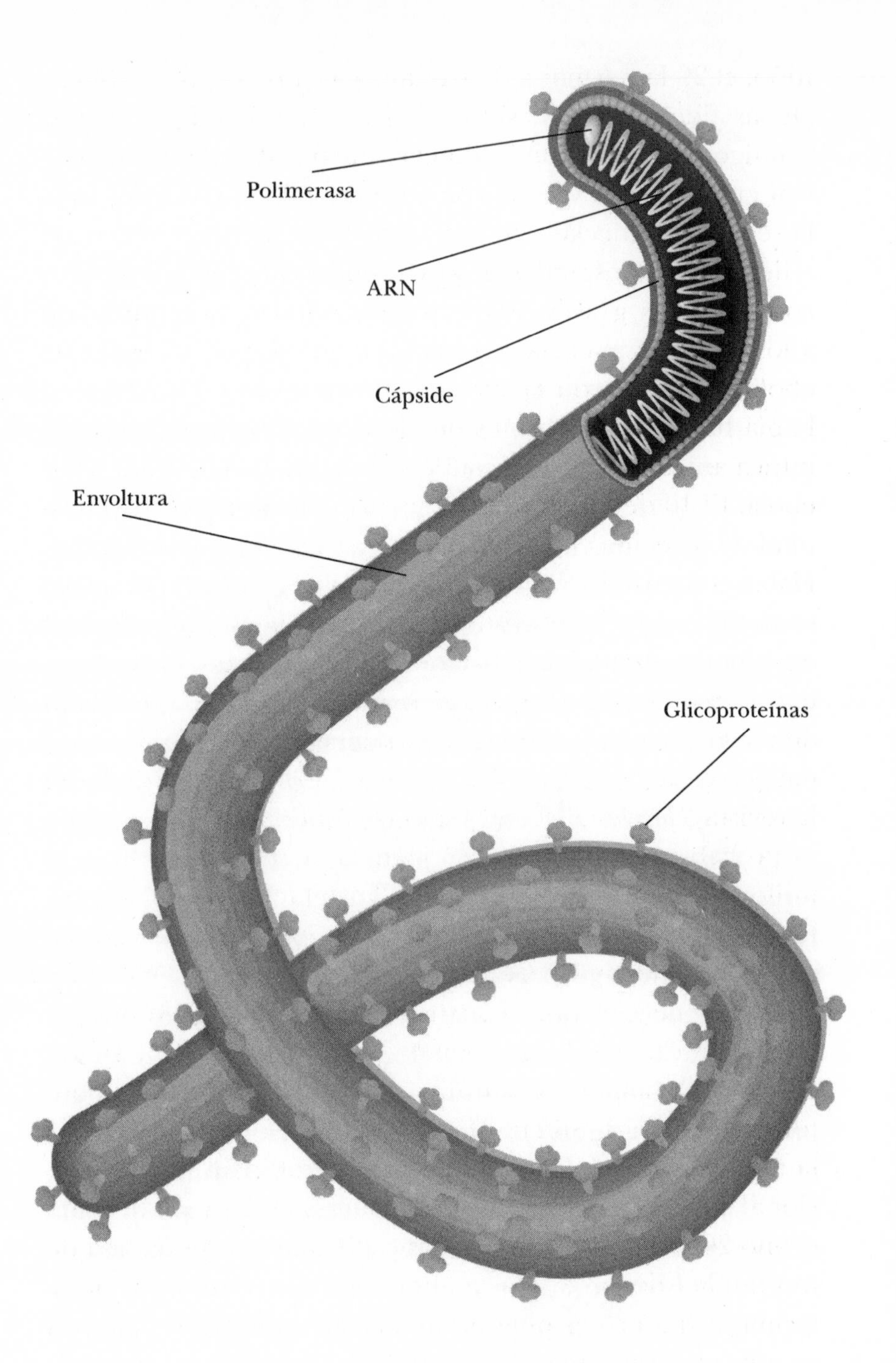

Ilustración esquemática del virus del ébola.

niño, el 29 la hermana de tres años, el 1 de enero la abuela. De las aldeas vecinas asistieron gran cantidad de familiares y amigos al funeral de la abuela. Muchos de ellos se infectaron en el funeral y acabaron trasmitiendo el virus por toda la región de Guéckédou. A principios de febrero comienzan a llegar a los hospitales de Guéckédou y Macenta enfermos con síntomas graves. El personal sanitario, acostumbrado a los casos de malaria, no pensaba que se podría tratar de ébola y no tomaron las debidas precauciones. En África ya había habido otros brotes de ébola con anterioridad, pero nunca antes en Guinea. Nadie se imaginaba que podría ser ébola. El 10 de febrero fallece el primer sanitario en el hospital de Macenta y el día 24 el primer doctor que le atendió. Había comenzado la epidemia de ébola en Guinea. En mayo se notificó el primer caso en Sierra Leona y poco después en Liberia. A finales de julio de 2014, este brote de ébola era ya el más extenso que ha habido jamás. Esto que acabo de contar no es el guion de una película de Hollywood, son datos concretos de un estudio epidemiológico publicado en la revista *The New England Journal of Medicine.*

Probablemente, el virus del Ébola lleva en la naturaleza millones de años, pero nosotros nos enteramos de su existencia cuando ocurrieron las primeras infecciones en humanos. El primer brote de fiebre hemorrágica por ébola del que se tiene constancia ocurrió en 1976 en la República Democrática del Congo (antes Zaire) y en Sudán. Desde entonces ha habido más de 20 brotes en África central (sobre todo en el Congo, Sudán y Uganda), la mayoría causados por la especie *Zaire ebolavirus*, con una mortalidad media superior al 65%. El caso más extenso ocurrió en Uganda durante el año 2000-2001, con 425 casos y 224 muertos y una tasa de mortalidad del 53%. Hasta ahora este virus nos tenía acostumbrados a brotes muy puntuales y esporádicos: aparecía en una determinada aldea, infectaba y mataba a un gran número de personas y unos días después el brote se autolimitaba y desaparecía. La razón de este tipo de comportamiento es que el ébola no está adaptado al ser humano, es un virus de animales, y en humanos la mortalidad es muy alta. Puede infectar al hombre y enseguida acaba con su víctima, por lo que la cadena de transmisión del virus acaba pronto. En ese sentido, es un patógeno un poco *torpe.* Los brotes afectaban a pocas personas, pero de forma muy intensa y mortal.

La epidemia de 2014 fue la más extensa que ha habido jamás, pero el virus no es que fuera más virulento que el de otros años anteriores. La tasa de letalidad del brote de 2014 fue inferior al 50% aproximadamente, similar o incluso inferior a otros brotes anteriores. Este brote no fue el más mortífero de los que había habido hasta entonces, pero sí el más extenso. Otros brotes en el Congo entre los años 2001 y 2007 tuvieron tasas de mortalidad de casi el 90%. Lo peculiar de la epidemia de 2014 es que fue la primera vez que ocurrió en el oeste de África, la primera vez que afectó a poblaciones urbanas (hasta entonces siempre se había dado en aldeas o zonas rurales próximas a la selva), fue la más extensa, y la primera vez que infectó y mató ciudadanos de otros países, en Europa y en América. Aunque como hemos visto la epidemia se originó en Guinea, el país que tuvo un mayor número de casos fue Liberia, seguido de Sierra Leona. La magnitud de esta epidemia se explica sobre todo por las pésimas condiciones socioeconómicas de estos tres países, probablemente los más pobres del planeta —algunos acababan de sufrir varios años de guerra civil y carecían de infraestructuras básicas—. Aquello fue la mejor situación para la propagación del virus y la peor para nosotros. Del oeste de África la epidemia *saltó* con algunos pocos casos a Malí, Senegal, Nigeria, EE. UU. y España. En occidente, ¡entonces nos enteramos de que existía el ébola!

Aunque una infección por ébola es algo muy serio, con tasas de mortalidad muy altas, la realidad es que en total en todos estos años no ha habido muchas muertes por el virus. En este sentido es una enfermedad que podríamos considerar rara. Desde que se detectó por primera vez en 1976, ha causado aproximadamente 14.000 muertos, lo que supone una media de unos 320 por año. Por el contrario, la malaria mata más de 600.000 personas al año, ¡cerca de 70 personas por hora! Más de 4.000 personas mueren cada día por diarreas infecciosas. Las serpientes y otros animales venenosos causan 55.000 muertos cada año, cuatro veces más que todos los muertos por ébola en casi 40 años. El ébola es exótico, aterrador y un buen reclamo mediático, pero no está entre los microbios más asesinos y peligrosos. La epidemia en África de 2014 fue muy grave, pero no conviene olvidar que en esos mismos países todavía muere más gente por SIDA, malaria, diarreas o tuberculosis, como veremos más delante.

Recreación tridimensional del virus del ébola [Jaddingt].

Los parientes próximos del ébola

El virus del Ébola pertenece a la familia de los filovirus, virus filamentosos con una estructura similar a un cordoncillo estrecho y muy largo. Dentro de los filovirus hay tres géneros: ébola, marbug y los cuevavirus. Además del ébola existen cinco tipos distintos: Zaire ebolavirus, el más mortífero y el que ha causado las últimas epidemias; Sudán ebolavirus, el siguiente en letalidad y en frecuencia de brotes; Bundibugyo ebolavirus, del que solo ha habido un brote en 2007; Taï Forest ebolavirus, con un único caso humano; y Reston ebolavirus. Los cuatro primeros son todos de origen africano, y la tasa de letalidad va desde un 25% para el ebolavirus Bundibugyo hasta casi el 90% en algunos brotes de Zaire ebolavirus. Por tanto, no todos los infectados por ébola mueren, depende del tipo. Por ejemplo, el ebolavirus Reston no es mortal para el ser humano. Se descubrió en 1989 en un brote de fiebres hemorrágicas que ocurrió en unos monos que se habían traído desde Filipinas a un laboratorio de investigación de la ciudad de Reston, en Virginia, EE. UU. Los monos murieron y se descubrió que uno de los cuidadores tenía anticuerpos contra el virus, lo que significaba que se había infectado también con el virus. Sin embargo, no tuvo síntomas y no enfermó. Desde entonces este ebolavirus Reston se ha encontrado en más personas y sobre todo en cerdos en Filipinas, pero ninguna ha enfermado, lo que demuestra que este ebolavirus no es patógeno para el ser humano. No sabemos por qué el ébola Zaire es tan mortífero mientras que el Reston no es patógeno.

Otro filovirus, pariente próximo del Ébola, es el virus Marburg, denominado así porque el primer brote conocido ocurrió en la ciudad alemana de Marburgo en 1967. Lo mismo que con el ébola Reston, este virus se detectó cuando enfermaron unos cuidadores del animalario de un centro de investigación que trabajaba con monos verdes africanos traídos de Uganda. A diferencia del Reston, el virus Marburg sí que es mortal para el ser humano y 31 personas (cuidadores, personal técnico del laboratorio y algunos de sus familiares) se contagiaron y siete de ellos fallecieron. Después de este episodio se han descrito más de diez brotes por virus Marburg en Sudáfrica, Kenia, República Democrática del Congo, Uganda y Angola. Este filovirus puede llegar a ser tan mortal como el ébola Zaire: por ejemplo, en 2004 hubo un brote en Angola con 252 afectados, de los que 227 fallecieron, lo que supone una tasa de letalidad del 90%.

El otro pariente del ébola fue descubierto hace pocos años, en 2011, en la cueva de Lloviu en Asturias, España. Un grupo de investigadores españoles, mediante técnicas moleculares de amplificación de ADN, encontraron trozos del genoma de un nuevo virus en muestras de cadáveres de murciélagos recogidos allí. Los análisis genéticos demostraron que se trataba de un nuevo filovirus que denominaron cuevavirus. No está claro si este virus es patógeno para los murciélagos, aunque solo lo han detectado en las muestras de animales muertos, pero no en murciélagos sanos. Además, la demostración de su existencia ha sido por técnicas genéticas, por amplificación y secuenciación de su genoma, no por cultivo celular. Es decir, no han aislado el virus vivo. Por supuesto, este nuevo filovirus no está asociado a ninguna enfermedad humana. Aunque los murciélagos transmiten varios tipos de enfermedades infecciosas (más adelante volveros a hablar de ellos), la demostración de la existencia de estos filovirus en murciélagos que viven en nuestras cuevas no debe atemorizarnos y podemos seguir disfrutando de la belleza de grutas y cuevas. Como ocurre hasta en las mejores familias, dentro de los filovirus hay tipos tan peligrosos con el ébola Zaire o el Marburg o tan *pacíficos* para nosotros como el ébola Reston o los cuevavirus.

¿Puede el ébola acabar siendo una pandemia?

Según un estudio epidemiológico sobre la propagación del SIDA en África, el virus VIH-1 llegó a Kinshasa (capital de la República Democrática del Congo) alrededor de 1920. Durante unos treinta o cuarenta años apenas se propagó, pero en 1960 se extendió por todo el país rápidamente. Se produjo una coincidencia de factores, una *tormenta perfecta* que puede explicar su rápida propagación por el continente africano: el aumento de las grandes ciudades con una muy alta densidad de población, el desarrollo de una red de infraestructuras ferroviarias que conectaron las principales ciudades con otros lugares del África subsahariana, los cambios en el comportamiento sexual y el aumento de la prostitución, y el empleo entonces de jeringuillas reutilizables en los centros sanitarios. Estos cambios sociales y económicos, que ocurrieron bruscamente, pueden explicar la extensión del virus por el continente primero y por todo el planeta después. Ahora, casi 40 años después del descubrimiento de los primeros casos de SIDA, comenzamos a entender qué ocurrió.

Esta descripción de lo que sucedió en Kinshasa en los años sesenta recuerda mucho la situación actual de los países del oeste de África (Liberia, Sierra Leona, Guinea) donde ocurrió la epidemia de ébola en 2014: aumento de grandes urbes muy pobladas, desarrollo de una red de carreteras que conectan las principales ciudades de esos países y fronteras muy difusas entre ellos. La pregunta entonces es evidente: ¿puede pasar con el ébola lo mismo que ocurrió con el virus VIH?, ¿puede el ébola acabar siendo una pandemia mundial como el SIDA, con millones de muertos en todo el mundo cada año?

Con los virus es muy difícil predecir lo que puede pasar, pero podemos hacer algunos comentarios. Del virus del Ébola sabemos poco, pero sabemos más de lo que conocíamos del VIH en los años 80. Tiene una tasa de letalidad muy alta, pero una baja capacidad de trasmitirse, por eso la probabilidad de que la enfermedad se extienda por todo el planeta, se transforme en una pandemia y cause cientos de miles o millones de muertos son mínimas. Vivimos en un mundo globalizado y no se puede descartar que haya más casos fuera de África o brotes cada vez más frecuentes, pero el ébola no se puede considerar una pandemia. Conocer la biología y la forma de transmisión de este virus nos pueden ayudar a razonar esta afirmación.

Lo más probable es que el reservorio donde se esconde el virus en la selva sean los murciélagos frugívoros, que se alimentan de fruta, como las especies *Hypsignathus monstrosus, Epomops franqueti* y *Myonycteris torquata* —son murciélagos

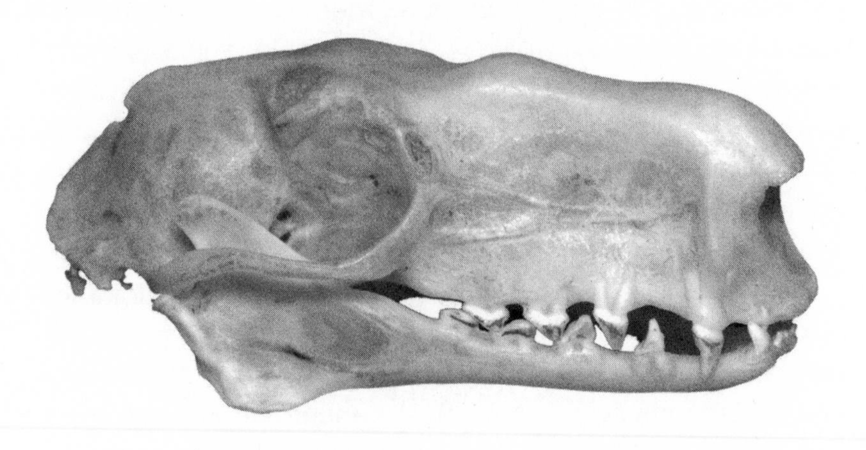

Vista lateral del cráneo de un macho de la especie *Hypsignathus monstrosus*, uno de los reservorios naturales del virus del ébola [Mark Kostich].

grandes, zorros voladores, de hábitos diurnos, distintos a esos murciélagos nocturnos insectívoros pequeñitos a los que estamos acostumbrados en Europa—. En estos mamíferos el ébola tiene su ciclo biológico natural. De ahí puede pasar a infectar animales salvajes como chimpancés, gorilas, monos, antílopes, puercoespines y roedores. En primates no humanos el ébola es también muy patógeno: se calcula que este virus ha acabado con cerca de un tercio de la población de gorilas salvajes. La extinción de los grandes simios no es solo culpa de los cazadores, también es culpa del ébola. El contacto con todos estos animales infectados es la primera fuente de infección para el hombre. En África se consume carne de todos estos animales y en muchos ritos africanos se emplea incluso su sangre. No tienes más que darte una vuelta por internet y ver las imágenes de los mercados de carne en África —te advierto que hace falta tener buen estómago para ver muchas de esas imágenes—. El virus se introduce por tanto en la población humana por contacto con animales salvajes infectados. La infección por ébola es otro ejemplo más de una zoonosis: una enfermedad de los animales que se transmite al hombre. Los

Sello postal de Tanzania que muestra, cabeza abajo, al murciélago *Hypsignathus monstrosus* [Sergey Kohl].

brotes son muy localizados, normalmente entre familiares y personas del mismo grupo o tribu y personal sanitario. Y esto tiene su explicación. Como hemos visto, muchos ritos funerarios africanos suponen despedidas familiares muy efusivas: el cadáver se vela en familia en la propia choza durante varios días antes de enterrarlo, y la familia y los allegados se despiden del difunto con besos, abrazos y caricias al cadáver. Si el fallecido estaba infectado por ébola, ya te imaginas que el virus se transmite rápidamente entre toda la familia y la tribu. Cuando enferman van al hospital y los siguientes en la cadena de transmisión son el personal sanitario, que, si no sospecha que hay un brote de ébola, no toma las medidas de prevención y contención necesarias. Por eso, en África los brotes suelen afectar a familias y al personal sanitario. El virus se transmite de persona a persona a través del contacto directo con el cuerpo o fluidos corporales de una persona infectada (sangre, orina, sudor, semen, heces, vómitos o leche materna). Puede producirse contagio cuando las mucosas (los ojos, la nariz o la boca) o pequeñas heridas en la piel entran en contacto con entornos contaminados por fluidos de pacientes infectados por el virus, como prendas de vestir o ropa de cama sucias o agujas usadas. La piel es la primera barrera contra los virus, pero pequeñas heridas o abrasiones que podemos hacernos al rozarnos, arrascarnos o afeitarnos son una puerta de entrada para los virus. Además, el virus Ébola no es un virus respiratorio, como el virus de la gripe o los coronavirus, y no se transmite por el aire. Tampoco es un virus gastrointestinal, aunque cause diarreas, y no se trasmite ni por el agua ni por los alimentos en general (¡a no ser que te comas un murciélago o un mono infectado!). No hay evidencias de que el virus del Ébola se trasmita por mosquitos u otro tipo de insectos. No sabemos a ciencia cierta cuánto puede durar el virus viable en el ambiente, pero como ya hemos visto los virus no son células. Necesitan estar dentro de las células para multiplicarse y además dentro de células concretas, no de cualquier célula. Por comparación con lo que sabemos de otros virus, es probable que este dure unas pocas horas en el ambiente —dependerá también de factores ambientales como la temperatura, la humedad, etc.—. Es muy probable por tanto que en el ambiente fuera de la célula el virus se inactive rápidamente. Donde sí puede permanecer más tiempo viable es en el cuerpo de personas fallecidas por la infección, por eso los cadáveres con ébola son muy contagiosos y el contacto con los cadáveres es muy peligroso. Por todas estas razones, la capacidad de transmisión del virus es muy baja, comparada con otros virus. Se calcula que una persona con ébola puede transmitir el virus a una o dos personas. Si estás infectado puede ocurrir dos cosas: que te cures en tres o cuatro semanas y dejes de ser infeccioso, o que te mueras. Por eso, la transmisibilidad del ébola es muy baja. La probabilidad de que te contagies si no has estado en contacto directo con un paciente infectado es casi nula. En una persona infectada, si no hay síntomas, la posibilidad de contagio es mínima. Durante los primeros días, la cantidad de virus en la persona infectada es muy pequeña y la posibilidad de contagiar a otros también es muy pequeña. Conforme avanza la enfermedad, aumenta la cantidad de virus y la probabilidad de transmitir la infección. Si no has estado en contacto con una persona infectada no puedes tenerlo. Además, con adecuadas medidas de protección las posibilidades de contagio se reducen significativamente. Quizá te hayas preguntado: si no se transmite por el aire, ¿por qué lleva mascarillas el personal sanitario? La transmisión de patógenos por aerosoles entre personas significa que la partícula infecciosa es inhalada, inspirada, y penetra profundamente hacia la tráquea y los pulmones. Nosotros emitimos aerosoles cada vez que hablamos, respiramos, estornudamos o tosemos. Si estamos infectados con un virus respiratorio como el de la gripe, los aerosoles contendrán partículas virales. Dependiendo del tamaño, esos aerosoles podrán *viajar* largas distancias. Cuando son inhaladas por una persona, puede alojarse en la superficie de las mucosas del tracto respiratorio y comenzar la infección. Por eso, un señor con gripe que viaja en el metro puede transmitir la gripe a otros viajeros.

La transmisión viral también puede ocurrir cuando algunas gotas que emitimos al respirar contengan el virus e infecten la superficie de la mucosa de otra persona. Como esas gotas son grandes (no es lo mismo un aerosol de micropartículas que pequeñas gotas de saliva), no suelen viajar largas distancias como los aerosoles, y por eso se considera transmisión por contacto. El ébola no es un virus respiratorio, no se transmite por aerosoles, pero puede hacerlo de persona a persona a través de estas gotas de saliva. Requiere una relación cercana y estrecha con la persona infectada. Por eso, el personal sanitario lleva mascarilla y gafas, para evitar que alguna de esas gotas (que pueden provenir de fluidos corporales, vómitos, diarreas, etc.) entre en contacto con las mucosas o la conjuntiva de los ojos. Pero el personal sanitario no trasmitirá el virus por aerosoles a otra persona. En otras palabras, no hay una cadena de transmisión aérea de persona a persona como en el caso de la gripe.

¿Y puede el virus mutar y hacerse más virulento o capaz de transmitirse por el aire? El virus del Ébola tiene su genoma en forma de una molécula de ARN. Este tipo de virus con genoma ARN cometen muchos errores durante su replicación, son auténticos maestros de la mutación. Ahora bien, no todas las mutaciones hacen a un virus más infeccioso; de hecho, muchas de ellas producen defectos en el virus y son letales para el propio virus. El virus del Ébola no es nuevo, lo conocemos desde 1976 cuando ocurrió el primer brote en humanos, pero muy probablemente lleva millones de años multiplicándose en los animales silvestres. Ha tenido por tanto mucho tiempo para mutar y cambiar. No sabemos cuántas mutaciones podrían ser necesarias para hacer que se propagara por vía aérea, ni si esas mutaciones serían compatibles con la propia viabilidad del virus. Tampoco sabemos qué hace que un virus se transmita por el aire. Pero podemos analizar lo que ocurre con otros virus. Hay virus que se transmite por vía aérea en unos animales y en otros no. Por ejemplo, el virus de la gripe aviar H5N1 se transmite por vía aérea entre aves, pero no entre mamíferos, como hemos visto. Hoy sabemos que para que este virus se pueda transmitir también por el aire entre mamíferos (en concreto entre hurones) son necesarios al menos cuatro cambios en los aminoácidos de algunas de sus proteínas. Pero esos cambios también hacen que el virus pierda su virulencia y sea menos peligroso. En este caso el mensaje es claro: ganar una función (transmitirse por el aire) está acompañado de la pérdida de otra función (virulencia). Con los virus es muy difícil predecir lo que puede pasar, pero puede ayudarnos ver lo que ha ocurrido en el pasado. Por ejemplo, ¿ha cambiado alguna vez el modo de transmisión algún virus que infecta humanos? La respuesta es no. Llevamos más de 100 años estudiando los virus y jamás hemos visto el caso de un virus que infecte humanos que cambie su modo de transmitirse. El VIH ha infectado a millones de personas desde comienzos del siglo XX y todavía se transmite en humanos de la misma manera. No hay ninguna razón para pensar que el ébola sea diferente a otros virus que infectan humanos y que no han cambiado su forma de transmitirse. La probabilidad de que el ébola acabe trasmitiéndose por el aire es tan remota que no hay que asustar a la población. Eso no es ciencia, es ciencia ficción. Conclusión: la probabilidad de que se extienda por todo el planeta y se transforme en una pandemia es mínima.

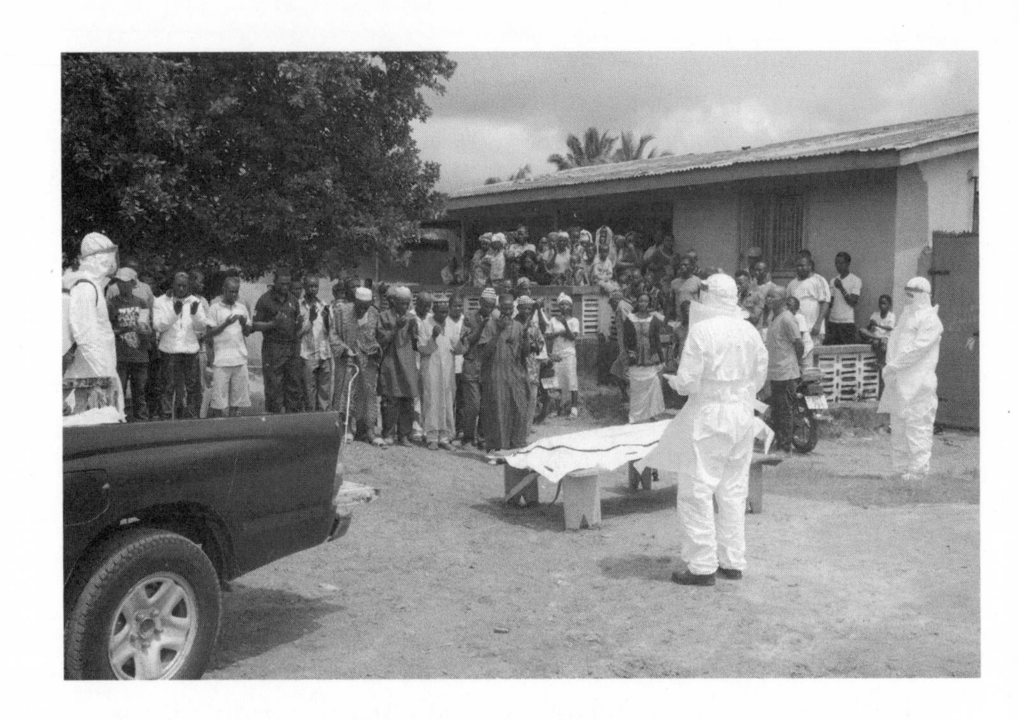

Lunsar, Sierra Leona, julio de 2015: la familia de una persona fallecida por ébola reza en el funeral; un enterrador prepara la fosa para el cuerpo del difunto cerca del poblado [Belen B. Massieu].

Para vencer al ébola

De momento la infección por Ébola no tiene curación. No hay ningún tratamiento específico. Una vía de investigación es la inmunoterapia, que consiste en la transferencia de anticuerpos específicos contra el virus. En realidad, la inmunoterapia no es nada nuevo, es un tratamiento clásico que se empleaba mucho antes de la era de los antibióticos. Se basa en que los anticuerpos o inmunoglobulinas de la sangre se unen a las proteínas de la superficie del virus y lo neutralizan e impiden que entre e infecte a las células. También pueden unirse a las células ya infectadas y facilitar su destrucción por el sistema inmune. En teoría este tipo de tratamientos suelen ser más efectivos en las primeras etapas de la infección. Se ha empleado contra varios tipos de infecciones, como el suero antitetánico, antirrábico, etc. Por ejemplo, el suero antitetánico que se administra cuando has tenido alguna herida *sucia* es suero de caballo o humano con anticuerpos contra la toxina de *Clostridium tetani.* Los anticuerpos bloquean la toxina y evitan su efecto. En esto se basa la administración a los enfermos de Ébola de suero de pacientes que han superado la enfermedad. No es un suero «milagroso» como algunos pensaban. En este suero hay anticuerpos específicos contra el virus del Ébola, que pueden ayudar a neutralizar el virus en un enfermo. También es la base del famoso ZMapp, un cóctel de anticuerpos fabricados en el laboratorio. En este caso son anticuerpos que se denominan monoclonales, obtenidos en ratones infectados con el virus del Ébola. Estos anticuerpos de ratón luego se *humanizan*, es decir, se sustituye una parte de la proteína de ratón por proteína humana, para evitar rechazos. Posteriormente por técnicas de ingeniería genética se clonan en plantas de tabaco y se producen a gran escala.

En una epidemia, es fundamental identificar y aislar a los pacientes para evitar la extensión de la enfermedad. La vigilancia y el control epidemiológico es lo más importante. Lo primero es romper la cadena de transmisión del virus. Si se sospecha que se ha producido un brote, los sospechosos deben ponerse en cuarentena inmediatamente. Hay que reducir el riesgo de transmisión de animales salvajes al ser humano: evitar todo contacto con murciélagos o monos y el consumo de su carne cruda. Hay que reducir el riesgo de transmisión de persona a persona: evitar el contacto físico estrecho con pacientes o difuntos y utilizar guantes y equipo de protección personal adecuado (bata, mascarilla, gafas y guantes) para atender a los enfermos. Los enfermos que mueren por esta causa deben ser sepultados rápidamente y en condiciones de seguridad o incinerados. Hay que controlar la infección en centros de atención médica y en los laboratorios que manipulan muestras biológicas humanas. Para controlar la epidemia de ébola en África de 2014, la OMS enseguida se fijó el objetivo de conseguir cuanto antes aislar al menos al 70% de las personas infectadas y que el 70% de los enterramientos se hicieran en condiciones dignas pero seguras.

Por cierto, no sé si te has preguntado alguna vez cómo fue posible que en muy pocos meses ya hubiera varios candidatos a vacunas contra el ébola, mientras que para otras enfermedades como el SIDA o la malaria todavía no tenemos una vacuna eficaz. La razón, otra vez, está en el bioterrorismo. Como los filovirus ébola y Marbug tienen una tasa de mortalidad tan alta, estaban en la lista *oficial* de posibles virus de uso militar en guerra biológica. Por eso, desde hacía ya varios años, varios centros de investigación en EE. UU., Canadá y Rusia (y quizá en otros países) estaban trabajando en posibles tratamientos y vacunas. La razón no era evitar las muertes por ébola en algunas tribus perdidas en la selva africana, sino la guerra biológica. Rápidamente se optaron por vacunas de subunidades, que son mucho más seguras. Las vacunas consistieron en clonar algunos genes que sintetizan proteínas de la superficie del virus en otros virus no patógenos, que se emplean como vectores o vehículos para hacer llegar esos antígenos del ébola al sistema inmune. Se han construido así vacunas recombinantes en virus como adenovirus o el virus de la estomatitis vesicular, que contienen un gen del virus del Ébola. Estos virus recombinantes no son infecciosos, pero cuando se inyectan en una persona pueden activar el sistema inmune para que produzcan anticuerpos contra la proteína del virus. Estas vacunas funcionaron muy bien en animales de experimentación, en roedores y en chimpancés. Por razones humanitarias, empezaron enseguida los ensayos en personas, para probar la seguridad de este tipo de vacunas, los efectos secundarios, si inducían la producción de anticuerpos específicos y realmente protegían frente a la infección. Aquella gran epidemia de 2014 pasó y el virus volvió a su ciclo salvaje, pero no podíamos descartar que, como en otras veces, otro brote epidémico volvería pronto a visitarnos.

Y el ébola volvió. El 1 de agosto de 2018 se declaró en la República Democrática del Congo la que ha sido la segunda epidemia más grande de ébola del mundo: hubo un total de 3.444 casos y 2.264 fallecimientos. La tasa de letalidad fue superior al 65%. La epidemia ocurrió principalmente en las regiones de Kivu e Ituri, en el noreste del país, que tiene más de 80 millones de habitantes. En julio de 2019 la OMS declaró esta epidemia emergencia de salud pública internacional, algo que pasó bastante desapercibido para los medios de comunicación y la población en general. Durante esta epidemia hubo la posibilidad por primera vez de probar algunas de las vacunas que se habían empezado a desarrollar en el brote de 2014 (en concreto la vacuna rVSV-ZEBOV-GP). En colaboración con la OMS se entrenó a cerca de 300 médicos congoleños para llevar a cabo las campañas de vacunación por el norte del país.

Se vacunaron más de 28.000 sanitarios, los más expuestos y la primera línea de actuación. En una primera fase se vacunaron cerca de 94.000 personas en riesgo de contraer la enfermedad y solo 71 se infectaron. En el mismo periodo de tiempo, en la población sin vacunar hubo 880 casos. Se estimó que la eficacia vacunal fue del 97,5%. Sin embargo, la situación política del país y los conflictos armados complicaron mucho el control de la epidemia. Se tardó más de un año en controlar el brote. El último caso ocurrió en marzo de 2020. A veces tenemos las herramientas para controlar el virus, pero nosotros mismos somos más peligrosos.

Marzo de 2018: congoleños, mayoritariamente mujeres, se hacinan junto a un pozo para recoger agua potable [Nomads Team].

Y después del ébola, ¿qué?

La epidemia de ébola de 2014 en África occidental fue uno de los peores desastres sanitarios de los últimos años. Sin embargo, la gran preocupación llegó después: esa crisis desmanteló los precarios sistemas locales de salud de aquello países, lo que causó una segunda oleada de enfermedades infecciones que pudieron llegar a matar incluso a más gente de lo que hizo el ébola. Durante aquel brote de ébola se calcula que, en Guinea, Sierra Leona y Liberia llegaron a morir unas 13 personas al día por este virus. Pero cada día, en esos mismos lugares, morían 110 por tuberculosis, 404 por *simples* diarreas, 552 por malaria o 685 por SIDA. Durante la epidemia se cerraron muchos centros de salud, muchos ciudadanos no querían ir al médico por miedo a contraer el virus y se suspendieron las campañas de vacunación. Después del ébola, hubo un aumento de casos de sarampión y otras enfermedades infecciosas en niños pequeños entre nueve meses y cinco años. El sarampión, en concreto, es una de las enfermedades infecciosas más fáciles de transmitir, como veremos más adelante. Por esta razón, es normal que haya epidemias de sarampión cuando el sistema de salud falla y disminuye la vacunación a causa de crisis humanitarias, desastres naturales, guerras, inestabilidad política o hambrunas. Ya ha ocurrido otras veces: en 1991 en los campos de evacuados después de la erupción del volcán Pinatubo en Filipinas, en Haití tras la crisis de 1991-1992, en Etiopía en el año 2000 después de un largo periodo de hambruna, en 2010-2013 tras la guerra en la República Democrática del Congo y en los campos de refugiados en Siria. Guinea, Liberia y Sierra Leona ya tenían una campaña de vacunación contra el sarampión antes de la crisis del ébola. Por ejemplo, estos países tuvieron cerca de 93.000 casos de sarampión en la década entre 1994 y 2003 y solo 7.000 entre 2004 y 2013. Por cada mes que se interrumpió la vacunación pudo haber unos 20.000 niños susceptibles de ser infectados por este virus, y se estima que en este momento puede haber más de un millón de niños entre nueve meses y cinco años sin vacunar. A esto habría que añadir los efectos de otras infecciones porque también se interrumpió la vacunación contra la polio, la tuberculosis, la tos ferina, el tétanos, la hepatitis B, la difteria y *Haemophilus influenzae* tipo B. Pero, además, se interrumpió el control de otras enfermedades, como el diagnóstico y el tratamiento de la malaria, el VIH y la tuberculosis. Por eso, el grave problema de una epidemia no solo son los casos o fallecidos por el virus, sino los efectos perversos que puede tener en los sistemas sanitarios. Algo similar ocurrió, como veremos, con el último coronavirus. Por eso, para mitigar estos efectos colaterales del ébola, o de cualquier otro tipo de epidemias, es urgente la ayuda internacional y un esfuerzo conjunto y coordinado de los países (los microbios no conocen fronteras) para restaurar lo antes posible los programas de vacunación en niños, mejorar la alimentación, el aporte de vitamina A y de insecticidas contra la malaria. Solo así se pueden evitar un número de muertes, que puede ser superior a las que ha causado directamente el virus. La ayuda internacional no consiste solo en enviar guantes y mascarillas. En la medida en la que seamos capaces entre todos de mejorar las condiciones sociales, económicas, educativas y sanitarias de esos países, se evitaran episodios tan dramáticos como aquella epidemia de ébola. Las guerras, los campos de refugiados, la corrupción política, el subdesarrollo, la falta de recursos, de educación y de un sistema sanitario son el mejor caldo de cultivo para el virus y el resto de los patógenos.

El virus más contagioso

El que tú desarrolles una enfermad infecciosa concreta depende de muchos factores. Por una parte del mismo agente patógeno: de su capacidad de resistir en el ambiente, el modo de transmitirse, de su capacidad de adherirse, invadir y multiplicarse en el organismo, de que sea capaz de escaparse de la respuesta inmune, de su resistencia a los antivirales, etc. También depende del hospedador: de cómo eres tú, edad, sexo y estado nutricional, de cómo sean tus defensas, de factores genéticos, de que estés infectado con otro microbio, incluso de tu comportamiento, etc. Y también influyen otros factores ambientales: la densidad de población, el clima, la temperatura y la humedad, la existencia de vectores o de otros animales que actúan como reservorio o almacén, de la cantidad y calidad del agua disponible, y otros factores sanitarios e higiénicos. Por eso, no es fácil contestar a esta pregunta: ¿cuál es la enfermedad infecciosa más contagiosa?

Para entender cómo se propaga una epidemia en una población hay que tener en cuenta tres tipos de individuos: los susceptibles que pueden contraer la infección, los que ya están infectados, y los que se han recuperado y ya no son susceptibles de enfermar (porque se han curado, se han inmunizado, los hemos vacunado o... se han muerto). Para determinar si estamos ante una epidemia o no, no solo basta con saber el número de infectados en un momento dado, sino también el número de individuos susceptibles de enfermar. Para evitar la epidemia hay que controlar el número de susceptibles de contagio y realizar tratamientos eficaces que aumente el número de recuperados. Hay distintos modelos matemáticos para estimar cómo evolucionan estos tres tipos de individuos durante una epidemia y explicar y predecir el comportamiento de los agentes infecciosos. Un aspecto importante es si realmente estamos ante una epidemia o no. Para eso se calcula un coeficiente, que se denomina R_0, el número básico de reproducción. Este número contiene la información de cuántos susceptibles son contagiados de la enfermedad en promedio por un solo infectado. Por ejemplo, si R_0 es igual a 3, significa que un infectado es capaz de producir tres nuevos infectados, y cada uno de ellos, a su vez, podrá infectar a otros tres, y así sucesivamente. Cuanto mayor sea ese número, más transmisible será esa enfermedad. Para que aparezca un brote epidémico, R_0 debe ser mayor que 1. Si R_0 es inferior a 1, no hay epidemia, la enfermedad no se propaga y no supondrá un problema para la población. Aunque R_0 es un concepto fácil de entender, en la práctica calcularlo no nada es fácil, y por eso existen distintas fórmulas y modelos matemáticos. En realidad, R_0 no es una característica innata del patógeno. Influyen muchos factores como hemos contado: las complicaciones de la enfermedad, el tiempo de incubación, la existencia de portadores sin síntomas, la distribución geográfica, la estacionalidad, la edad y el sexo de los afectados, si hay algún tipo de intervención o no... Es una herramienta muy útil para los epidemiólogos, pero difícil de interpretar.

Normalmente las enfermedades más contagiosas suelen ser aquellas que se trasmiten por vía aérea, como aerosoles que emitimos al respirar, porque son muy difíciles de controlar. El sarampión es una enfermedad con uno de los valores más altos de R_0, entre 12 y 18, seguida muy de cerca de la tos ferina, entre 12 y 17. Luego les sigue la varicela, con valores entre 8 y 12. Para que te hagas una idea, el VIH y el coronavirus SARS tienen un valor de R_0 de entre 2 y 5, el ébola entre 2 y 3. Por tanto, muy probablemente la enfermedad infecciosa más contagiosa sea el sarampión. Pero, ojo, tener un valor de R_0 alto no significa que la enfermedad sea muy grave o que vaya a causar una epidemia. Por ejemplo, la gripe, con valores entre 2 y 3, causa millones de afectados cada año, pero el SARS, entre 2 y 5, solo afectó a unas 8.000 personas en 2003 y no volvió a aparecer. Además, R_0 es un valor promedio. Por ejemplo, si una persona infecta a otras dos, R_0 será igual a 2. Pero también será 2 en el caso de que un infectado transmita la enfermedad a 100 personas y otros 49 infectados no lo hagan a nadie. El mismo valor de R_0, pero con dos situaciones epidemiológicas muy diferentes. En este último caso estamos antes lo que se denomina un *superpropagador*, personas que, no sabemos muy bien por qué, son capaces de transmitir la enfermedad a muchas otras. No todo el mundo propaga la enfermedad de la misma manera: puede depender de la genética, del sistema inmune, de la carga viral, de la virulencia de la cepa... Un superpropagador es una auténtica bomba de relojería en una epidemia, por su enorme capacidad de difusión, pero tienen la ventaja de que, si se detectan a tiempo, es más fácil controlar la extensión de la epidemia. También sabemos ahora que hay eventos superpropagadores. Con la COVID-19 se comprobó que los lugares cerrados, mal ventilados donde se juntan muchas personas durante mucho tiempo, hablando, tosiendo o cantando, son excelentes sitios para la propagación de este tipo de virus respiratorios.

Pero volvamos con el campeón del contagio. El sarampión está causado por un virus. Hay varios factores que hacen de él uno de los virus más contagiosos. Por una parte, la dosis infectiva es muy baja, o lo que es lo mismo, no tienes que estar expuesto a una gran cantidad de virus para infectarte. Por el contrario, la cantidad de virus que expulsa una persona infectada es muy alta. La combinación de estos dos factores son lo mejor para el virus y... lo peor para nosotros. El sarampión es un virus respiratorio, que se transmite por vía aérea, lo que facilita mucho su contagio. Los patógenos que se trasmiten por contacto directo entre personas, por vía sanguínea o por la ruta fecal-oral, tienen una extensión limitada y puedes evitar su diseminación, pero los de trasmisión aérea pueden *viajar* más lejos y son mucho más difíciles de controlar —a no ser que vayas con una escafandra por la vida—. Además, una persona con sarampión trasmite el virus al respirar, toser o hablar y el virus puede permanecer en el aire durante un cierto tiempo. Algunos han calculado que un niño que entre en una habitación dos horas después de que lo haya hecho otro niño con sarampión podría quedar infectado. Por último, una persona con sarampión puede ser contagiosa durante unos ocho días, incluso antes de que se manifieste la enfermedad. O sea que antes de que te enteres de que tienes sarampión ya lo estás contagiando a otros sin que nadie se dé cuenta. Además, como gracias a las vacunas los casos de sarampión han disminuido tanto, muchos

11 de diciembre de 1969: La tripulación original del Apolo XIII. De izquierda a derecha: Comandante, James A. Lovell, piloto del Módulo de Comando, Thomas K. Mattingly y piloto del Módulo Lunar, Fred W. Haise. El piloto del Módulo de Comando Thomas «Ken» Mattingly estuvo expuesto al sarampión antes de la misión, por lo que tuvo que ser reemplazado por el piloto John L. «Jack» Swigert Jr. [NASA].

médicos jóvenes no están acostumbrados a reconocerlo y se puede retrasar el diagnóstico, con lo cual el enfermo puede seguir extendiendo el virus. El hombre es el único hospedador. Es un virus muy poco variable del que solamente hay un tipo y la inmunidad que causa es para toda la vida, solo se pasa una vez. El virus se encuentra en todo el mundo. La enfermedad puede llegar a ser mortal, sobre todo en niños inmunodeprimidos y desnutridos. Antes de la vacunación más del 90% de la población menor de 20 años había tenido el sarampión. En el mundo, el sarampión en una de las principales causas de muerte en niños pequeños, a pesar de que hay una vacuna segura y eficaz para prevenirlo. Cada año puede haber más de 100.000 muertes por sarampión en todo el mundo, es decir, cerca de 300 por día y más de diez cada hora. En una guardería, si hay un caso de sarampión, el 85% de las personas expuestas pueden llegar a infectarse y el 95% de ellas desarrollar la enfermedad… si no están vacunadas. No hay un tratamiento específico contra el virus, pero sí una vacuna segura y muy efectiva: una cepa atenuada del virus que se administra con las vacunas frente a la parotiditis y la rubéola (la vacuna triple vírica SPR). La vacunación contra el sarampión ha proporcionado grandes beneficios de salud pública, ha reducido la mortalidad mundial por esta causa en un 78% entre 2000 y 2012. En 2013, aproximadamente un 84% de la población infantil mundial recibió a través de los servicios de salud habituales una dosis de vacuna antes de cumplir un año de vida. Se estima que entre 2000 y 2013, la vacuna evitó 15,6 millones de muertes, lo que la convierte en una de las mejores inversiones en salud pública. El sarampión, una de las enfermedades más contagiosa, puede llegar a ser erradicada del planeta, lo mismo que la viruela. Por eso, no vacunar a tus hijos contra el sarampión es una solemne tontería y una irresponsabilidad, como demuestra los últimos brotes de sarampión que está habiendo en EE. UU. y en Europa, causados por la actividad de los movimientos antivacunas y de los que dudan o retrasan las vacunas.

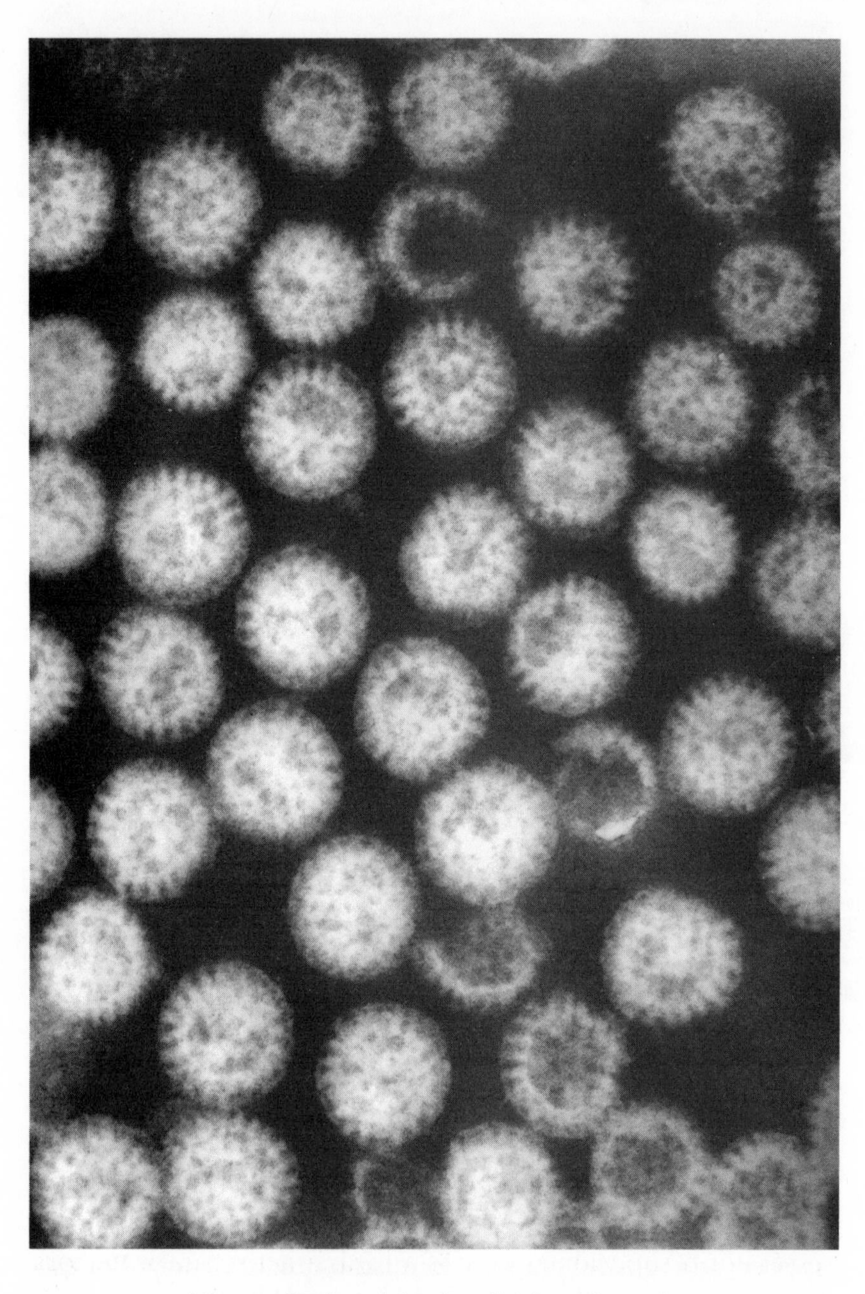

Micrografía electrónica de múltiples viriones de rotavirus [Dr Graham Beards, 2007],

Desnudos la supervivencia es mayor

Unos se trasmiten por vía aérea en aerosoles, otros por contacto directo, otros por vía sexual o por la sangre, por el agua o por mosquitos. La transmisión de los virus depende en parte de su supervivencia en el ambiente, fuera del huésped. Como los virus necesitan estar dentro de las células para poder vivir, la mayoría no resisten mucho tiempo fuera del huésped. En general, los virus que están rodeados de una envoltura membranosa son más frágiles y fuera de la célula resisten unas pocas horas o días. Por ejemplo, el virus herpes simple solo resiste unas horas en el agua corriente, el coronavirus SARS menos de dos días en heces o el de la hepatitis B unos pocos días en un hisopo de algodón. Además, estos virus con envoltura suelen ser muy sensibles a los factores ambientales. Esto explica por qué algunos de ellos son estacionales. ¿Por qué la gripe, los catarros y otros virus solo aparecen en invierno? Conforme aumenta la temperatura, disminuye la humedad y aumentan las horas de luz (los rayos ultravioleta de la luz solar) los virus reducen su estabilidad y se inactivan. Además, en los meses fríos también la temperatura de nuestro sistema respiratorio superior es menor, quizá la actividad protectora de los epitelios respiratorios disminuya y además pasamos más tiempo en sitios cerrados, poco aireados y todos juntos. Todo esto puede contribuir a que las infecciones por virus respiratorios sean mucho más frecuentes en los meses fríos de invierno.

Seguro que recuerdas que cuando estamos en plena epidemia de gripe o cuando lo del último coronavirus, nos repetían eso de que la mejor forma de prevenir la infección es lavarse las manos con frecuencia. ¿Pero cómo algo tan sencillo como lavarse las manos puede ser efectivo para evitar un virus tan puñetero como el coronavirus? En estos virus rodeados por una envoltura de lípidos, el jabón disuelve las membranas e inactiva el virus. Lo mismo hacen esos geles o cremas con alcohol, pero no son tan eficaces deshaciendo membranas. Por eso, la recomendación del lavado frecuente de manos, y el uso de geles con alcohol en determinados casos para evitar contagios es tan necesaria. Ojo, algunos productos con *agentes antibacterianos* realmente no le hacen nada al virus, ¡son antibacterias! La mayoría de los virus se autoensamblan dentro de la célula. No son uniones *fuertes* entre sus componentes, no son enlaces covalentes, sino uniones más débiles como puentes de hidrógeno o electrostáticas. Se forman el mayor número de uniones posibles, para obtener así una estructura lo más estable posible. A modo de ejemplo, las distintas piezas de un virus no están «atornilladas» entre sí, sino que son uniones tipo velcro, se unen con fuerza, pero también se puede *despegar*... con jabón. No necesitamos un destornillador, una enzima, para deshacer el virus, sino que con sustancias como el jabón, el alcohol, la lejía o el agua oxigenada muchos virus se pueden deshacer e inactivar. Por su pequeño tamaño y esas propiedades electrostáticas, los virus se pueden *pegar* con más facilidad a unas superficies que a otras y pueden resistir en el ambiente por un tiempo. En los tejidos o en la piel pueden fijarse con mayor fuerza que en superficies como el acero, la porcelana o algunos plásticos. Cuanto más lisa sea la superficie, menos se pegará el virus. También influyen las condiciones ambientales. La piel es una superficie ideal para que se peguen los virus. Cuando tocas una superficie, el virus se puede quedar adherido fácilmente en tus manos. Cuando con las manos te tocas la boca, nariz u ojos (la conjuntiva es una buena de entrada para los virus), algo que hacemos varias veces por minuto, el virus puede entrar en tu organismo y acabas infectado. Lavarse con agua solo no *despega* los virus de las manos. Se necesita el jabón que, como hemos dicho, deshace o desnaturaliza las envolturas e inactiva al virus.

Por el contrario, los virus *desnudos*, lo que no tienen esa envoltura de lípidos, de tamaño pequeño y con solo una cubierta de proteínas, suelen ser mucho más estables. El virus de la polio, por ejemplo, puede durar hasta 28 días en un tanque séptico, los rotavirus hasta dos meses en el agua corriente y el de la hepatitis A casi un año en el agua mineral. Por eso, la transmisión de estos virus por el agua, por ejemplo, es mucho más fácil.

Los rotavirus son un ejemplo concreto de ese tipo de virus sin envoltura membranosa. Además tienen una doble cáscara de proteínas que los rodean y que los hacen todavía más resistentes y estables. Son capaces de sobrevivir en el entorno ácido del estómago, resisten la desecación, y pueden llegar a permanecer activos en el exterior durante meses. Estos virus son la primera causa de diarrea grave por deshidratación en lactantes y niños, y constituye una de las principales causas de mortalidad infantil. El virus se encuentra distribuido por todo el mundo. Prácticamente, todos los niños se infectan con rotavirus en los primeros cinco años de vida, pero la diarrea grave y deshidratación ocurre en niños menores de tres años. La OMS estima que la diarrea por rotavirus puede afectar a más de 18 millones de lactantes y niños en todo el mundo y causa alrededor de un millón de muertes anuales por deshidratación. Lo dramático es que la mayoría de esas muertes podrían ser evitadas con vacunas y con un sistema básico de potabilización del agua. La mayoría de esos niños viven en países de bajos ingresos económicos. Al igual que el cólera, que está causado por la bacteria *Vibrio cholerae* y no por un virus, la infección por rotavirus impide la absorción de agua, lo que provoca una secreción de agua y sales masiva y una diarrea líquida severa. La diarrea por rotavirus es muy contagiosa, la cantidad de virus que necesitas para infectarte es muy pequeña. Con tan solo la ingestión de diez partículas virales puedes acabar desarrollando una diarrea grave. Si además tienes en cuenta que una persona enferma con diarrea puede llegar a expulsar más de mil millones de virus por mililitro de heces, ya te imaginas que un solo enfermo con rotavirus es una auténtica bomba de relojería capaz de infectar él solo a cientos de miles de personas. Esto explica que, si el agua para el consumo humano está contaminada con aguas fecales, el riesgo de infección sea muy alto y la enfermedad se transmita muy fácilmente. Cuando se dan condiciones de hacinamiento y problemas de disponibilidad y distribución de agua, como ocurre en los campos de refugiados o después de una catástrofe natural, las diarreas por rotavirus son uno de los principales problemas sanitarios. No existe ninguna terapia para *curar* los rotavirus. El objetivo del tratamiento es reponer los líquidos y sales que se pierden en la diarrea, algo muy sencillo pero que si no se hace puede ser mortal. Lo que sí hay son vacunas seguras y eficaces. A veces una práctica tan sencilla como lavarse bien las manos frecuentemente puede llegar a salvar vidas humanas.

Otro virus *desnudo* también muy estable en el ambiente y que se transmite con muchísima facilidad es el de la fiebre aftosa o glosopeda, del grupo de los picornavirus, virus muy pequeñitos y estables. Es una de las enfermedades más conta-

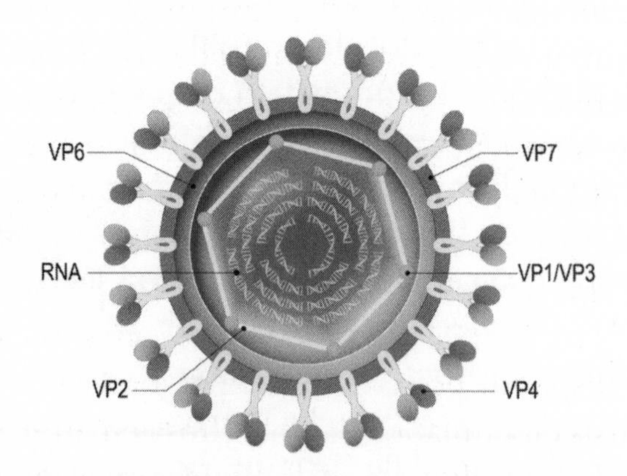

Anatomía de un rotavirus. Diagrama de la ubicación de sus proteínas estructurales.

giosa en los animales. Causa brotes epidémicos muy intensos en todo el mundo en animales que tienen pezuñas divididas, como las vacas, los cerdos, las ovejas, las cabras y los ciervos. En los animales produce fiebre alta y úlceras, ampollas o aftas dolorosas en la boca, pezuñas y ubres. La tasa de mortalidad no es muy alta, pero como es tan contagiosa, el porcentaje de animales expuestos al virus que enferman puede llegar al 100%. Afortunadamente, la fiebre aftosa no afecta al hombre, solo ha habido algún caso leve en personas en contacto estrecho con animales infectados, y no se transmite entre personas. Pero la enfermedad es muy temida entre los granjeros porque causa enormes pérdidas en la producción de leche y carne, por lo que puede provocar un serio golpe económico en la economía de un país. En 2001 Gran Bretaña sufrió una de las epidemias más grandes de fiebre aftosa que se recuerdan: se detectaron más de dos mil focos, se sacrificaron cerca de seis millones de animales y hubo pérdidas de miles de millones de euros. La verde campiña inglesa se llenó de carteles que prohibían acercarse al ganado (vacas, ovejas, cerdos, ciervos...), visitar las granjas o caminar por los senderos cerrados. Había que lavar y desinfectar la ropa si se había estado en contacto con animales de granja, eliminar el barro y limpiar bien los zapatos. Hasta las ruedas de los coches y tractores había que desinfectar. En los medios de comunicación se veían imágenes de pilas de decenas de animales muertos que eran incinerados. El control de la enfermedad es muy difícil porque el virus se transmite con enorme facilidad al introducir nuevos animales portadores del virus (en la saliva, la leche, el semen, etc.) que pueden contagiar a un rebaño entero, se pueden contaminar los corrales, los edificios o los vehículos, los materiales como la paja, los piensos, el agua o la leche, la ropa y el calzado de las personas. Incluso el virus se puede dispersar por el aire de una granja a otra.

Rotavirus en humanos y fiebre aftosa en animales son dos ejemplos de virus *desnudos* muy estables en el ambiente y por eso muy contagiosos.

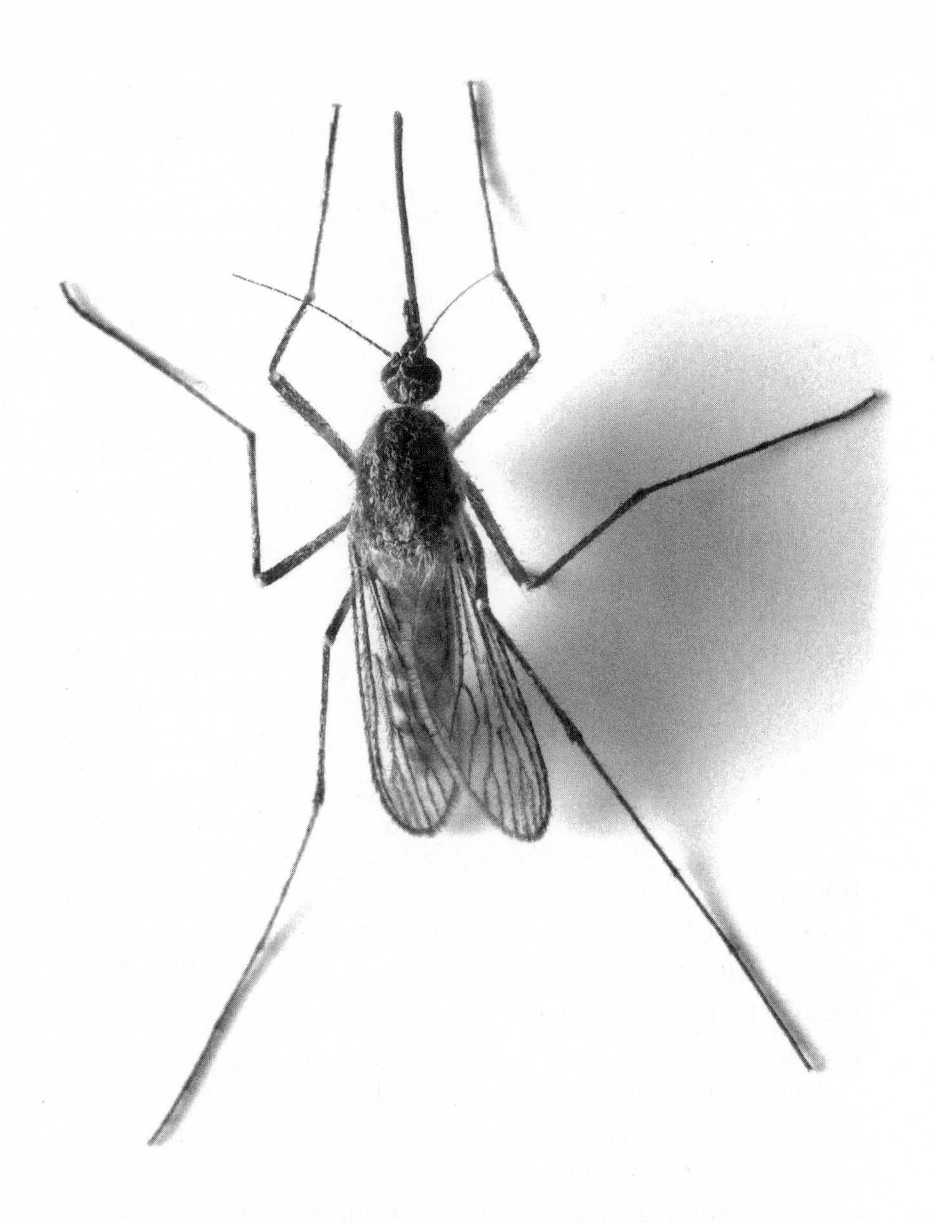

Mosquito del genero *Anopheles*, trasmisor de la malaria (enfermedad parasitaria) [Kletr].

El animal más peligroso del planeta

La mayoría de los tiburones tienen entre cinco y quince filas de dientes en cada mandíbula. Un gran tiburón blanco puede llegar a tener unos tres mil dientes de unos 7,5 cm, tan afilados que fácilmente pueden atravesar un hueso. En unos pocos segundos, un tiburón puede destrozarte. Por eso, mucha gente piensa que el tiburón es el animal más peligroso del planeta. Pero en realidad se contabilizan poco más de diez muertes al año por mordeduras de tiburón en todo el mundo. El animal más peligroso del planeta, más incluso que el propio ser humano, es... el mosquito, responsable de unas 725.000 muertes anuales. Se conocen más de cien enfermedades infecciosas humanas distintas causadas por virus que son transmitidos por mosquitos. Los virus transmitidos por artrópodos se denominan arbovirus, un acrónimo del inglés *arthropod-borne-virus.* Hay más de 500 virus distintos que son arbovirus. Suelen ser virus de las familias de los togavirus, los flavivirus y los bunyavirus, todos ellos con el genoma tipo ARN.

Estos virus se multiplican dentro del insecto, en las glándulas salivares o en el intestino. Los insectos son su huésped natural. Suelen ser mosquitos de las especies *Anopheles, Culex, Aedes* o *Phlebotomus,* o garrapatas, que se alimentan de sangre. Estos insectos trasmiten el virus a animales silvestres que actúan como reservorio o almacén del virus: roedores, aves, monos u otros mamíferos. El ciclo natural del virus se mantiene por tanto entre los artrópodos, que actúan de vector, y los animales silvestres que son el almacén del virus. El virus entra en el mosquito cuando pica al animal infectado y se alimenta de su sangre. El virus llega a las glándulas salivares del mosquito, donde se replica. Para que un virus se transmita por mosquitos, tiene que multiplicarse dentro del mosquito. Por eso, no todos los virus que están en la sangre pueden transmitirse a otra persona cuando nos pica un mosquito. El VIH, como ya vimos, puede aislarse de la sangre de un enfermo, pero no se transmite por mosquitos, porque este virus no se multiplica dentro del insecto. Pero los mosquitos pueden transmitir muchas infecciones al hombre. Al picar a una persona provocan una pequeñísima lesión en la piel, suficiente para que sirva de puerta de entrada del virus. A través de la saliva o de las heces del mosquito —algunos tienen la mala costumbre de defecar cuando pican—, el virus entra en nuestro organismo. El virus pasa a nuestra sangre, se multiplica y se extiende por todo el cuerpo, produciendo la enfermedad. Suelen ser infecciones que afectan a varios órganos. Habitualmente reciben el nombre según los síntomas que producen o el lugar donde se descubrieron por primera vez. La fiebre amarilla, la encefalitis de San Luis, la fiebre hemorrágica de Crimea, la fiebre del valle del Rift, el dengue o el zika son algunos ejemplos de enfermedades víricas transmitidas por artrópodos. Suelen causar infecciones leves que cursan con fiebre, dolor de cabeza y erupción cutánea. Sin embargo, en algunos casos puede causar enfermedades graves como la encefalitis o las fiebres hemorrágicas, que pueden ser fatales: la mortalidad de la encefalitis venezolana por un alfavirus puede llegar al 70%, por ejemplo. Estas enfermedades suelen estar asociadas a las zonas geográficas donde viven estos mosquitos y los animales que sirven de reservorio, normalmente las zonas tropicales y subtropicales. El control de estas enfermedades transmitidas por arbovirus requiere normalmente del control o la eliminación del vector, de mosquitos y garrapatas. Muchas veces, la colocación de sencillas mosquiteras en las ventanas tienen un efecto mucho más eficaz que una vacuna.

La fiebre amarilla y el canal de Panamá

La fiebre amarilla —también llamada en algunos países *vómito negro* o *plaga americana*— ha sido una de las enfermedades virales más temida. Fue una de las enfermedades más importantes y devastadoras en África y en América durante los siglos XVIII al XX, con brotes epidémicos periódicos que afectaban a miles de personas. Se caracteriza desde el punto de vista clínico por fiebre, hemorragias, vómitos negros e ictericia —color amarillento de la piel debido al aumento de bilirrubina; de ahí el termino fiebre *amarilla*—. Durante muchos años no se sabía la causa y su transmisión fue un misterio para la ciencia hasta finales de 1800. Fue el médico hispano-cubano Carlos Juan Finlay y Barrés (1833-1915) quien estudió esta fiebre en Cuba. Llegó a la conclusión de que la enfermedad se transmitía por la hembra del mosquito *Stegomya*, hoy conocido como *Aedes aegypti*. En 1881 Finlay fue a EE. UU., donde presentó por primera vez su teoría de la transmisión de la fiebre amarilla por el mosquito. Su hipótesis fue recibida con frialdad y escepticismo. De regreso a Cuba, realizó experimentos con voluntarios y demostró que su hipótesis era cierta. Además, descubrió que la persona picada una vez por un mosquito infectado quedaba inmunizada contra la enfermedad. Sin embargo, durante cerca de 20 años su teoría fue ignorada.

En 1898 tuvo lugar la guerra de Cuba entre España y EE. UU. A pesar de que solo duró diez semanas, los americanos no lo pasaron muy bien, y no a causa del obsoleto ejér-

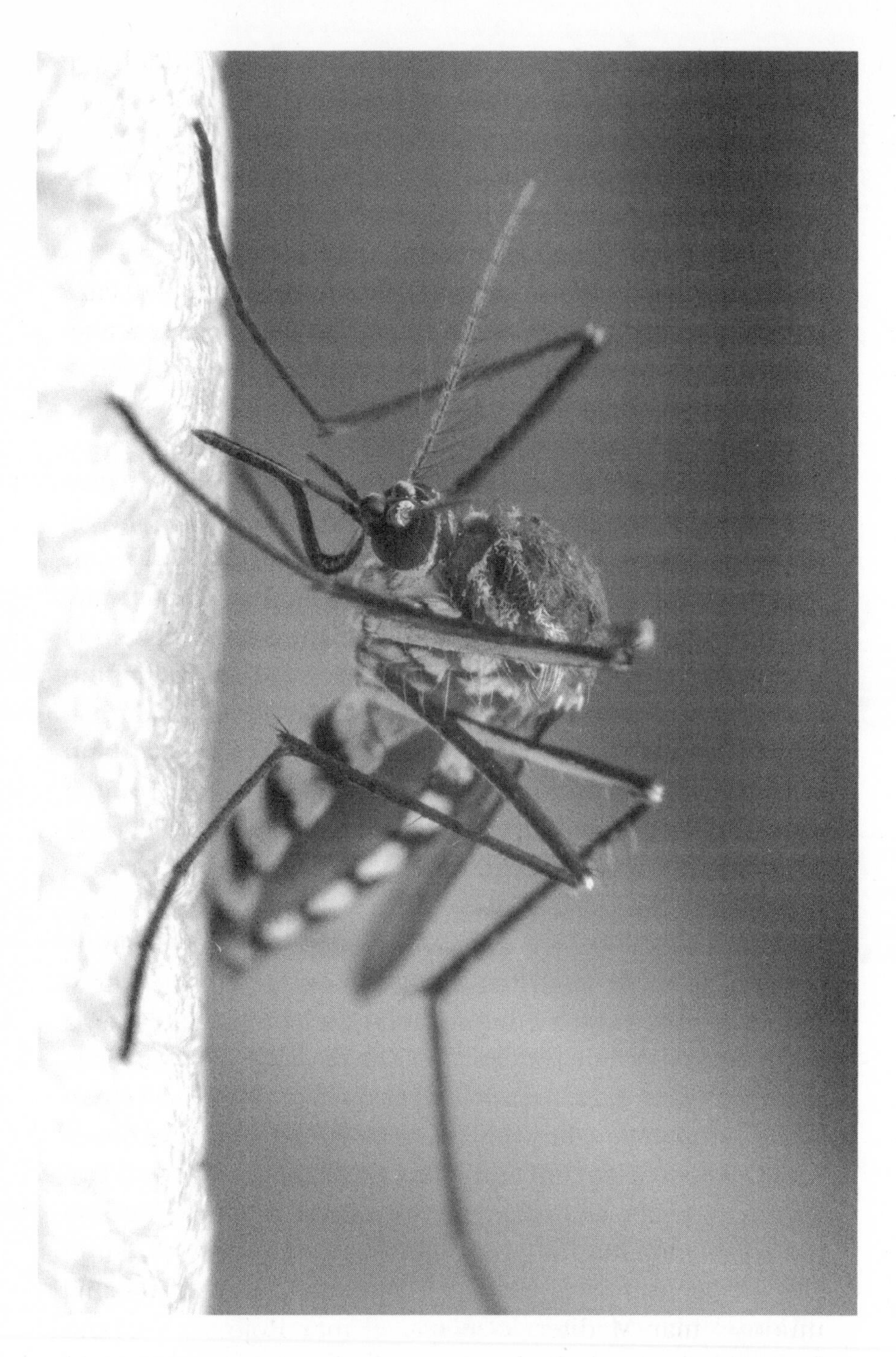

Una hembra de *Aedes aegypti* sobre piel humana [Khlung Center].

cito español, sino por culpa de la fiebre amarilla. La breve guerra causó entre las tropas americanas poco menos de mil bajas en combate, pero sin embargo cerca de 5.000 soldados murieron por la fiebre amarilla. Los americanos ocuparon la isla y destinaron allí un ejército de 50.000 efectivos. Preocupados por los efectos que la fiebre amarilla podría tener, decidieron investigar el origen de la enfermedad. Para ello, crearon una Comisión de la Fiebre Amarilla, encabezada por el mayor Walter Reed (1851-1902) médico cirujano del Ejército, con la misión de descubrir la causa de la fiebre amarilla. Interesados por la *vieja* teoría de Finlay, en agosto de 1900 la comisión le visitó y rápidamente se pusieron manos a la obra. Hicieron picar por mosquitos que previamente habían picado a enfermos de fiebre amarilla a un grupo de *voluntarios* del Ejército americano. Varios se infectaron y padecieron la enfermedad. Las conclusiones de la Comisión fueron que la fiebre amarilla no se transmitía por contagio, y que el mosquito era el vector de la fiebre amarilla, dando la razón a Finlay casi 20 años después. Al año siguiente, en 1901, otro médico militar, el mayor William Crawford Gorgas (1854-1920), puso en marcha un plan de saneamiento de calles y viviendas, vigilancia de las aguas y fumigación de los mosquitos en la ciudad de La Habana. El resultado fue espectacular: en 1900 hubo en La Habana 1.400 casos de fiebre amarilla y dos años después no se produjo ninguno. Estas medidas sanitarias afectaron también a la disminución de la malaria —otra enfermedad infecciosa no vírica transmitida por mosquitos—.

En 1881 comenzó un ambicioso proyecto, una obra faraónica: la construcción del canal de Panamá. La obra se conocía entonces como *el canal francés*, porque fue llevado a cabo por una compañía francesa. El proyecto fue asumido por el vizconde Fernando de Lesseps, el mismo que en 1869 había unido el mar Mediterráneo con el mar Rojo y el océano Índico mediante el canal de Suez. El mismo año 1881 ocurrió la primera muerte de un obrero del canal por fiebre amarilla. La compañía invirtió grandes sumas de dinero y miles de empleados en la construcción del canal. Sin embargo, a medida que la obra avanzaba, cada vez eran más frecuentes y masivos los brotes de malaria y fiebre amarilla entre los obreros. Se calcula que, de los 186.000 hombres que en total empleó la compañía francesa en las obras, unos 52.000 padecieron fiebre amarilla. En algunos momentos llegaron a estar infectados a la vez el 60% del total de los trabajadores. Muchos morían sin que nadie pudiera explicarse las causas de la propagación de la enfermedad. Aunque es difícil saber la cifra exacta, se calcula que hubo alrededor de 20.000 muertos. En 1889, ocho años después del comienzo del proyecto, debido, entre otras causas, al azote incontrolable de la enfermedad, la compañía francesa del canal de Panamá quebró y abandonó el proyecto. La fiebre amarilla había acabado con el sueño francés de construir una ruta marítima a través de istmo. Unos años después, siendo presidente Theodore Roosevelt, los EE. UU. decidieron acabar la obra. Ante el éxito de Gorgas en La Habana, trasladaron a este a la ciudad de Panamá en 1904. Allí aplicó los mismos principios que empleó en Cuba para acabar con la fiebre amarilla: se colocaron mallas antimosquito en las ventanas y las puertas, se fumigaron las casas, se llenaron de aceite las cunetas y letrinas para eliminar las charcas de agua que

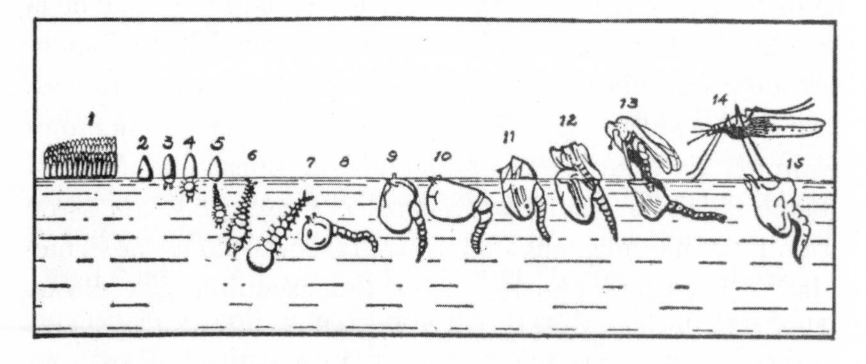

Ilustración de un libro de enfermería de principios del siglo XX que muestra el ciclo vital de un mosquito. *Applied bacteriology for nurses*, 1919.

pudieran servir como criaderos del mosquito transmisor, se drenaron extensas áreas de pantanos, se crearon potabilizadoras de agua y se inició el alcantarillado y la pavimentación de las ciudades. Así, en dos años se erradicó la enfermedad del país, lo cual permitió terminar esta gran obra de ingeniería. El 15 de agosto de 1914 pasó el primer barco del océano Atlántico al Pacífico a través del canal de Panamá. Los mosquitos que transmiten el virus de la fiebre amarilla estuvieron a punto de arruinar uno de los proyectos que más ha beneficiado al comercio y transporte marítimo internacional.

Se cree que la fiebre amarilla se originó en África, probablemente transmitida por primera vez a los humanos por otros primates. De allí saltó a América con los primeros comerciantes de esclavos. El primer caso registrado se dio en la península de Yucatán (México) en 1640. Como la enfermedad era originaria de África, las poblaciones de ese continente habrían desarrollado cierta inmunidad a ella y solo les provocaban síntomas similares a los de la gripe; por el contrario, cuando la epidemia golpeaba a los colonos europeos en África o en América, la mayoría enfermaba gravemente.

Según la OMS, hoy en día se producen en el mundo 200.000 casos de fiebre amarilla cada año, que causan unas 30.000 muertes, el 90% de ellas en África. La mortalidad de los casos graves no tratados puede llegar al 50%. El número de casos de fiebre amarilla ha aumentado en los dos últimos decenios debido a la disminución de la inmunidad de la población, la deforestación, la urbanización, los movimientos de población y el cambio climático. No hay tratamiento curativo específico para la fiebre amarilla. El tratamiento es sintomático y consiste en paliar los síntomas y mantener el bienestar del paciente. El control del mosquito vector sigue siendo la medida más efectiva para controlar la enfermedad. Existe una vacuna que es segura, asequible, muy eficaz. Una sola dosis es suficiente para conferir inmunidad y protección de por vida, sin necesidad de dosis de recuerdo. La vacuna ofrece una inmunidad efectiva al 99% de las personas vacunadas. Sin embargo, la fiebre amarilla sigue dando problemas y estamos muy lejos de erradicarla. En diciembre de 2015 hubo la peor epidemia de fiebre amarilla en Angola desde 1986. Se extendió por todo el país, incluso en Luanda, la capital, con más de cinco millones de habitantes. En septiembre de 2016 ya se habían declarado miles de casos sospechosos de fiebre amarilla y se habían comunicado más de 300 muertes. Se sabe que desde Angola se extendió a la República Democrática del Congo, Kenia, Marruecos y China, y a otros países limítrofes como Namibia y Zambia. Las grandes epidemias de fiebre amarilla se producen cuando el virus es introducido por personas infectadas en zonas muy pobladas, con gran densidad de mosquitos *Aedes* y donde la mayoría de la población tiene escasa o nula inmunidad por falta de vacunación. En estas condiciones, los mosquitos infectados transmiten el virus de una persona a otra. China es una zona en la que vive el mosquito transmisor, y no podemos descartar que la enfermedad acabe extendiéndose en Asia en los próximos años, donde la población no está vacunada. La fiebre amarilla representa además un riesgo importante para los más de tres millones de viajeros que visitan cada año las zonas afectadas por esta enfermedad, por eso es muy importante acotarla. Durante las epidemias de fiebre amarilla, las campañas de vacunación se deben llevar a cabo sin el más mínimo retraso, para eliminar la propagación. Para eso solo hay dos maneras: la vacunación masiva de la población y el control del puñetero mosquito vector. Si tenemos vacuna, ¿por qué hay que preocuparse? La vacuna contra la fiebre amarilla es una vacuna viva atenuada que se obtiene por cultivo de la cepa 17D del virus (aislada en Ghana en 1927), con un único serotipo antigénico eficaz contra todos los genotipos del virus de la fiebre amarilla. El virus se ha atenuado después de 204 pases contabilizados a partir del aislamiento original, en huevos embrionados de pollo. La vacuna debe almacenarse entre +2 °C y +8 °C, protegerse de la luz en su envase externo antes de su uso y no se debe congelar. Su validez tras la reconstitución es tan solo para uso inmediato. Se calcula que el preparado vacunal caduca a los tres años, aproximadamente. Existen solo cuatro empresas autorizadas que fabrican la vacuna. El gran problema es que existen serias dificultades para suministrarla. No hay suficiente vacuna almacenada, las reservas son escasas para campañas masivas y están previstas para respuestas rápidas y brotes muy localizados. Pero fabricarla no es fácil: se debe hacer, como hemos dicho, en huevos embrionados de pollos libres de patógenos y el proceso tarda varios meses. Por eso, como no hay suficientes dosis de vacuna y se tarda meses en fabricarse, se ha propuesto reducir la dosis con la esperanza de que la protección dure al menos un año. Se trata de vacunar con un quinto de la dosis, para vacunar a más gente, aunque la protección sea menor. Sin embargo, no hay evidencias de que la dosis reducida sea suficientemente eficaz, especialmente en niños. Como ves, esto supone un serio problema: si no somos capaces de vacunar a la población en riesgo y acotar la extensión del virus, la fiebre amarilla se podría extender a otros países o regiones. Además, para vacunar a la población en riesgo son necesarios también sistemas rápidos y eficaces de diagnóstico, que por ejemplo escasean en África. Un problema adicional es que el diagnóstico de la enfermedad es difícil porque se puede confundir fácilmente, sobre todo al principio, con otras enfermedades que causan fiebre como la malaria o el paludismo, el dengue o las intoxicaciones. Es necesario un diagnóstico rápido para decidir a quién vacunar y dónde fumigar contra el mosquito vector. Si hay escasez de vacunas, la enfermedad se puede extender por África y de ahí llegar a Asia. Como ves, un viejo conocido como el virus de la fiebre amarilla puede volver a darnos problemas simplemente porque no se fabrica la vacuna de forma rápida y en cantidad suficiente. Algo realmente sorprendente, no es que no podamos hacerlo es que sencillamente no es una prioridad, como se ha puesto de manifiesto con el SARS-COV-2.

Fotografía tomada en 1936 por Matson P.S. del río Nilo Blanco (uno de los afluentes del Nilo) en Uganda [Biblioteca del Congreso].

Tú al Nilo y yo a California

El virus del Nilo occidental es un flavivirus —se denomina así porque se descubrió a orillas del río Nilo en Uganda en 1937—. Hasta 1999 solo se había encontrado en algunos países de África y Oriente Medio. En la mayoría de las personas infectadas la enfermedad no produce ningún síntoma (es asintomática) o cursa como una simple gripe. Pero en algunos pocos casos puede complicarse en forma de encefalitis o meningitis que puede llegar a ser mortal. Se calcula que aproximadamente una de cada 150 personas infectadas llega a padecer una afección grave. El primer caso humano en EE. UU. se detectó en 1999 en Nueva York. Tres años más tarde, en 2002, ya se registraron más de 4.000 casos de infección por este virus —cerca de 300 muertes— y se había extendido por 44 estados. En el 2004 ya había llegado hasta la coste oeste. En una década el virus se extendió de costa a costa por todo EE. UU. Hubo más de 30.000 casos y más mil muertos. ¿Cómo llegó el virus desde el Nilo occidental hasta los EE. UU. y cómo se extendió por todo este país?

El reservorio natural de este virus son las aves y se trasmite entre ellas por mosquitos, principalmente del género *Culex*. El virus se ha aislado en más de 130 especies de aves distintas y se conocen 43 especies diferentes de mosquitos que lo pueden trasmitir. Por tanto, es un virus de ave que se transmite por mosquitos. Los cuervos son especialmente susceptibles a este virus. De manera accidental, por picadura de los mosquitos infectados, puede pasar a animales domésticos, principalmente caballos, en los que causa una enfermedad grave. Por picadura de mosquitos infectados puede pasar también al hombre. Tanto el ser humano como el caballo son hospedadores finales, lo cual significa que se infectan pero no propagan la infección. Este virus no se transmite de persona a persona. Hasta 1999 no estaba en EE. UU. La hipótesis más probable es que fue entonces cuando el virus llegó a Nueva York desde África u Oriente Medio, probablemente en un viaje transoceánico por avión o barco que transportó accidentalmente larvas o mosquitos infectados por el virus. Una vez en EE. UU., las larvas del mosquito eclosionaron y el virus de su interior se fue transmitiendo entre las aves. Por los movimientos migratorios de las aves, el virus y la infección se fue extendiendo de costa a costa. Se ha demostrado también que la infección puede trasmitirse a través de la sangre contaminada durante una transfusión, por lo que desde entonces en EE. UU. los bancos de sangre hacen pruebas específicas para detectar este virus. Desde el año 2010 también en Europa (y en España) se han notificado varios casos de infección, tanto en caballos como en humanos. En 2012 hubo en Europa 782 casos en humanos. El virus del Nilo occidental es ya uno de los arbovirus más extendido por el planeta. No cabe duda de que lo que pasa en África no solo se queda en África.

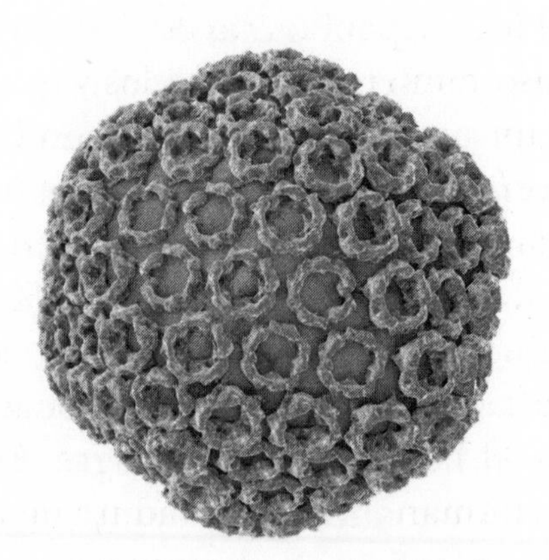

Recreación tridimensional del virus de la fiebre del valle del Rift, un arbovirus (*arthropod-borne viruses* o virus transmitidos por artrópodos) [Kateryna Kon].

El dengue, más de 100 millones de casos al año

El dengue es probablemente una de las infecciones virales transmitida por mosquitos más común. Según la OMS, se calcula que puede haber más 100 millones de casos de dengue al año en el mundo, y estudios recientes elevan la cifra hasta los 350 millones. Más del 40% de la población mundial está en riesgo de contraerlo. Afortunadamente, la mayoría de las infecciones no manifiestan síntomas. Antes de 1970, solo nueve países habían sufrido epidemias graves de dengue. Sin embargo, ahora la enfermedad es endémica en más de 100 países. En la mayoría de los casos la infección causa síntomas gripales (fiebre y cansancio), pero en algunas ocasiones puede complicarse y convertirse en el llamado *dengue grave* o *hemorrágico*, que puede llegar a ser mortal. La mortalidad puede llegar al 5%, dependiendo de si hay tratamiento o no. Dado el inmenso número de afectados y que no hay vacuna disponible, es un problema de salud mundial y su impacto económico enorme. Cada año, unas 500.000 personas padecen dengue grave y necesitan hospitalización —niños en una gran mayoría—. Aproximadamente un 2,5% fallece.

El vector principal es el mosquito *Aedes aegypti,* que también transmite la fiebre amarilla, y algunas veces también *Aedes albopictus,* el famoso mosquito tigre. El virus se transmite a los seres humanos por la picadura de mosquitos hembra infectados. La enfermedad se propaga por la picadura del mosquito infectado que ha adquirido el virus al ingerir la sangre de una persona con dengue. El mosquito infec-

Un soldado estadounidense hace una demostración de un equipo de pulverización manual de DDT. Se utilizó DDT para controlar la propagación de piojos trasmisores de tifus [Centers for Disease Control and Prevention].

tado transmite entonces la enfermedad al picar a otras personas, que a su vez caen enfermas, con lo que la cadena se perpetúa. El virus del dengue, en principio, no se transmite de persona a persona, solo a través del mosquito. El dengue no afecta a los animales, el ciclo biológico es solo entre el mosquito y el ser humano —aunque el virus también circula entre monos y puede transmitirse mediante mosquitos para provocar el denominado dengue *de la jungla* o selvático en los seres humanos—.

Existen cuatro tipos distintos del virus, conocidos como dengue-1, 2, 3 y 4. Sobre su origen, no está claro si se originó en África o en Asia. Pero, como en el caso del VIH, se cree que los cuatro tipos de dengue humano tienen su origen en virus del dengue de simios, que saltaron la barrera de especie y se adaptaron al hombre. Los análisis genéticos del virus sugieren que esto debió ocurrir hace unos 1.000 años en el caso del dengue-2, 600 años en el dengue-4 y tan solo 200 años en los otros dos tipos. Cuando una persona se recupera de la infección adquiere inmunidad de por vida contra el tipo de dengue en particular que ha causado la infección. Sin embargo, esa infección no le protege frente a los otros tipos. Por eso, puede volver a contraerlo si se infecta con alguno de los otros tipos. Estas infecciones posteriores causadas por los otros tipos de dengue aumentan el riesgo de padecer el dengue grave o hemorrágico. En el siglo XIX y principios del XX, hubo grandes epidemias de dengue en América. Con el descubrimiento del insecticida DDT en los años 50, se realizó un enorme esfuerzo para erradicar al mosquito vector *Aedes*, y se consiguió prácticamente eliminarlo de grandes áreas de América central y Sudamérica, con la consiguiente disminución de los casos, lo que llegó a causar solo algunas epidemias esporádicas. Sin embargo, en los años 70 se abandonó el uso del DDT por los efectos contaminantes que suponía para el medio ambiente. Esto permitió el restablecimiento del mosquito y la introducción de nuevo del virus. A partir de los años 90, el dengue vuelve ser estacional y el número de casos ha aumentado drásticamente. En febrero de 2002, por ejemplo, hubo una epidemia en Río de Janeiro que afectó a alrededor de un millón de personas. No hay vacunas, no hay tratamiento específico. De nuevo la mejor manera de controlar el virus es controlar al mosquito.

Pero en biología siempre hay algún caso *raro* que se nos escapa de la norma. En septiembre de 2019 se diagnosticó un caso de dengue a una persona en la Comunidad de Madrid. Desde hacía muchos años, todos los casos detectados en España habían sido importados, es decir, en personas que habían adquirido la enfermedad en el extranjero. Pero en 2018 se registraron ya los primeros casos de transmisión autóctona del virus en España: tres miembros de una misma familia de Murcia, otros dos en la misma región y un sexto en Cataluña. En todos ellos la vía de transmisión fue la picadura del mosquito tigre, que desde hace años puebla ya la costa mediterránea. Este mosquito a su vez había adquirido el virus al picar a una persona infectada por dengue en el extranjero (un caso importado). Pero este caso de Madrid era diferente. El paciente no había viajado últimamente a ningún país endémico (no era un caso importado), tampoco había visitado recientemente la costa mediterránea, donde podría estar el mosquito tigre. En la Comunidad de Madrid, de momento, no está asentado el mosquito. Además, se había descartado la presencia del mosquito en la residencia y en los lugares de la Comunidad de Madrid visitados por este paciente. ¿Cómo se había podido infectar? La encuesta epidemiológica que se realiza en estos casos mostraba que su pareja sexual había viajado recientemente a Cuba y a la República Dominicana, países que en ese momento estaban padeciendo un importante repunte de la enfermedad, y que estaba infectado por dengue (un caso importado, por tanto). Las pruebas genéticas demostraron además que la cepa del virus encontrado en las muestras tomadas a estos dos pacientes era idéntica y coincidía con la que actualmente estaba circulando en Cuba. Una posible explicación era que la persona se hubiera infectado por vía sexual. El dengue ha sido detectado en el semen y fluidos vaginales de personas infectadas. Pero hasta ahora solo se había detectado un caso de transmisión sexual en Corea. Esta trasmisión sexual de un arbovirus parece que no es un hecho aislado. Como veremos más adelante, en el caso del zika, durante la epidemia de 2014 ya se demostraron casos de transmisión sexual. También se ha confirmado la transmisión sexual de virus de la fiebre hemorrágica Crimea-Congo y del virus del Nilo Occidental. Desde 2016 se han descrito en varios trabajos la presencia por técnicas moleculares del ARN de los virus chikungunya, dengue y fiebre amarilla en muestras de semen, aunque es verdad que para demostrar que el virus se ha transmitido por vía sexual no basta con detectarlo en el semen. ¿Por qué no se había detectado hasta ahora este tipo de transmisión sexual del virus? ¿Había dejado de ser un arbovirus? ¿Podemos decir que el dengue es ahora una enfermedad de transmisión sexual? Es muy probable que en países donde el dengue es endémico y hay muchos casos por transmisión por mosquitos sea muy difícil detectar si ha habido transmisión sexual. Pero en zonas donde los casos de dengue autóctono son muy escasos y no hay mosquitos vectores del virus, es posible hacer un estudio epidemiológico que descarte la trasmisión por mosquitos y demuestra este otro tipo de vía de contagio. Pero los virus no cambian fácilmente la vía de contagio. Es importante distinguir entre un virus que se trasmiten por vía sexual (como el VIH, en el que el contacto sexual es una de las principales vías de transmisión, además de la sangre contaminada), de un virus transmisible por vía sexual. Estos últimos en determinadas circunstancias puede ser transmisibles por vía sexual, pero normalmente se extienden de forma mucho más eficaz por otra ruta. Los arbovirus se transmiten entre personas a través de los mosquitos. Si ocurre transmisión sexual, probablemente sea un evento muy raro, muy poco frecuente. Por eso, podemos seguir diciendo que la transmisión por mosquitos es la autopista por la que se extiende el dengue, mientras que la transmisión sexual es un atajo o sendero ocasional. Aunque la transmisión de arbovirus por vía sexual parece que es posible, el mosquito sigue siendo la principal y más importante ruta de contagio, y la mejor forma de evitar la infección de dengue, zika o fiebre amarilla, entre otras, es prevenir las picaduras de mosquitos. Sin mosquitos no hay dengue…, aunque toda hace pensar que hay que estar preparados para el efecto que la transmisión por vía sexual de arbovirus pueda tener en el mundo.

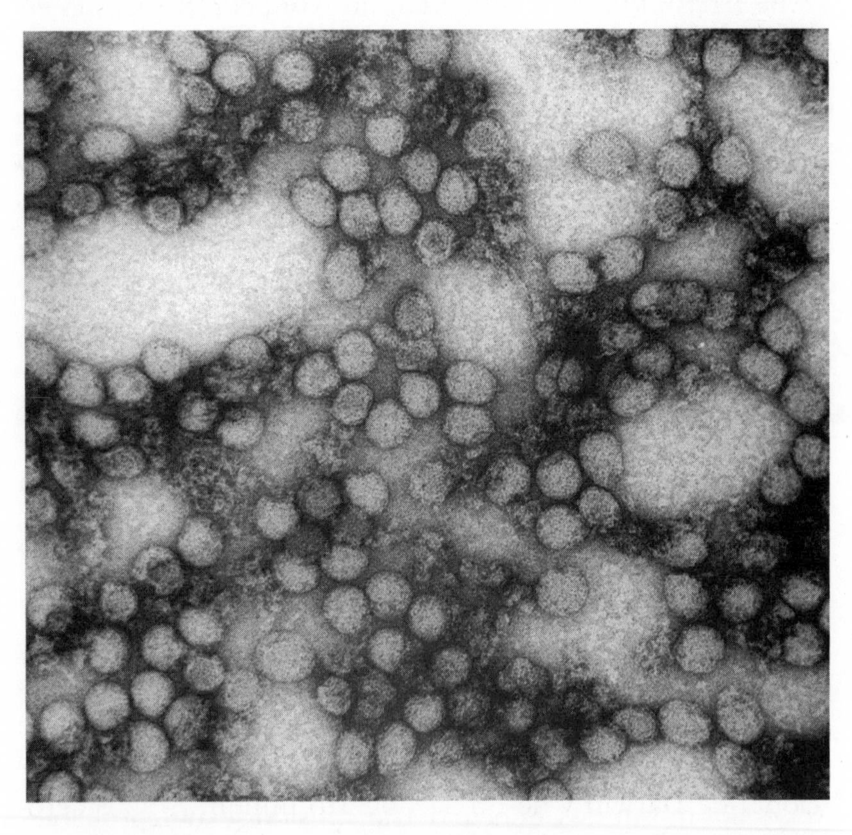

Micrografía electrónica del flavivirus (del lat. *flavus*: «amarillo») responsable de la fiebre amarilla [Centers for Disease Control and Prevention].

Mosquitos y virus que viajan de polizones

El virus del Nilo occidental no es el primer virus que viaja en avión. La zona norte de Australia es un territorio libre de dengue, allí no ha habido casos de esta enfermedad desde 1950. Australia es además un país oficialmente declarado libre de malaria desde 1981. Aunque ambas enfermedades están causadas por microorganismos muy diferentes (el dengue por un virus y la malaria por el protozoo *Plasmodium falciparum*), tienen en común que las dos se transmiten por mosquitos —*Aedes* en el caso del dengue y *Anopheles* en el caso de la malaria—. Por eso, en Australia existe un intenso programa de búsqueda, captura y control de mosquitos. En julio de 2010 se detectó en el norte de Australia (en la ciudad de Darwin) un caso de dengue en un hombre de 34 años. ¿Cómo había llegado el virus del dengue hasta el norte de Australia, una zona libre de dengue? El paciente no había viajado en los últimos meses al extranjero, por lo que no se trataba de un caso importado. Se pudo aislar el virus del enfermo y secuenciar el genoma completo y se comprobó que el virus era 100% idéntico a una cepa del virus dengue aislada en Indonesia, en concreto en Bali, y diferente a otros virus dengue de otras zonas del sur de Australia. El paciente australiano residía y trabajaba cerca del aeropuerto internacional de Darwin y de un aeropuerto militar. Ambos aeropuertos reciben vuelos desde Indonesia: en el mismo mes en el que se le diagnosticó el dengue al paciente hubo varios vuelos desde Bali, catorce vuelos semanales. Durante los meses posteriores, se colocaron trampas especiales para mosquitos en toda la zona que frecuentaba el paciente y no fue posible detectar ningún mosquito. En esa zona de Australia no se han detectado mosquitos tipo *Aedes* que transmiten el dengue. ¿Cómo pudo entonces infectarse? Lo que los investigadores sugieren como más probable es que el paciente se infectara por la picadura de un mosquito *extranjero* que vino en avión desde Bali con el virus del dengue en su interior —recuerda el dato de que el virus del australiano era 100% idéntico a uno aislado en Bali—. La conclusión, por tanto, es que el paciente australiano se infectó por la picadura de un mosquito portador del virus dengue que viajó como *polizón* a Australia desde Bali, en vez de por la picadura de un mosquito australiano. El mosquito portador del virus salió del avión y picó a esta persona, que residía y trabajaba cerca de los aeropuertos internacionales. Se trata de un caso de dengue adquirido en una región libre de vectores del virus, de mosquitos *Aedes*. En realidad, este caso no es tan sorprendente. Ya hemos visto que algo similar ocurrió con el virus del Nilo occidental. Pero, además, desde hace ya varios años se conoce lo que se denomina *la malaria de los aeropuertos*: casos de malaria en zonas próximas a los aeropuertos internacionales de países donde la malaria no es endémica (no existe o es muy poco frecuente) y donde llegan vuelos desde países tropicales donde hay malaria. Son casos similares: mosquitos infectados que viajan de polizones en los aviones y que al llegar a su nuevo destino transmiten la enfermad. Por eso, es frecuente que en algunos vuelos internacionales que vienen de zonas tropicales se desinfecte con insecticidas el avión antes de desembarcar. Algunos viajeros piensan que es un detalle de la compañía aérea que está perfumando el avión con ambientador, pero en realidad lo que están haciendo es ¡fumigarlo y desinfectarlo!

No solo los mosquitos, también nuestros virus viajan en avión con nosotros mismos. Solo en la Unión Europea se calcula que cada año unos 800 millones de personas cogen un avión. Veamos un ejemplo. Entre el 1 de febrero y el 30 de abril de 2014 hubo un brote de 33 casos de sarampión en Reino Unido y Holanda, todos ellos causados por un virus con un genotipo único. En aquella ocasión se pudo hacer un seguimiento epidemiológico. Se comprobó que el caso índice (el primer caso) fue un hombre británico no vacunado que en diciembre de 2013 viajó a Filipinas, donde había en ese momento un importante brote de sarampión. Entonces ese señor se contagió. En enero, el día anterior al vuelo de vuelta, presentó algunos síntomas, pero no se sospechó que tuviera sarampión. El vuelo de vuelta a Londres hizo escala en Ámsterdam (Holanda), donde estuvo esperando durante cinco horas al siguiente vuelo. Se pudo identificar hasta nueve personas a los que este pasajero les contagió de sarampión directamente: cinco niños no vacunados —cuatro de ellos compartieron el vuelo de Londres a Ámsterdam y el otro se infectó en el aeropuerto— y otros cuatro adultos sin vacunar —tres de ellos se infectaron también en el aeropuerto, dos eran trabajadores del aeropuerto de Ámsterdam, uno de ellos acabó hospitalizado—. Estas nueve personas a su vez transmitieron el virus a otros y finalmente, entre febrero y abril, se contabilizaron hasta un total de 33 casos de sarampión relacionados con este viajero en el Reino Unido y en Holanda. En todos los casos el genotipo del virus fue el mismo. No se pudo saber si otros pasajeros cuyo destino final eran otros países también se contagiaron de sarampión. Vivimos en un mundo globalizado y los virus se pueden extender por el planeta en muy poco tiempo. Este estudio pone de manifiesto la importancia de la investigación epidemiológica y la colaboración internacional para detectar y controlar enfermedades infecciosas muy contagiosas que se pueden extender con facilidad por el planeta a través de los vuelos internacionales. Además, demuestra lo importante que es la vacunación para evitar el contagio de infecciones como el sarampión, que todavía es endémico en muchos países. Es muy importante insistir en la vacunación preventiva cuando se viaja a países donde las enfermedades son endémicas, especialmente si los que viajan son niños pequeños —si vas a viajar al extranjero con tus hijos, pregunta antes al pediatra si debes vacunarlo—. El personal que trabaja en aeropuertos internacionales está especialmente expuesto y también debería tener su cartilla de vacunación al día. Si todavía tienes dudas de si los virus viajan en avión…, espera a leer el capítulo del coronavirus SARS-COV-2.

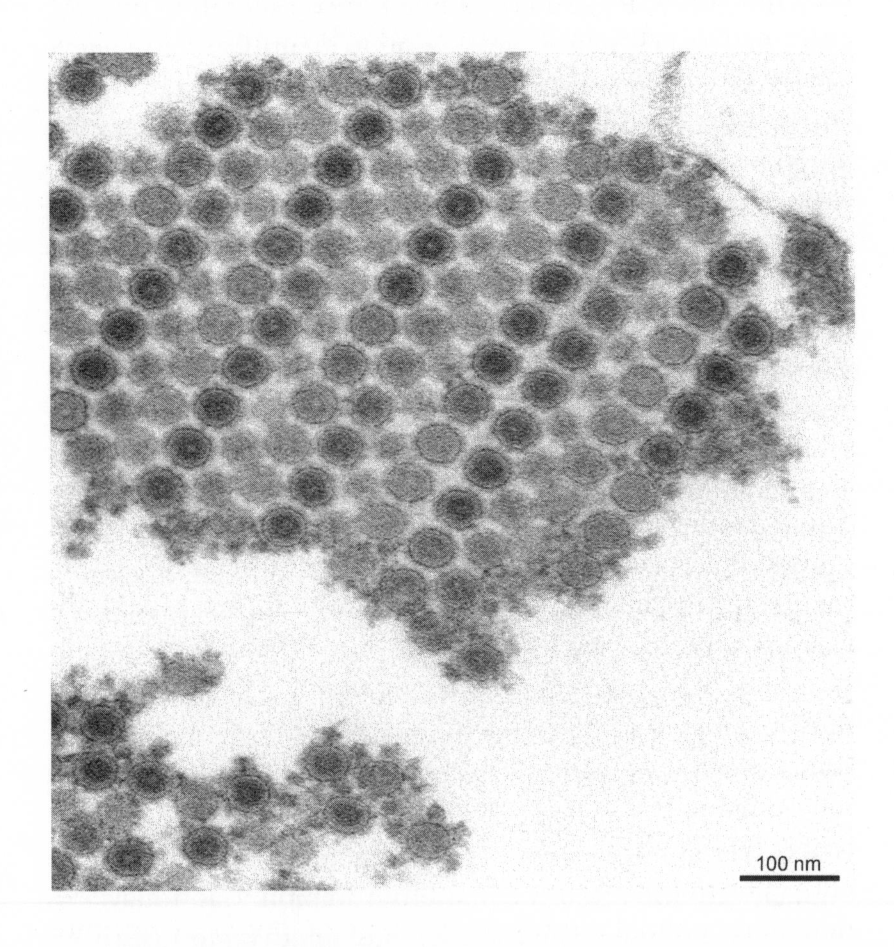

Micrografía electrónica de transmisión de partículas del virus Chikungunya [Cynthia Goldsmith / Centers for Disease Control and Prevention].

El chikungunya no es un nuevo baile latino

Hay que estar preparados para el chikungunya. Es una enfermedad causada por un virus y transmitida por mosquitos. El término *chikungunya* deriva de la lengua bantú de la frontera entre Tanzania y Mozambique y significa «caminar doblado», porque se refiere al modo de andar encorvado de los enfermos por el dolor articular que provoca. Es un virus que te deja hecho polvo. Se describió por primera vez en 1950, durante una epidemia de dengue. Lo mismo que el dengue y la fiebre amarilla, el virus chikungunya se transmite por picaduras de las hembras del mosquito *Aedes aegypti*, que pican normalmente durante el día. La enfermedad causa fiebre no muy alta, náuseas y vómitos, dolor de cabeza y muscular y erupción cutánea, síntomas muy parecidos al dengue. Sin embargo, a diferencia de este, el chikungunya suele producir dolor en las articulaciones. No hay vacuna ni tratamiento específico, solo tratamientos para aliviar los síntomas. La única y mejor prevención es evitar la picadura del mosquito. Afortunadamente, la enfermedad muy raramente es mortal, solo en menos de un 1% en personas débiles, ancianos o niños. Pero es una enfermedad muy debilitante, crónica, y las grandes epidemias pueden tener consecuencias económicas muy serias. No se transmite entre personas, solo por el mosquito, aunque puede pasar de madre a hijo. La infección protege de por vida. Durante cincuenta años esta enfermedad se había descrito solo en África subsahariana y el sudeste asiático; pero en los años

2005-2006 hubo varios brotes en el océano Índico. El virus sufrió una mutación en las proteínas de su envoltura, lo que le permitió multiplicarse también en otro tipo de mosquito, el mosquito tigre *Aedes albopictus*, lo que ha contribuido a que se extienda rápidamente. Desde entonces todos los años se detectan algunos casos importados en Europa (también en España) y en América de turistas que han contraído la enfermedad en África o en Asia. El primer brote de chikungunya autóctona en Europa se dio en 2007 en Italia, con 205 casos confirmados, donde el mosquito *Aedes albopictus* es ya muy abundante. Parece ser que el virus fue introducido por una persona infectada que viajó desde la India. En 2010 hubo dos casos autóctonos en el sureste de Francia. Desde entonces cada cierto tiempo van surgiendo algunos brotes. El virus chikungunya ya está en Europa.

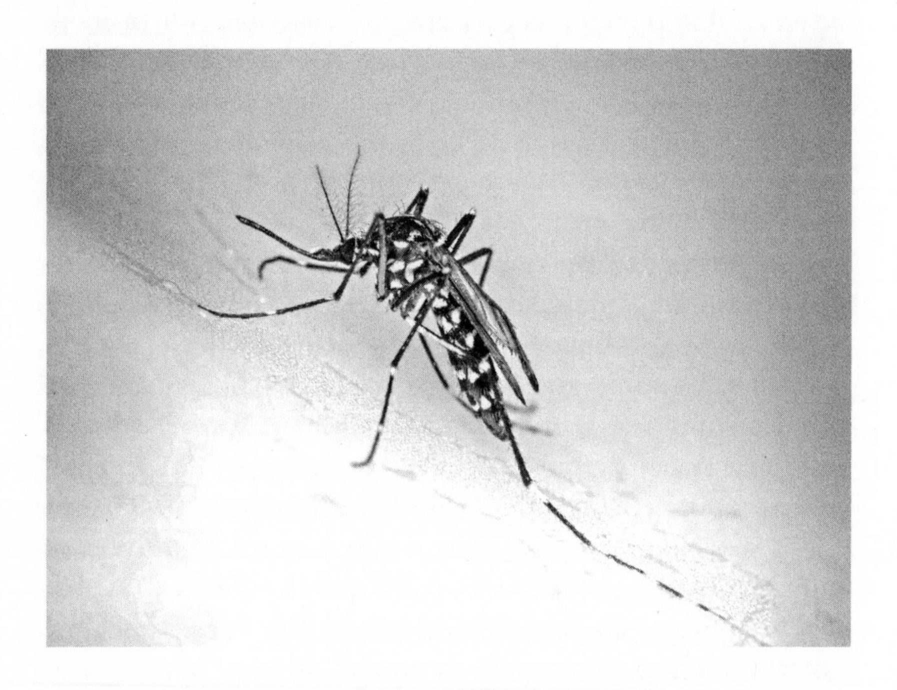

Mosquito tigre, *Aedes albopictus* [Sarah T.].

En diciembre de 2013 hubo el primer caso de chikungunya en el continente americano, en la isla de San Martín, en el Caribe. En solo nueve meses ya se había extendido por más de 27 países del Caribe, Centroamérica y Sudamérica. En julio de 2014 se dio el primer caso de chikungunya autóctono en Florida, EE. UU. A principio de 2015 ya había más de 1.100.000 de casos sospechosos, 24.000 casos confirmados en el laboratorio y 172 fallecidos por causa de este virus. Los países más afectados fueron los del Caribe, Nicaragua, Venezuela, Brasil y Colombia. La trasmisión local significa que el virus se ha establecido de forma estable en la población de mosquitos del continente americano. En menos de diez años, el chikungunya se ha extendido desde las costas de Kenia, a través del océano Índico al Pacífico, y de ahí al Caribe y al continente americano, causando millones de afectados en más de 50 países. Aunque afortunadamente la mortalidad que causa este virus es muy baja, el número de afectados es tan grande que las consecuencias son muy graves.

La aparición y extensión del chikungunya es algo complejo y multifactorial, pero no cabe duda de que al menos en parte influyen también los cambios de patrones climáticos y de temperatura asociados al cambio climático global. Pequeños cambios de temperatura, humedad y precipitaciones pueden afectar a la distribución global de los vectores, de los mosquitos, que pueden ampliar su hábitat o *territorio* de actuación y extender así la enfermedad. Como la enfermedad es muy debilitante y las clases sociales menos favorecidas son las más vulnerables, la relación entre cambio climático, enfermedad y pobreza es evidente. Es muy probable que en los próximos años veamos cómo la fiebre de chikungunya se extiende por gran parte de Europa y América y que el número de casos aumenta, sobre todo si el virus se adapta a multiplicarse en otro tipo de mosquitos autóctonos más comunes. Hay que estar preparados. La mejor prevención es luchar contra el mosquito: recuerda que es más fácil matar mosquitos que al virus.

Fotografía macro de *Aedes Aegypti* sobre piel humana [Digital Images Studio].

A la búsqueda del maldito mosquito

Como estamos viendo, las enfermedades infecciosas transmitidas por mosquitos representan un riesgo real para Europa: brotes de chikungunya en Italia, dengue en Croacia, Francia y Madeira, malaria autóctona en Grecia e infecciones por el virus del Nilo occidental en algunos países limítrofes con Europa. El riesgo no es solo porque son muchos los viajeros que llegan a nuestro continente provenientes de zonas del planeta donde estas infecciones son endémicas, sino porque la zona mediterránea ya está colonizada por los mosquitos vectores de estos virus. Existen más de 15 enfermedades infecciosas transmitidas por mosquitos que potencialmente pueden llegar a Europa y hay más de 27 especies de mosquitos distintos que pueden transmitirlos. Doce de esos tipos de mosquitos ya están en Europa. Aunque la presencia de los mosquitos no quiere decir que la enfermedad esté presente, los mosquitos suponen un riesgo real de transmisión. La modificación de los ecosistemas, la creación y la alteración de los humedales, el cambio climático o pequeños cambios en la temperatura y humedad ambientales pueden modificar la distribución geográfica de estos insectos. Por eso, hay enfermedades tropicales que pueden dejar de ser tropicales. Por estas razones, desde hace unos años se ha creado una red europea para la vigilancia de artrópodos (mosquitos, garrapatas, piojos, pulgas), que son vectores de enfermedades infecciosas. Consiste en colocar distintos tipos de trampas a lo largo de la geografía europea para monitorizar la población de mosquitos, conocer qué tipo de mosquito y si es portador de algún agente patógeno.

En España, por ejemplo, desde hace ya varios años hay un proyecto de colaboración ciudadana denominado «Atrapa el tigre», que consiste en una aplicación para dispositivos móviles y tabletas con los que los ciudadanos pueden informar de la posible presencia del mosquito tigre *Aedes albopictus*, para una posterior verificación de los entomólogos que colaboran en este proyecto. El mosquito tigre se vio por primera vez en Cataluña en 2004, y se ha ido extendiendo por todo el litoral mediterráneo. Se ha detectado incluso en algunas poblaciones del interior como Madrid, Zaragoza, Sevilla o Córdoba. Según los modelos de distribución de esta especie que se manejan actualmente para España, es posible que también se asiente a lo largo de todo el litoral cantábrico. No sabemos qué pasará en los próximos años, pero si el mosquito está presente hay más posibilidades de que el chikungunya o el dengue se establezcan de forma autóctona también en España.

Visión ventral y dorsal de una garrapata del género *Hyalomma* [Armando Frazao].

El virus Crimea-Congo

A finales de 2010 un grupo de investigadores españoles descubrieron la presencia de un tipo de virus hemorrágico muy peligroso en garrapatas capturadas de ciervos procedentes de fincas de caza mayor de Cáceres, una provincia española limítrofe con Portugal. Como hemos contado sobre las garrapatas, lo mismo que los mosquitos, son artrópodos que pueden transportar un gran número de virus diferentes. Uno de ellos es el virus de la fiebre hemorrágica de Crimea-Congo. El hallazgo de este virus en garrapatas en España ha supuesto una señal de alerta y ha activado los sistemas de vigilancia epidemiológica.

La primera vez que se describió este virus fue en un brote de fiebres hemorrágicas que afectó a tropas soviéticas en la península de Crimea en 1944. En 1969 se demostró que el agente de la fiebre de Crimea era el mismo que un virus aislado en el Congo. Desde entonces se le denomina virus de la fiebre hemorrágica de Crimea-Congo. El virus produce una enfermedad en humanos que puede llegar a ser muy grave, con tasas de mortalidad de hasta el 40%. El virus se transmite principalmente por la picadura de una garrapata. Se ha aislado en al menos 30 especies distintas de garrapatas, pero lo más frecuente es la garrapata del género *Hyalomma*. En la naturaleza el virus circula en un ciclo garrapata-animal-garrapata. Así, se encuentra en cantidad de animales domésticos (vacas, caballos, cabras, ovejas, cerdos, etc.) y en animales silvestres (ciervos, liebres, jabalíes, ratones, etc.). En animales no suele causar enfermedad, pero el ser humano es el único huésped en el que se desarrolla la enfermedad. Tras

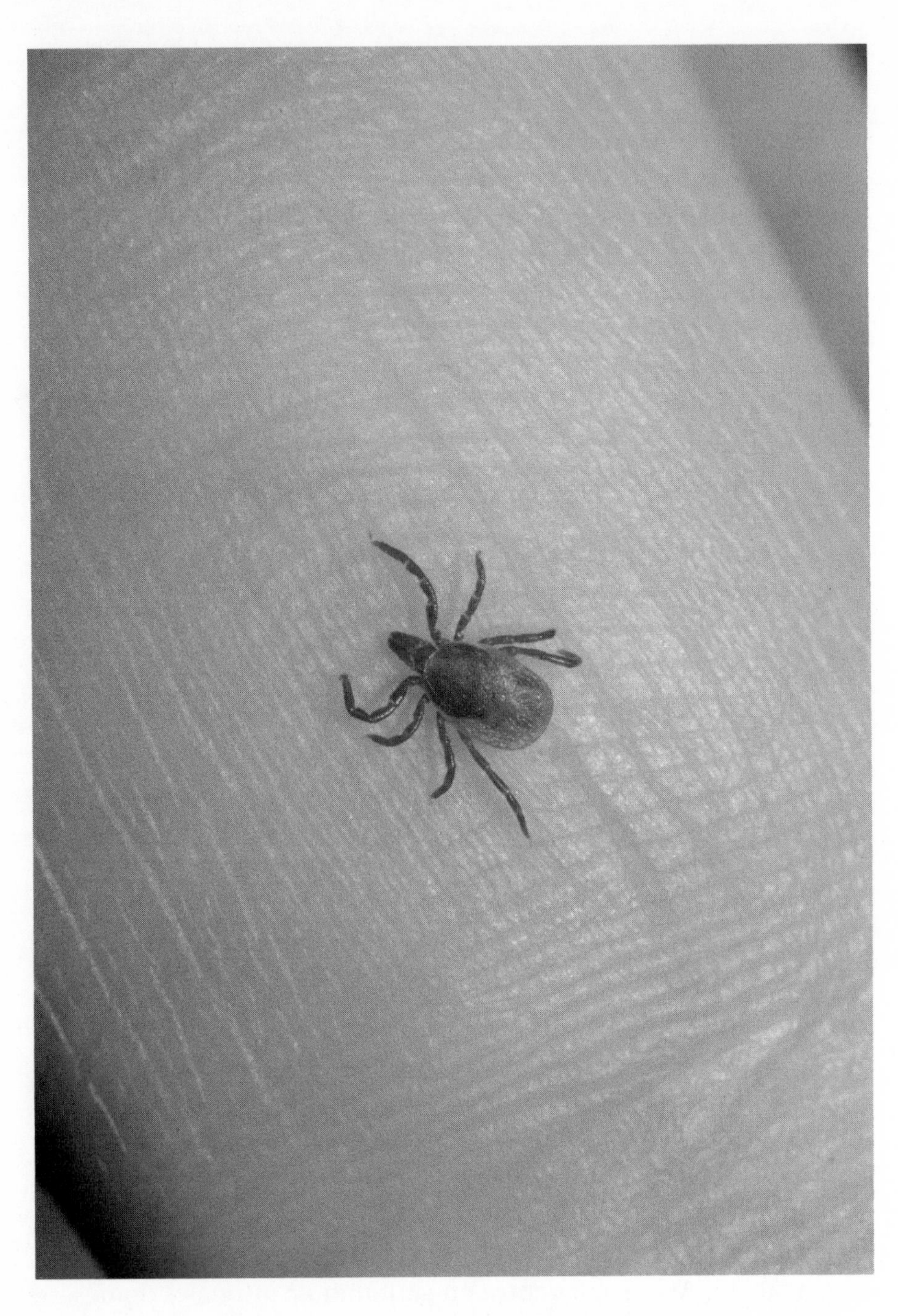

Una garrapata sobre un dedo [Roman Prokhorov].

un período de incubación de unos días con los síntomas habituales de una infección viral, comienza un período con manifestaciones hemorrágicas que pueden llegar a ser mortales. No hay tratamiento específico, pero existen algunas vacunas para personas con mayor riesgo de infectarse: personas que manipulan animales, veterinarios, cazadores, etc. Las personas se pueden infectar por la picadura de las garrapatas infectadas o por el contacto directo con sangre o tejidos de animales infectados. La enfermedad se ha descrito en más de 30 países de África, Asia, Europa y Oriente Medio. En la última década se han producido algunos brotes en Turquía, Grecia, Bulgaria, Albania, Kosovo, Ucrania y en algunas regiones del sudoeste de Rusia. La reemergencia de esta enfermedad en el sur y este de Europa se atribuye a cambios climáticos y ecológicos, además de otros factores como el cambio en el uso de la tierra, las prácticas agrícolas, la caza y los desplazamientos de ganado, que pueden tener un impacto en la población de garrapatas y en sus hospedadores. Por ejemplo, el aumento de la población de liebres como consecuencia del abandono de la caza y la aparición de maleza en el campo por reducirse la actividad agrícola, pueden tener relación con un aumento en la población de garrapatas, con el consiguiente aumento de las posibilidades de infección con el virus. Lo mismo que decíamos para los virus trasmitidos por mosquitos, sin garrapatas no hay virus. Los cambios en la temperatura, las precipitaciones o la humedad afectan a la biología y la ecología de estos vectores, y de los animales que les sirven de intermediarios o reservorio. Las garrapatas que potencialmente pueden transportar este virus se han aislado en el sur de Europa. Se han detectado esporádicamente en Alemania, Holanda y Reino Unido. Se sabe también que este tipo de artrópodos pueden ser transportados de una región a otra del continente a través de las aves migratorias.

La situación geográfica de España, de proximidad a África, el que sea lugar de tránsito obligado de aves migratorias y las condiciones climáticas, hacen que se convierta en un país con un riesgo potencial de aparición de casos. La probabilidad de infección en humanos es baja, pero no puede descartarse; de hecho, en 2016 se identificaron los dos primeros casos en humanos en nuestro país. El primero, un hombre de 62 años sin antecedentes de viajes fuera de España comenzó con síntomas el 16 de agosto 2016 y falleció nueve días después; refería haber paseado por el campo el día 14 de agosto en un municipio de la provincia de Ávila y haber encontrado una garrapata en su piel. Dos años después, en agosto de 2018, se detectó el tercer caso confirmado, en un hombre de 74 años sin antecedentes de viaje fuera de España, que había participado en actividades cinegéticas en montes de la provincia de Badajoz, y había manifestado también picaduras de garrapata. Tras la detección de estos casos humanos se puso en marcha un estudio en España para evaluar la situación y el riesgo de infección por este virus. Desde entonces, se ha confirmado la presencia del virus en garrapatas capturadas sobre animales silvestres y sobre vegetación en Extremadura, Castilla-La Mancha, Castilla y León, Madrid y Andalucía. Además, se han detectado serologías positivas (que demuestran contacto con el virus) tanto en animales silvestres como en domésticos en todas las comarcas estudiadas. Aunque el impacto de la enfermedad se considera bajo, estos resultados indican que en una amplia zona de España se está produciendo una circulación del virus de la fiebre hemorrágica de Crimea-Congo y que por tanto no puede descartarse la aparición esporádica de nuevos casos humanos autóctonos.

¡Zaska, y ahora el virus zika!

A finales de mayo de 2016 unos 170 científicos hicieron pública una carta en la que instaban a la OMS y al Comité Olímpico Internacional a aplazar o cambiar de sitio los juegos olímpicos de Río, que iban a comenzar un par de meses después. La razón: el *nuevo* virus zika. Algunos pensaban que era un nuevo invento de las grandes compañías farmacéuticas que, en colaboración con la OMS, crean este tipo de alarmas en la población para engañar a los Gobiernos y que inviertan nuestro dinero en vacunas y fármacos que luego no sirven para nada. No es era primera vez que la OMS *nos engañaba.* Recuerden ustedes lo que pasó con la llamada gripe aviar: ¡todos íbamos a morir! El zika era una nueva conspiración de determinados *lobbies*, un virus mutante creado en el laboratorio de la familia Rockefeller con fines eugenésicos para controlar la natalidad de los países en vías de desarrollo. Para eso, se inventaron lo de la microcefalia. El zika era un fallo de las empresas biotecnológicas, que crearon mosquitos transgénicos que acabaron transmitiendo el virus. Todo lo que pasó con el zika era lo mismo que ocurrió con el ébola, la gripe, el VIH, y que luego pasaría con el coronavirus SARS-COV-2: un oscuro contubernio de investigaciones malintencionadas, una maniobra de las *big farma*, un *escape* de los laboratorios... Cosas como estas las pudimos leer en foros de internet y, lo que es peor, en algunos respetables medios de comunicación. Con los virus se mezcla el temor, la polémica y un gran número de personas afectadas: los ingredientes perfectos para el notición. Pero ¿qué hay de cierto en todo ello?, ¿lo del zika fue realmente una conspiración mundial?

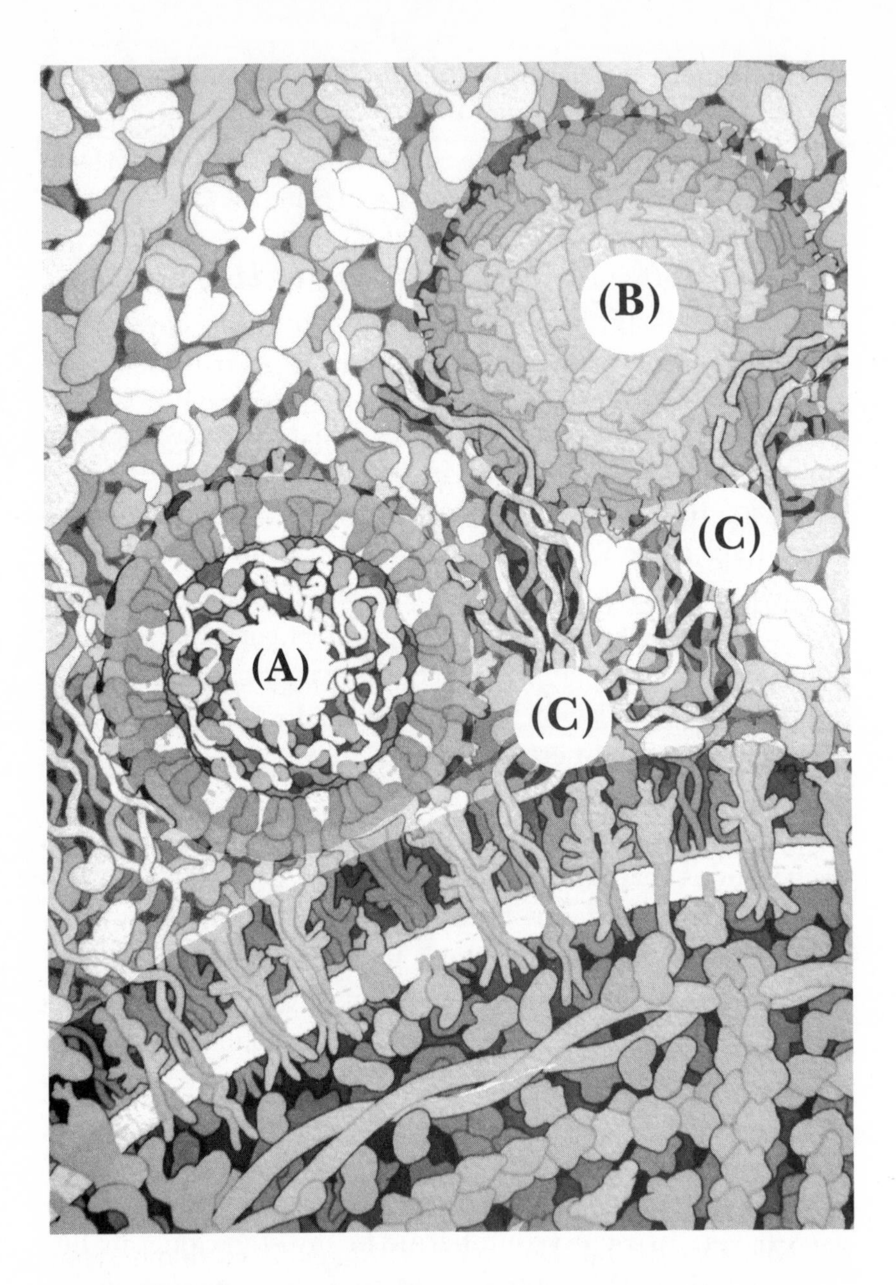

Ilustración que representa dos partículas víricas del Zika (A y B). Las proteínas receptoras de la superficie celular (C)se encuentran interactuando con una de ellas [David Goodsell, 2016].

La primera vez que yo oí hablar de este virus fue a través de Twitter. Fue un mensaje que me llegó a principios de 2015 en el que alertaba sobre un nuevo virus en Brasil. Hasta entonces era un virus sin importancia que ni siquiera salía en los libros de virología general. Pero el virus zika no era tan nuevo. Se había aislado por primera vez en 1947 en los bosques de zika en Uganda, de un mono *Rhesus* durante un estudio sobre la transmisión de la fiebre amarilla selvática. En aquella época no se habían desarrollado todavía los cultivos celulares. Se inyectó suero del mono infectado en el cerebro de ratones de experimentación de los que posteriormente se aisló el virus. También se llegó a aislar del mosquito africano *Aedes africanus*. En 1968 se logró aislar el virus por primera vez a partir de muestras humanas en Nigeria. Durante esas décadas se tuvo evidencia serológica —presencia de anticuerpos específicos contra el virus— de la infección en varios países de África y Asia. Hasta el año 2007 pasó bastante desapercibido para la comunidad científica y ese año tuvo lugar el primer brote importante de fiebre por virus zika en islas del océano Pacífico, en la Polinesia francesa. En 2013 se detectaron nuevamente casos en Tahití y en la Polinesia francesa, y llegó a afectar al 11% de la población. En mayo de 2015 llegó a Brasil y de ahí se extendió muy rápidamente por todo el continente americano, con la excepción de Canadá y Chile —países donde no existe el mosquito vector— con varios millones de afectados.

El virus zika es un flavivirus —clase IV de Baltimore, con genoma tipo ARN monohebra sentido positivo— como el dengue, la fiebre amarilla, la encefalitis japonesa o el virus del Nilo Occidental. Los análisis filogenéticos demuestran que existen dos linajes del virus zika, uno africano y otro asiático. El brote de 2016 en América estaba relacionado con este último, lo que reforzaba la idea de su origen asiático. El zika es otro arbovirus transmitido por artrópodos. El vector principal son los mosquitos del tipo *Aedes aegypti*, pero también se han descrito como vectores otras especies de *Aedes*, como *Aedes albopictus*, el mosquito tigre. Por lo tanto, el zika se transmite por los mismos vectores que el dengue, la fiebre amarilla y el chikungunya. No se sabe si existe algún reservorio animal del virus o si el hombre es el único huésped.

El virus se detecta en la sangre, el semen y otros fluidos de algunas personas sin síntomas, por lo que se puede transmitirse por vía sanguínea y vía sexual. El zika es de esos virus que en determinadas circunstancias pueden ser transmisibles por vía sexual, pero que normalmente se extienden de forma mucho más eficaz por otra ruta, a través de los mosquitos. Lo que ya hablamos del dengue por vía sexual. La transmisión por mosquitos del virus zika es lo que explica la rápida extensión que tuvo en Latinoamérica. En principio, la infección por el virus zika es leve. El 75% de los infectados no presentan ni siquiera síntomas. En el resto, los síntomas aparecen entre 2-10 días después de la infección, y suelen ser fiebre moderada, sarpullido o erupciones cutáneas, conjuntivitis, inflamación de los ojos y sensibilidad a la luz, dolor muscular, cansancio... Son síntomas que muy bien lo pueden confundir con el dengue o el chikungunya —quizá el zika haya sido mal diagnosticado durante años como un dengue leve—. En unos pocos días los síntomas desaparecen por sí solos y no deja secuelas. La enfermedad muy raramente es mortal. No hay tratamiento ni vacunas específicas, de momento. Entonces, ¿cuál fue el problema con el zika, por qué incluso la OMS lo declaró alarma sanitaria internacional? En octubre de 2015 las autoridades sanitarias de Brasil anunciaron un aumento significativo de casos de microcefalia en recién nacidos en la misma zona donde estaba habiendo más casos de infección por el virus zika. Además, ya en el brote de 2013 en la Polinesia se asoció la infección por zika con un aumento de casos de microcefalia infantil y del síndrome de Guillain-Barré. Fue esta la razón de que la OMS declaró una emergencia global por este virus a principios de febrero de 2016: era urgente aclarar si el virus zika estaba relacionado directamente con el aumento de estos casos de trastornos neurológicos, si realmente el virus era la causa o se trataba de una coincidencia temporal y geográfica. Por eso, se recomendó una vigilancia y el seguimiento extremo de los posibles casos en embarazadas y recién nacidos. Ahora ya sabemos que el virus del Zika puede atravesar la placenta e infectar el feto, que es preferentemente neurotrópico y capaz de afectar a las células neuronales en desarrollo. Ya no hay dudas de que el virus puede causar microcefalia y el síndrome de Guillain-Barré. El que un virus cause este tipo de problemas no es algo nuevo, existen otros patógenos también relacionados con estos trastornos neurológicos. Esta es la razón por la que las autoridades sanitarias recomendaron retrasar las relaciones sexuales, y evitar o retrasar los embarazos durante un periodo de tiempo después de haber estado en un país donde hubo transmisión autóctona del virus del Zika.

¿QUÉ ES LA MICROCEFALIA? Ocurre cuando la cabeza del bebé es mucho más pequeña de lo esperado. Puede ser una afección aislada que ocurre sin otros defectos graves y el niño tenga un desarrollo más o menos normal, o puede presentarse en combinación con otros defectos congénitos graves. Estos problemas pueden variar desde leves hasta muy graves, y con frecuencia duran toda la vida. En algunos casos, estos problemas pueden poner en peligro la vida. La microcefalia no es una enfermedad común: se estiman alrededor de dos casos por cada 10.000 bebés nacidos vivos. No existe una cura ni un tratamiento específico. Se desconocen las causas de la microcefalia en la mayoría de los bebés. En algunos casos tiene una causa genética. En algunas infecciones como la rubéola, la toxoplasmosis, el citomegalovirus, el herpes simple, el sífilis o el VIH, durante los primeros meses de embarazo pueden ser la causa de la microcefalia. También puede estar relacionada con la desnutrición grave o la exposición a sustancias dañinas (alcohol, ciertos medicamentos, drogas, sustancias químicas tóxicas) durante el embarazo.

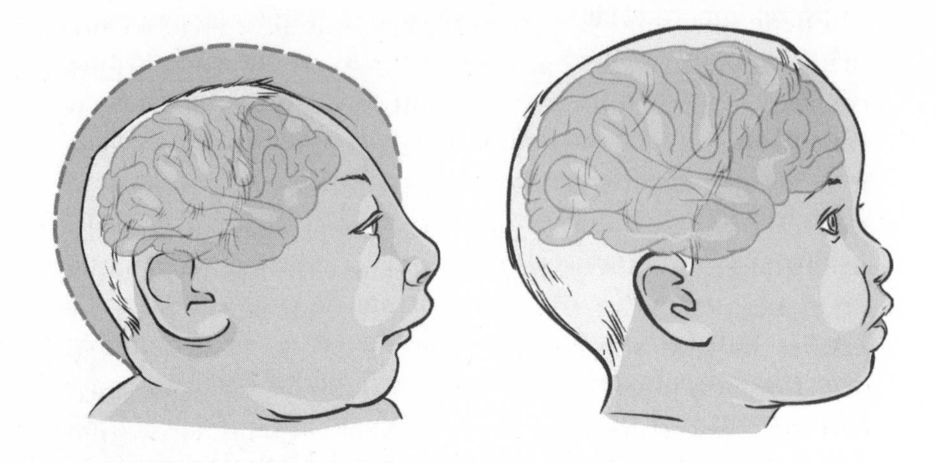

Ilustración que compara un recién nacido con enfermedad microcefálica causada por el virus Zika y un niño sano [Corvac].

¿QUÉ ES EL SÍNDROME DE GUILLAIN-BARRÉ? Es un trastorno neurológico autoinmune poco frecuente en el que el sistema inmune ataca a la mielina, la capa aislante que recubre los nervios, se dañan las neuronas. Causa debilidad muscular y a veces parálisis. Los síntomas duran algunas semanas y la mayoría de las personas (el 80%) se recuperan totalmente. Sin embargo, algunas padecen daños del sistema nervioso a largo plazo. En casos muy raros (un 4%), hay personas que han muerto por este síndrome, generalmente por presentar dificultad para respirar. Se calcula entre 0,4 y 4 casos al año por cada 100.000 personas y es más frecuente en personas mayores de 30 años. Existen muchas causas del síndrome de Guillain-Barré. Alrededor de dos tercios de las personas que presentan síntomas ha sido varios días o semanas después de haber presentado diarrea o una enfermedad respiratoria. La infección por la bacteria *Campylobacter jejuni* es uno de los factores de riesgo más comunes. También se ha descrito después de haber tenido gripe u otras infecciones, como citomegalovirus, Epstein-Barr o VIH.

Puede sorprender que este virus, que se describió por primera vez en 1947, haya pasado desapercibido y no haya causado grandes problemas en humanos hasta ahora. Las razones pueden ser varias. Primero porque la infección es muy leve y la mayoría de los pacientes ni siquiera presentan síntomas. Además, como los síntomas son muy similares al dengue y al chikungunya, virus con los que circula de manera conjunta, los casos de infección por el virus del Zika se han podido confundir con estas otras enfermedades. También puede influir que los sistemas de diagnóstico han mejorado con el tiempo. Y es posible que el virus (que contiene genoma tipo ARN) haya evolucionado muy rápido en estos años y se haya adaptado para transmitirse más fácilmente por mosquitos o, alternativamente, se haya adaptado mejor al ser humano. Algunos autores también han sugerido que las complicaciones neurológicas y los defectos en los fetos relacionados con la infección por el virus del Zika podrían ser debidos a la presencia de anticuerpos contra otros virus que aumentaran los efectos de la infección. En Latinoamérica es frecuente que las personas hayan tenido una infección previa de dengue antes de ser infectados por el virus del Zika o que existan infecciones por ambos virus al mismo tiempo. Algunos resultados sugieren que la infección por el zika en individuos que hayan tenido previamente una infección por dengue puede tener unas manifestaciones clínicas mucho más severas.

Entonces, ¿había que haber suspendido las olimpiadas de Río? ¿Qué posibilidad había de que el zika se extendiera por el planeta después de las olimpiadas? En ciencia no hay riesgo cero, pero ya hemos visto que no ocurrió lo que los más pesimistas vaticinaban, no hubo una pandemia de zika. Sin embargo, el zika ha dejado de ser una fiebre tropical leve sin importancia y ha venido para quedarse.

Portada del libro *Il medico della SARS. Carlo Urbani raccontato da quanti lo hanno conosciuto (Uomini e donne),* escrito por Vincenzo Varagona, una biografía del que fuera Presidente Nacional de Médicos Sin Fronteras en Italia [Paoline].

SARS: el primero de la lista

Ya hemos visto muchos ejemplos de ilustran que los virus viven en un mundo sin fronteras. Los movimientos de población, las migraciones, los viajes aéreos facilitan la diseminación viral. Quizá uno de los casos mejor documentado ha sido el síndrome respiratorio agudo y severo o SARS, una enfermedad muy parecida a la gripe.

Carlo Urbani era un médico italiano que trabajaba para Médicos Sin Fronteras en la ciudad de Hanói, la capital de Vietnam. En febrero de 2003 visitó a un enfermo, un hombre de negocios americano, con lo que parecía un caso grave de gripe. Sin embargo, enseguida se dio cuenta de que no era gripe, sino quizá una nueva enfermedad respiratoria altamente contagiosa, y lo notificó inmediatamente a la OMS. Esta alerta fue el comienzo de la primera respuesta rápida en la historia de la OMS para controlar un posible brote epidémico —todo un ensayo de lo que vendría varios años después—. Carlo Urbani fue el primero en darse cuenta de la gravedad de la situación y en identificar una enfermedad infecciosa potencialmente pandémica. Su rápida respuesta fue muy probablemente esencial para salvar miles de vidas humanas. El 11 de marzo Carlo Urbani comenzó a sentirse mal con algo de fiebre. Se había infectado con el virus que él mismo había ayudado a descubrir. Falleció el 29 de marzo de 2003 a las 11:45 de la mañana a los 46 años, después de 18 días en cuidados intensivos. Hoy sabemos que la historia del SARS comenzó con un profesor que se infectó en la provincia de Guangdong en el sureste de China. El 21 de febrero de 2003 este hombre estuvo en el hotel Metropole en Hong Kong, donde infectó por vía respiratoria a un total de doce huéspedes del hotel. Luego viajó a Hanói en Vietnam, donde transmitió el virus a otras 37 personas, de las que cuatro fallecieron. Ahí es donde Carlo Urbani se dio cuenta de la gravedad de la enfermedad. El profesor volvió a Hong Kong, donde infectó a seis personas más y murió. Los doce huéspedes infectados en el hotel Metropole distribuyeron el virus por varios países. Tres de ellos extendieron el virus a unas 111 personas por Hong Kong. Los otros nueve viajaron a Irlanda, Canadá, EE. UU., Singapur y Alemania, donde diseminaron la infección viral en pocos días. Se pudo seguir la pista de la infección por este virus y comprobar que en solo seis semanas infectó a miles de personas en todo el mundo: cerca de 8.500 casos con unos 800 fallecidos en más de 30 países. Se detectó transmisión entre personas en China, Singapur, Vietnam y Canadá. En el resto de los países fueron casos aislados *importados* de personas que se habían infectado en estos países y viajaron en avión a otro país habían detectado la enfermedad, pero no la

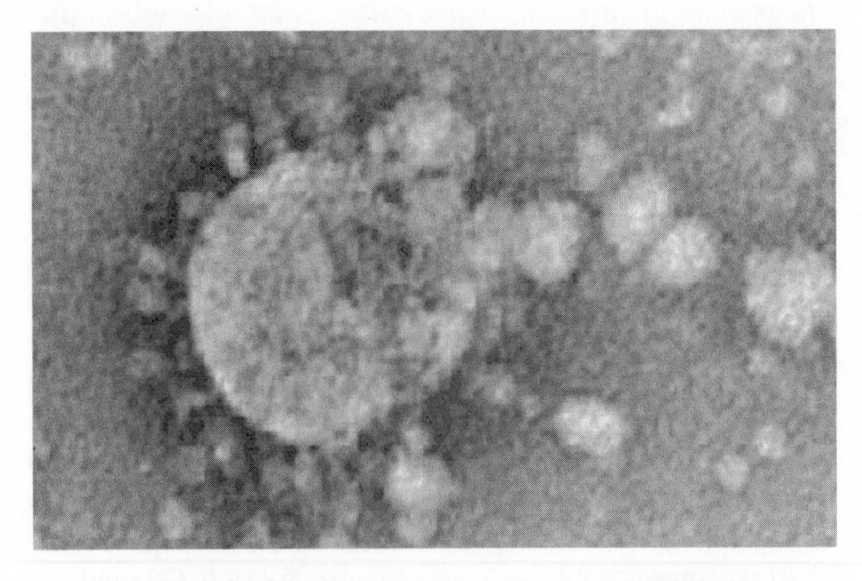

Imagen de microscopio electrónico de una partícula de SARS-COV dentro del citoplasma de una célula infectada [Centers for Disease Control and Prevention].

habían transmitido a nadie. La OMS declaró una alerta mundial sobre este virus y por eso durante esos meses de 2003 encontrábamos en todos los aeropuertos mensajes de alerta como este: «Las autoridades sanitarias advierten de que, si ha estado después del 1 de febrero de 2003 en China, Vietnam, Singapur o Toronto (Canadá), tiene fiebre superior a 38 °C y tiene problemas respiratorios, debe acudir al médico o llamar al teléfono de emergencias».

El SARS fue el primer ejemplo bien documentado de cómo un virus respiratorio puede trasportarse por todo el planeta a través de los vuelos internacionales en unas pocas semanas. La alerta y sobre todo la colaboración internacional funcionaron perfectamente. Al principio no se sabía qué patógeno era el causante de este síndrome. Las sospechas apuntaban a un nuevo virus de la gripe, el esperado *Big One.* Varios laboratorios de todo el mundo trabajaron de forma coordinada para identificar el agente causante del SARS en un tiempo récord: se tomaron muestras de los pacientes y se analizaron por microscopía electrónica, se hicieron distintos tipos de cultivos para detectar diferentes bacterias o virus, se extrajeron el ADN y el ARN de las muestras y se realizaron las famosas PCR para detectar patógenos que producían síndromes respiratorios, fiebres hemorrágicas e incluso potenciales agentes de guerra biológica: *Legionella peumophila, Mycoplasma pneumoniae, Chlamydia, Yersinia pestis, Bacillus anthracis,* adenovirus, parvovirus, circovirus, herpesvirus, viruela, gripe, parainfluenza, virus respiratorio sincitial, pneumovirus, filovirus ébola y Marburg, arenavirus, hantavirus, paperas, sarampión, etc. Así, el 10 de abril (solo siete semanas después de que se diagnosticara el primer caso) ya se publicaron con acceso libre, y al mismo tiempo dos artículos en la revista *The New England Journal of Medicine* en los que se describía cuál era el misterioso agente causante del SARS: un nuevo virus del grupo de los coronavirus. Además, en solo dos meses, el 21 de abril, ya estaba disponible en las bases de datos la secuencia completa del genoma de este virus. En comparación, el primer caso de SIDA se diagnosticó en 1981, pero se tardaron dos años en aislar e identificar el virus VIH, y además con una desagradable pugna entre distintos grupos de investigación franceses y americanos.

Pero ¿de dónde surgió este nuevo coronavirus SARS? Los coronavirus se denominan así por su aspecto en las imágenes de microscopio electrónico. Es un virus rodeado de una *corona* de pétalos, que recuerda a la corona solar. Se han descrito en muchos animales (perros, gatos, cerdos, ratones, aves y, cómo no, en murciélagos...) y en humanos. En las personas la infección por coronavirus es muy frecuente y causan, por lo general, enfermedades leves o moderadas del tracto respiratorio superior, conjuntivitis o trastornos gastrointestinales. Los coronavirus humanos (de los que se conocen cuatro distintos) son responsables del 40% de los resfriados o catarro común y de los trastornos digestivos leves (la mal llamada gripe *intestinal*). Muy probablemente también tú has estado infectado por un coronavirus a lo largo de tu vida. Se podría pensar que este nuevo coronavirus SARS fuera un mutante de un coronavirus humano que resultara más virulento y peligroso. Sin embargo, los análisis genéticos del virus SARS demostraron que este nuevo virus no era una cepa que se había originado por una mutación o modificación de un virus humano ya conocido, sino que se trataba de un nuevo tipo de coronavirus hasta entonces desconocido. ¿Y de dónde había surgido este nuevo virus? Análisis posteriores demostraron que el virus SARS se aislaba también de algunos animales silvestres, como las civetas, un tipo de pequeños mamíferos carnívoros, más parecidos a los gatos que a los perros, que en China se consumen y se venden en los mercados de animales vivos. Hoy sabemos que SARS está emparentado con coronavirus de murciélagos, de ahí pasó a las civetas y de ahí al ser humano. El coronavirus SARS, por tanto, es otro ejemplo de un virus de animales que *salta* la barrera entre especies y acaba infectando al hombre. Un virus respiratorio que en muy pocas semanas *viajó* por todo el planeta y acabó infectado a miles de personas en más de 30 países diferentes. Pero el SARS, tal como apareció, desapareció en 2004, y nunca más se supo de él. Dejó un rastro de más de 8.000 casos con una tasa de letalidad alrededor del 10%; SARS fue un primer aviso, el primero del grupo de coronavirus mortales.

Arabia Saudita, diciembre de 2016: un ganadero vende leche de dromedaria en el desierto [Kiraziku2u].

Leche y orina de dromedaria

En septiembre de 2012 se aisló un nuevo coronavirus de un paciente de 60 años de origen saudí con neumonía aguda y fallo renal agudo. Todo hacía pensar que el SARS volvía de nuevo. Pero en mayo de 2013, la OMS reconoció un nuevo coronavirus y lo denominó síndrome respiratorio del Oriente Medio (MERS-COV, del inglés *Middle East respiratory syndrome coronavirus*). Los síntomas eran una enfermedad respiratoria grave, fiebre, tos, diarrea, vómitos y dificultad para respirar. El 80% de los casos más graves tenían además otra enfermedad. No existía tratamiento específico, solo se trataban los síntomas y la dificultad respiratoria. Se transmitía entre personas que estaban en contacto muy estrecho. En junio de 2014 ya hubo contabilizados más de 700 casos confirmados, de los cuales 200 habían fallecido. La mayoría de los casos —más del 80%— ocurrieron donde estaba el origen de la epidemia, en países del Oriente Medio: Arabia Saudí, Jordania, Kuwait, Omán, Qatar, Emiratos Árabes y Yemen. En esos países se confirmó la transmisión del virus entre personas. De esos países se extendió a África (Argelia, Egipto y Túnez), Asia (Malasia y Filipinas), Europa (Francia, Alemania, Grecia, Italia, Holanda y Reino Unido) y EE. UU., la mayoría de los casos relacionados con viajes a Oriente Medio. Los análisis genéticos demostraron que el virus MERS estaba estrechamente relacionado con coronavirus aislados de murciélagos y que, aunque era distinto del SARS, pertenecían ambos al mismo género de beta-coronavirus. El MERS se aisló de camellos arábigos o dromedarios, el origen de la infección fueron esos animales. En muchos países de Oriente Medio tienen la mala costumbre de beber leche cruda de dromedaria recién ordeñada, ¡e incluso la orina del dromedario! Lo hacen porque piensan que es más sano y saludable. Hoy sabemos que el reservorio o almacén natural de este virus son los dromedarios, donde tienen su ciclo biológico. Otro ejemplo más de virus que infectan animales y que de forma accidental o aleatoria *saltan* al hombre. Se ha demostrado que el virus se inactiva con la pasteurización, por lo que la práctica de pasteurizar la leche (¡y la orina!) del camello resulta muy recomendable. En algunos momentos hubo un repunte importante en el número de casos en Oriente Medio, lo que hizo saltar las alarmas: millones de peregrinos viajan a La Meca en Arabia Saudita cada año. ¿Estábamos ante una nueva pandemia viral? El repunte de casos fue debido sobre todo a infecciones secundarias del personal sanitario. Se cree que pudo ser un problema de control y buenas prácticas del personal sanitario, que no tomaba las precauciones básicas de protección al recibir a los pacientes. Además, este mayor número de casos pudo ser estacional y estar relacionado también con el destete de las dromedarias en esa época del año, que genera un mayor tráfico y manipulación de los animales. A diferencia del SARS, el coronavirus MERS ha seguido dando pequeños brotes epidémicos hasta 2018. Ha sido menor el número de afectados, pero la letalidad del virus ha llegado al 34%. Aunque los coronavirus SARS y MERS son virus respiratorios, no llegaron a ser pandémicos. La transmisión entre humanos no era muy eficiente. Lo peor vendría a continuación.

Y el Big One llegó

Muchos esperábamos que la próxima pandemia sería un nuevo virus de la gripe recombinante, pero los coronavirus volvieron dar la sorpresa. El 11 de marzo de 2020 la OMS decretó el estado de pandemia, epidemia de alcance mundial debido a un nuevo coronavirus. Era la segunda vez que la OMS declaraba una pandemia en el siglo XXI. Otra vez desde China, un nuevo coronavirus se fue extendiendo durante los primeros meses de 2020 por todo el planeta: primero fue Corea del Sur, luego Irán, Italia, España, el resto de Europa, EE. UU., América del Sur, África... El mundo entero quedó paralizado. Más de la mitad de la población mundial quedó confinado en sus casas. Mientras el número de infectados y de fallecimientos aumentaba exponencialmente, los países adoptaron distintas estrategias para contener el virus. Un virus había conseguido lo que ninguna otra amenaza había conseguido antes. El planeta quedó paralizado.

¿Por qué medio mundo tuvo que tomar aquellas medidas tan drásticas de confinamiento? Para contestar a esto, veamos antes cómo *funciona* una epidemia. Para entender cómo se propaga una epidemia en una población hay que tener en cuenta tres tipos de individuos: los susceptibles que pueden contraer la infección, los que ya están infectados, y los que se han recuperado y ya no son susceptibles de enfermar. Al principio el número de susceptibles es alto y, conforme va pasando el tiempo, el número de personas infectadas va aumentando. Al mismo tiempo, el número de susceptibles va disminuyendo —porque se han curado, se han inmunizado, los hemos vacunado... o se han muerto—, como ya hemos visto. Hay menos gente para infectar y llegamos al pico de la epidemia. Es lo que se denomina *el límite de densidad*: el número mínimo de individuos necesario para continuar la enfermedad, el patógeno ya no puede transmitirse con tanta eficacia en la población y disminuye el número de casos. Así son las curvas epidémicas. Lo rápido que vaya la epidemia y lo *picuda* que sea esa curva dependerá de muchos factores, entre otros de la transmisibilidad del virus y de si la población es más o menos susceptible de infectarse. El problema era que este coronavirus, al ser nuevo, la población no había tenido contacto previo con él, no tenía inmunidad y todos éramos susceptibles de enfermar. Si la epidemia iba muy rápido y la curva era muy aguda, uno de los problemas más graves que cabría esperar era el colapso del sistema sanitario: no es lo

Wuhan, China, marzo de 2020: alguien colocó una mascarilla sobre esta escultura en una calle de Wuhan después de la apertura de la ciudad [Andrew Joseph Braun].

mismo tener diez casos en diez días que cien en un solo día. Y ese fue uno de los mayores problemas, la rápido que crecía el número de casos y el colapso del sistema. Así, se sobrepasó el límite de capacidad del sistema sanitario. Lo que quedaba por encima del límite de capacidad… podían ser fallecimientos. Por eso era tan importante frenar la curva, las medidas de contención, el confinamiento. El objetivo no era que la población no se infectara, esto ya era inevitable, sino que se retrasara y redujera el pico de la epidemia. En los primeros días de la curva, cuando tienes pocos focos y muy localizados, cuando sabes cómo se han infectado, puedes diagnosticar, aislar al infectado, hacer un seguimiento a la gente que ha estado en contacto con esa persona y ponerlos en cuarentena. Aislando los focos se podría frenar la curva. El gran problema es saber en qué momento de la curva epidémica estamos, eso es muy difícil. Si el número de contagiados aumenta y se dispara, debes adoptar medidas más drásticas, cuarentenas *sociales*, que deben ser lo más eficaces y sostenibles en el tiempo y lo menos disruptivas posibles. ¿Cuáles son esas medidas? Una medida concreta: ¿qué beneficio real tendrá para frenar la curva y qué riesgo supone para la vida del ciudadano? Esa es una decisión muy difícil y compleja. Para eso están las autoridades sanitarias y los Gobiernos, que son los responsables. Había que *blindar* los hospitales, proteger a los sanitarios y a los más débiles, a los más susceptibles de enfermar e incluso morir, no solo por el virus sino por el colapso sanitario. Cuando se dispone de una vacuna, esta corta la cadena de transmisión del virus. Pero entonces no teníamos una vacuna contra este virus y la única solución para evitar la transmisión fue el aislamiento, el confinamiento de la población. El mensaje era claro: «¡La vacuna eres tú, quédate en casa!». La población respondió, pero el golpe fue muy duro. En solo seis meses el virus se había extendido por más de 220 países por todo el planeta, se contabilizaron más de 20 millones de casos y más de 750.000 muertes. La primera gran pandemia del siglo XXI.

Dongguan, Guangdong, China, 2020: «Fresco, fino, rico», con este lema se venden anguilas y anfibios vivos en una sección de un supermercado [Micah Watson].

El origen del SARS-COV-2

Aunque parece poco importante, una de los primeras tareas cuando se describe una nueva enfermedad es ponerle un nombre. No es ninguna tontería. Se trata de evitar o minimizar cualquier impacto negativo que pueda llegar a generar e influir en otros aspectos culturales, sociales, nacionales, profesionales o étnicos. A lo largo del tiempo se habían cometido errores, ahora se trataba de que no volvieran a ocurrir. Por eso, los nombres deben evitar incluir localizaciones geográficas (la gripe española), el nombre de una persona (la enfermedad de Chagas), el nombre de un animal (gripe aviar), referencia a una profesión o grupo cultural (la enfermedad del legionario) o términos que generen miedo o temor entre la población (mortal o fatal). Así, el 11 de febrero de 2020, la OMS anunció que le había puesto nombre a esta nueva enfermedad: la COVID-19, de *coronavirus disease* 2019. La OMS le puso el nombre a la enfermedad y los virólogos (en concreto el ICTV, *International Committee on Taxonomy of Viruses*) le pusieron el nombre al virus: el SARS-COV-2.

Lo que se aprendió de este coronavirus en unos pocos meses fue realmente fascinante. Jamás la ciencia había avanzado tanto en el conocimiento de un virus nuevo, ni siquiera con el SARS, como hemos visto antes. Ya hemos dicho que los primeros casos de neumonía severa se notificaron en China el 31 de diciembre de 2019. Para el día 7 de enero ya se había identificado el virus y el genoma estuvo disponible en las bases de datos el día 10. Así, se pudo clasificar como un nuevo coronavirus del género beta-coronavirus grupo 2b. No era ni el MERS ni el SARS, pero su genoma tenía una similitud del 79% con este último, por eso se le denominó SARS-COV-2. Para el día 13 de enero ya estaba disponible para todo el mundo en la web de la OMS el protocolo para un ensayo de RT-PCR (del inglés *retrotranscriptase-polymerase chain reaction*) para detectar el genoma del virus. Surgieron muchas preguntas, algunas que se pudieron ir respondiendo poco a poco, otras que todavía hoy en día cuesta responder.

Quizá una de las primeras preguntas que nos hacemos cuando aparece un nuevo virus es sobre su origen: ¿de dónde surgió el SARS-COV-2? Los primeros casos en humanos en China se asociaron al mercado de animales vivos de Wuhan. Pero enseguida se notificaron casos humanos anteriores a ese brote del mercado. Como en otras ocasiones, comenzaron las teorías conspiranoicas: el virus era producto de un ensayo de biotecnología, se había creado en un laboratorio con fines perversos, se había escapado de un laboratorio de bioseguridad de Wuhan... Uno de los primeros artículos que se publicó de forma exprés y que menos duró fue el que sugería que el nuevo SARS-COV-2 era una mezcla artificial entre un coronavirus y el VIH. Fue publicado el 30 de enero y retirado por los propios autores dos días después, al comprobar que había errores en sus análisis bioinformáticos y en su interpretación. Sin embargo, y por desgracia, fue uno de los más comentados en redes sociales, lo que promovió el bulo del origen artificial del SARS-COV-2 por ingeniería genética en un laboratorio. Tampoco ayudó a despejar dudas el hecho de que a finales de 2015 se había publicado en la revista *Nature* un trabajo realizado por un equipo de investigadores estadounidenses —en el que colaboraban también algunos investigadores chinos del Instituto de Virología de Wuhan— en el que analizaban el riesgo de la aparición de nuevos virus similares al SARS a partir de los coronavirus que ya circulan entre las poblaciones de murciélagos. Como parte de ese estudio, describían también la construcción de un virus quimera mezcla de un coronavirus de murciélago con otro de ratón. Este artículo, que pasó desapercibido para la prensa en 2015, fue entonces la *demostración* para los más conspiranoicos del origen artificial de la pandemia. Pero nada tuvieron que ver aquellos experimentos con el SARS-COV-2.

La respuesta sobre el origen del nuevo coronavirus hay que buscarla en su genoma. En unas pocas semanas se obtuvieron datos de miles de genomas del virus aislados de todo el mundo. Los análisis genómicos permitieron sacar una *foto de familia* del nuevo coronavirus. Se demostró así que SARS-COV-2 no era fruto de una mutación de algún coronavirus humano anterior. Era el séptimo de la lista de los coronavirus humanos ya conocidos: los cuatro que causan los catarros o refriados comunes más o menos graves y los otros dos, de los que ya hemos hablado, SARS y MERS. Una de las zonas del genoma más interesantes para analizar el origen de este virus es la que codifica para la proteína S, porque es la más variable y porque su función es esencial para la entrada del virus en la célula, como veremos más adelante. La proteína S (del inglés *spike*) forma esas espículas que se proyectan hacia al exterior y que le dan el nombre al virus. El SARS-COV-2 inicia la entrada en las células humanas después de que la proteína S se una al receptor de la membrana celular, que en este caso se denomina receptor ACE2. La proteína S es la llave de entrada del virus a la célula y la cerradura en la célula es el receptor ACE2. Los modelos en 3D demuestran que en este proceso esta proteína se divide en dos subunidades, S1 y S2, que se separan por la acción de una enzima de la célula con actividad proteasa, que se denomina *furina*. La subunidad S1 se encarga de la unión al receptor, mientras que S2 es responsable de la fusión de las membranas del virus y de la células. Como resultado, la envoltura del virus se fusiona con la membrana de la célula y el virus entra en su interior.

Los análisis estructurales, genómicos y bioquímicos de esa proteína S nos permiten estudiar este proceso en detalle y demuestran que SARS-COV-2 posee dos particularidades importantes. En primer lugar, la proteína S posee una secuencia peculiar que se denomina dominio de unión al receptor o RBD (del inglés *receptor binding domain*), la parte más variable del genoma del virus. Si comparamos esa secuencia entre SARS-COV-2 y el otro coronavirus humano SARS, son muy diferentes. La proteína S de SARS-COV-2 tiene, por tanto, un dominio RBD que se une con muy alta afinidad al receptor ACE2 de humanos. Sin embargo, los análisis computacionales indican que ese dominio no es el mejor posible para unirse al receptor, es decir, teóricamente puede haber otras combinaciones de aminoácidos que sean aún más eficaces para unirse al receptor. Esto sugiere que esa secuencia ha surgido por un proceso de selección natural. Si fuera un producto manipulado por ingeniería genética, lo habríamos hecho mejor. Dicho claramente, si alguien hubiera diseñado este nuevo virus para que fuera patógeno lo habría hecho mejor.

Además, la otra particularidad de la proteína S tiene que ver con ese sitio de unión entre esas dos subunidades, S1 y S2, de las que está formada. Como hemos dicho, en SARS-COV-2 esa proteína S tiene una secuencia entre esas subunidades que permite el corte por la enzima furina de la célula. Eso determina la infectividad del virus y su rango de hospedador, a qué células o animales puede infectar. Este sitio de corte por furina no es muy frecuente en todos los coronavirus, y menos en los del grupo beta —al que pertenece el SARS-COV-2—. ¿Esta secuencia tan peculiar podría ser fruto de la manipulación genética del virus? Si lo comparamos con lo que ocurre en otros virus, como el de la gripe, muy probablemente se haya generado también por selección natural. Así, en algunos virus de la gripe aviar se ha visto que, en situaciones de alta densidad de poblaciones de aves, se selecciona de forma natural este tipo de secuencias de corte en sus proteínas de la envoltura similares a la proteína S del coronavirus. Esto hace que el virus se replique más rápidamente y sea más transmisible. Así es como algunos virus de gripe aviar de baja patogenicidad se convierten en virus de alta patogenicidad. También se ha observado la adquisición de estos sitios de corte después de pases repetidos del virus en cultivo celular o en animales. Por lo tanto, esta nueva propiedad es fruto de la selección natural, y lo mismo ha podido ocurrir en el nuevo coronavirus.

Por otra parte, si el origen del genoma de SARS-COV-2 fuera artificial, fabricado por ingeniería genética en un laboratorio, muy probablemente se habrían empleado algunos sistemas genéticos ya presentes en otros virus, y los datos demuestran que no existen *restos* de otros virus en el genoma de SARS-COV-2. Por el contrario, lo más probable es que estas dos peculiaridades del virus (la unión al receptor ACE2 y el sitio de corte por furina) sean fruto de la selección natural. Para ello hay dos posibles escenarios: que se hayan seleccionado en un animal antes de transferirse al ser humano o que la selección haya ocurrido en el ser humano después de su transferencia desde un animal.

Como hemos dicho, el origen de SARS-COV-2 se ha relacionado con el mercado de animales vivos de Wuhan. Cuando se comparan los genomas de los coronavirus, el más parecido al SARS-COV-2 es el aislado de un murciélago en Yunnan (China) en 2013, el genoma RaTG13 de *Rhinolophus affinis*, con más de un 96% de identidad. Sin embargo, esto no quiere decir que el coronavirus del murciélago sea el antecedente directo de nuestro SARS-COV-2; de hecho, cuando se comparan los RBD de las proteínas S del SARS-COV-2 y del coronavirus del murciélago, resultan que son muy diferentes. Los murciélagos tienen hábitos nocturnos, en esa época del año hibernan, y la historia esa de que todo se originó porque un chino se comió una sopa con murciélagos flotando es simplemente un bulo. Lo esperable era que el ancestro del SARS-COV-2 fuera un virus de murciélago que se hubiera adaptado al ser humano en otro animal intermedio. Como ya hemos visto con anterioridad, los coronavirus son muy frecuentes en otros animales, y en el caso de los coronavirus SARS y MERS fueron las civetas y los dromedarios los intermediarios. En otros estudios, se analizaron muestras de varios pangolines (*Manis javanica*) que llegaron a China por contrabando entre 2017 y 2018, y detectaron coronavirus con una similitud entre el 85 y el 92% con el SARS-COV-2. Aunque el virus del murciélago sigue teniendo una homología mayor, la similitud entre el SARS-COV-2 y los coronavirus del pangolín era especialmente alta en ese RBD de la glicoproteína S; es decir, esa parte de la proteína S esencial para unirse al receptor era casi idéntica entre el SARS-COV-2 y los coronavirus de los pangolines. Estos estudios genómicos sugieren que el SARS-COV-2 podría haberse originado por una recombinación o mezcla entre coronavirus del pangolín y del murciélago. Pero esto tampoco implica a los pangolines directa-

Murciélago de herradura (*Rhinolophus affinis*) [Binturong/Tonoscarpe].

mente en la transmisión del virus de murciélagos a humanos, pero les otorga un papel muy importante en su ecología. Los datos sugieren que el linaje del SARS-COV-2 podría haberse separado de los coronavirus de murciélago conocidos hace al menos 40 años. Por eso, se siguen buscando coronavirus más similares al SARS-COV-2 en otras especies diferentes del pangolín que hayan podido actuar como intermediarias en el salto definitivo hasta los humanos. No podemos descartar que fenómenos de mutación, inserción y deleción genética hayan ocurrido de forma natural en algún coronavirus de algún otro animal, probablemente con alta densidad de población y con un receptor ACE2 similar al humano. Uno de los candidatos posibles era el mapache japonés, que se cría y se comercializa en China de forma masiva. Pero para conocer exactamente cuál fue el animal que hizo de *puente* entre los murciélagos y el ser humano, habrá que seguir investigando, porque lo importante es que no se vuelva a repetir.

El origen animal y natural del SARS-COV-2 no descarta que haya también evolucionado mientras se transmitía de forma indetectable entre humanos, antes de su *explosión* en enero de 2020. No podemos descartar que algunas de esas características peculiares de este virus se seleccionaran de forma natural mientras se extendía entre la población humana. El hecho de que SARS-COV-2 entró en los seres humanos a partir de un origen animal implica que la probabilidad de futuros brotes es muy alta, ya que virus similares siguen circulando en la población animal y podrían volver a saltar a los seres humanos: un bomba de relojería que puede volver a estallar. El riesgo continúa, por eso es tan importante conocer el foco, el origen de la pandemia, y seguir vigilantes.

En conclusión, las peculiares características de SARS-COV-2 ya estaban en la naturaleza y no hay que imaginar experimentos de laboratorio para explicar su origen. Como veremos más adelante, la naturaleza tiene suficientes recursos como para generar este y otros muchísimos virus.

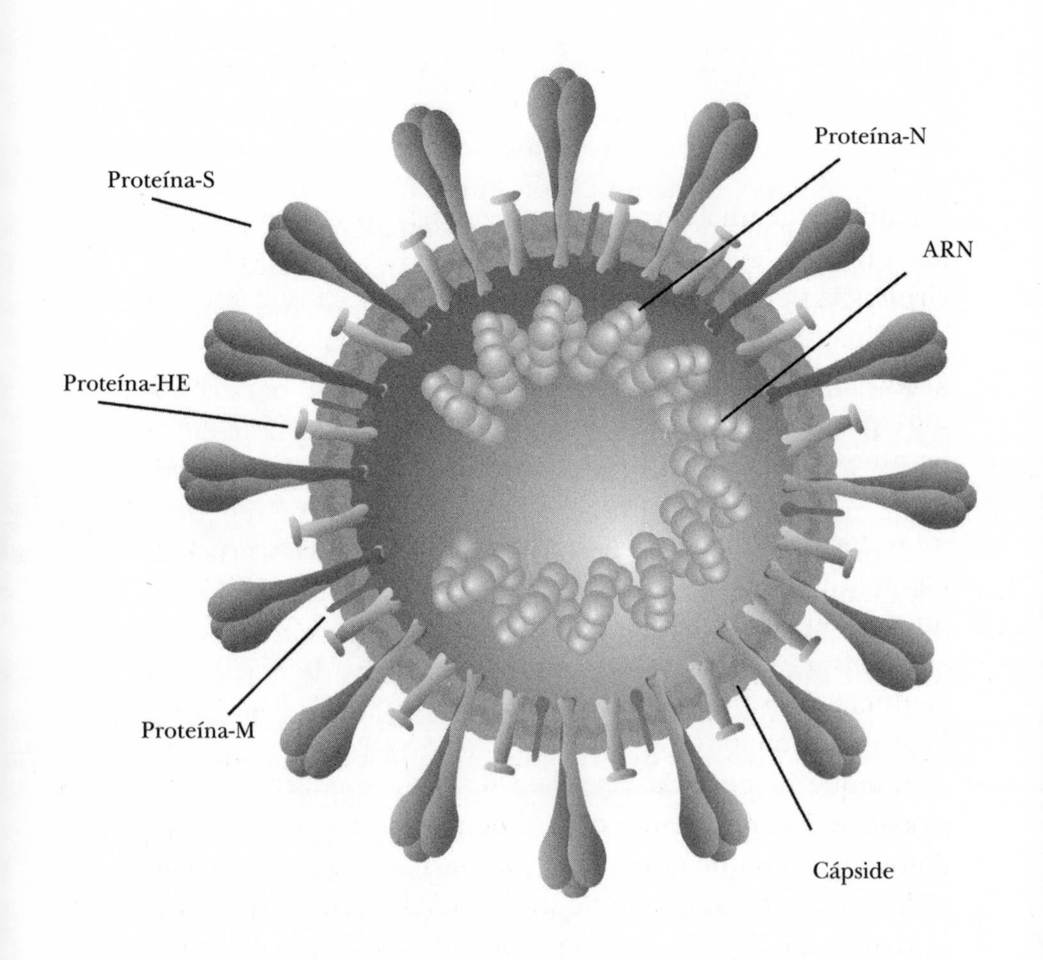

Esquema de la estructura del SARS-COV-2 [O Sweet Nature].

Un virus silencioso

Cuando surge un nuevo virus patógeno, las primeras preguntas a resolver son cómo de transmisibles es y qué grado de virulencia tiene. Con el SARS-COV-2 hubo cierta polémica en los primeros meses: «No hay que preocuparse, es como una gripe, o quizá un poco más fuerte, pero nada más». Hoy sabemos que no es una gripe. Con la gripe, como ya hemos visto, llevamos juntos más de cien años. Es el campeón de la variabilidad, lo conocemos bien, aunque nos siga dando sustos. Y, sobre todo, hay cierta inmunidad previa en la población, al menos a algunas de las cepas. Pero el SARS-COV-2 era un virus nuevo, con el que la población nunca había tenido contacto antes y frente al que, en principio, todas éramos susceptibles de infectarnos. ¿Por qué el SARS-COV-2 causó una pandemia? Probablemente porque ha sido un virus silencioso.

Aunque la película completa de lo que ocurrió con el SARS-COV-2 la tendremos dentro de un tiempo, los primeros datos sugerían que este nuevo coronavirus era más transmisible que el ébola, en el que un infectado puede transmitir el virus a 2 o 3 personas, pero mucho menos que el sarampión o la tosferina, en los que un infectado puede transmitir el virus a 12-17 personas; más que la gripe común y más parecido a otros virus como el VIH o el SARS, en los que un infectado puede transmitir el virus a 2-5 personas. Los virus respiratorios tienden a infectar las vías respiratorias superiores —la nariz y la garganta— o las inferiores —la tráquea, los bronquios y los pulmones—. En general, los virus que afectan a las vías respiratorias superiores suelen transmitirse mucho más fácilmente, pero tienden a ser más leves, como los catarros o resfriados comunes. Por el contrario, los virus que afectan a las vías respiratorias inferiores son menos transmisibles, pero más severos —la gripe o la neumonía—. El problema con SARS-COV-2 es que puede infectar por vía aérea a ambas vías, superiores e inferiores, y por tanto acaba siendo más transmisible y severo: se transmite tan fácil como un catarro, pero es mucho más grave. Otro problema adicional es que este virus puede transmitirse entre personas antes de que aparezcan los síntomas. Se puede transmitir cuando todavía está en las vías superiores, antes de que vaya hacia al interior del sistema respiratorio y cause síntomas severos. Un virus nuevo, para el que no tenemos inmunidad previa, que se transmite de forma eficaz por vía aérea y que puede ser transmisible silenciosamente en personas sin síntomas es sencillamente un bomba de relojería, lo más difícil de controlar.

La tasa de letalidad del virus (medida como el número de fallecimiento/número de casos) no es un dato fácil de calcular, sobre todo mientras dura una pandemia: es necesario saber con exactitud cuánta gente ha estado infectada y cuánta gente ha fallecido directamente por el virus o por *daños colaterales*. Además, depende de muchos factores, por ejemplo, la edad. Con este virus la mortalidad podía ser superior incluso al 20% en personas mayores de 80 años e iba disminuyendo con la edad: 8% entre 70-79 años; 4% entre 60-69 años; 1,5% entre 50-59 años; 0,5% entre 40-49 años; 0,2% entre 39-10 años y prácticamente cero en menores de 9 años. Esto no quiere decir que los menores no se infectaran, sino que los síntomas eran tan leves que pasaban desapercibidos —luego veremos por qué—, aunque entre los millones de afectados hubo también algún fallecimiento de jóvenes o niños pequeños. La mortalidad también dependía del sexo: era mayor en hombres que en mujeres, en un proporción 60/40. Además, la preexistencia de otras enfermedades también influía en la probabilidad de muerte. El riesgo de muerte si estabas infectado por el virus, pero no tenías ningún otro factor era del 1%, aunque podía aumentar hasta más del 10% si tenías una enfermedad previa. Diabetes, enfermedad crónica respiratoria, enfermedades cardiacas, hipertensión, obesidad y cáncer también aumentaban la tasa de muerte significativamente. En la mortalidad también influye el lugar geográfico y sus condiciones sanitarias. No es lo mismo estar en un lugar, donde los sistemas de salud están saturados y la cantidad de enfermos es tan grande que no se pueden atender adecuadamente, que en un país en el que lo que hay es un pequeño goteo de algunos casos esporádicos. En una situación de colapso sanitario la gente se puede morir porque no da tiempo a diagnosticarla rápidamente y a poner remedio a la neumonía, por ejemplo. Por eso, en China, la mortalidad en la ciudad de Wuhan que concentró el mayor número de fallecimientos pudo ser superior a 3%, pero era del 0,7% en otras provincias.

La enfermedad no causaba síntomas en un 30%, eran leves en un 55%, un 10% eran severos y requerían hospitalización, y en un 5% los casos eran críticos y acababan en la UCI. La mortalidad de los casos severos era del 15% y de hasta el 50% de los casos críticos —datos aproximados—. Pero la gente también se curaba. Lo que sí se fue comprobando con el paso del tiempo es que SARS-COV-2 no era simplemente un virus respiratorio que podía causar una neumonía. COVID-19 era mucho más que una neumonía. Conforme hubo más datos clínicos y, sobre todo, se hicieron autopsias a los fallecidos, se comprobó que la COVID-19 es una enfermedad muchos más compleja. El virus era capaz de atacar no solo al pulmón, sino a diversas partes del cuerpo, comenzando por las paredes de los vasos sanguíneos (el endotelio), en especial en los pacientes que ya presentaban daño crónico en el sistema cardiovascular. El virus era capaz de generar un ataque sistémico y global, avanzando sin ser detectado. Los médicos se encontraron en las UCI no solos neumonías y problemas respiratorios, sino también trombosis, embolias pulmonares, fibrosis pulmonar y cardiaca, infartos, fallos renales y hepáticos, afecciones neurológicas, coagulaciones intravasculares diseminadas y fallos multiorgánicos. ¿Por qué el virus podía llegar a ser mortal en unas personas, mientras que en otras no causaba síntomas? La gravedad de la infección por el coronavirus SARS-COV-2 dependía de cómo entraba al interior de las células y de su efecto sobre el sistema inmune. Ya hemos visto que la entrada del virus a las células depende de la unión específica de la proteína S de la envoltura con el receptor ACE2 de la superficie de la célula. Este receptor celular ACE2 se expresa en las células de los endotelios (las paredes de los vasos sanguíneos) en las arterias, los pulmones, el corazón, los riñones y los intestinos. ACE2 es una enzima que degrada la angiotensina II (un péptido vasoconstrictor que actúa como una hormona) en angiotensina (un vasodilatador). La angiotensina II aumenta la presión sanguínea y la inflamación. La unión del SARS-COV-2 con las células lleva consigo una disminución de la función de ACE2. Esto se manifiesta como un aumento de la concentración de la angiotensina II, especialmente en los endotelios, lo que a su vez genera una vasoconstricción —estrechamente de los vasos sanguíneos—, un aumento de

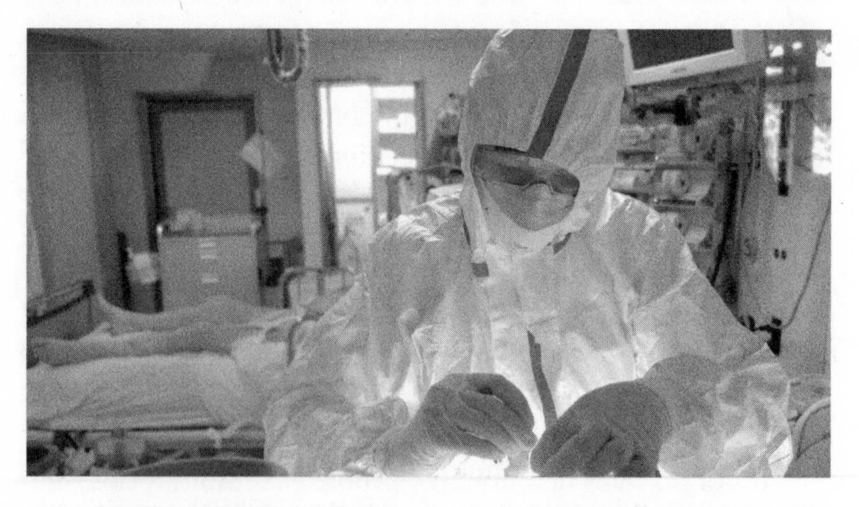

El personal médico trabaja en la Unidad de Cuidados Intensivos (UCI) para pacientes con COVID-19 en el Hospital Universitario de Lieja, en Bélgica. Mayo de 2020 [Alexandros Michailidis].

la inflamación y de la presión arterial. Por eso, la infección por SARS-COV-2 no era solo una neumonía, y se podía manifestar como un daño renal, hepático, cardiaco e incluso cerebral. Por eso, también las personas con enfermedades como cardiopatías, EPOC, diabetes, enfermedades hepáticas o renales crónicas, hipertensión u obesos, eran mucho más susceptibles. Y por eso también, en niños pequeños, donde la manifestación de la infección era muy leve, puede afectar a las paredes de los vasos sanguíneos de la piel y manifestarse como alteraciones dermatológicas y sarpullidos. También, las diferencias en esos receptores ACE2 podría explicar por qué unas personas pueden ser más susceptibles o incluso resistentes a la infección. El gen que codifica este receptor es polimórfico, es decir, tiene distintas variantes genéticas distribuidas en la población. Por eso, tener una variante determinada podría hacer que el virus entrara más fácilmente en las células y que fueras más vulnerable al virus, o, todo lo contrario. También se ha sugerido que los niños pequeños pueden tener una menor expresión de este receptor ACE2 en sus células, lo que les podría conferir una mayor resistencia al virus.

Pero, la *maldad* de este nuevo virus no acababa ahí. Lo mismo que vimos para el virus de la gripe de 1918, el SARS-COV-2 puede causar una tormenta de citoquinas. Pero antes veamos cómo en condiciones normales podemos vencer una infección viral. Cuando comienza una infección viral se activan nuestras defensas. Lo primero que ocurre, durante los primeros días, es una respuesta innata inespecífica consistente en la activación de los macrófagos, unas células de nuestra sangre que actúan como guardianes y que destruyen al virus. Al mismo tiempo, esos macrófagos producen unas sustancias denominadas *citoquinas* (pequeñas proteínas o péptidos con función reguladora), que viajan por la sangre alertando al resto de las células del sistema de defensa y activan una respuesta inmune más específica contra el virus. Es entonces cuando entran en juego otras células sanguíneas: los linfocitos B y T. Los linfocitos B se transforman en células plasmáticas que producen los anticuerpos contra el virus. Son proteínas que se unen al virus, lo neutralizan y favorecen su reconocimiento. A su vez, los linfocitos T se transforman en células capaces de reconocer y destruir las células ya infectadas por el virus. Al mismo tiempo se activan células-memoria, para prepararnos para el próximo encuentro con el virus. Toda esta respuesta está perfectamente controlada y equilibrada, y depende de la correcta liberación de esas citoquinas. En la mayoría de los casos, nuestro sistema inmune acaba venciendo al virus. Todo este proceso dura dos o tres semanas, hasta que acaba la infección. La fiebre de los primeros días es una buena señal de que el sistema funciona y de que se está activando. Esto ocurre en el 80% de los casos de infectados por el SARS-COV-2. Pero en algunas ocasiones, el sistema inmune no responde así: se descontrola, enloquece y te causa más daño que el propio virus. En estos casos puede ocurrir una liberación masiva e incontrolada de esas citoquinas reguladores. Como hemos dicho las citoquinas son responsables de la comunicación entre las células, modulan la diferenciación y proliferación de los linfocitos B y T, y la síntesis y la secreción de anticuerpos. Regulan además los procesos inflamatorios. La liberación masiva y la sobreactivación de estas citoquinas se denomina *tormenta de citoquinas,* una sobrecarga que acaba colapsando al sistema inmune. En este caso los macrófagos no son capaces de resolver la infección. Las citoquinas segregadas por los macrófagos favorecen la llegada de nuevos macrófagos y estos, a su vez, producen más citoquinas, lo que puede llevar el sistema inmune al caos. Durante la tormenta de citoquinas se activan sobre todo las citoquinas proinflamatorias, que generan una inflamación continua que se retroalimenta y hace que se liberen todavía más citoquinas: es un círculo vicioso. Esto causa un daño tisular grave y se favorece las infecciones bacterianas secundarias. Se genera así una insuficiencia respiratoria y una neumonía, se afectan otros órganos, especialmente en personas con otras enfermedades crónicas. Esto puede generar una fallo sistémico, multiorgánico —generalizado— y la muerte. Así actúa el SARS-COV-2. Este efecto sobre el sistema inmune podría explicar también por qué los niños eran más resistentes a la infección por el SARS-COV-2 o por qué en ellos la infección era asintomática o muy leve. Quizá este coronavirus *necesita* un sistema inmune maduro y quizá el sistema inmune de los niños al ser más inmaduro sea más reacio a progresar hacia la tormenta. Otra hipótesis que se ha sugerido es que los menores de edad, al haber sido vacunados repetidamente en los primeros años, tienen un sistema innato inespecífico mucho más robusto que los adultos que les protegería frente a este virus. El sistema inmune innato es esa primera barrera contra las infecciones. Por el contrario, las personas mayores, con un sistema inmune más debilitado, serían más propensas a esa tormenta de citoquinas. También, las diferencias en el sistema inmune pueden explicar por qué la COVID-19 era más frecuente en varones que en mujeres. Muchos genes del sistema inmune están en el cromosoma X, y además el mismo sistema inmune está influenciado por los hormonas. Tampoco se puede descartar que las diferencias de sexo sean debidas en parte a que esas enfermedades que agravan la infección por SARS-COV-2 —incluidos los hábitos de alcohol y tabaco— son más frecuentes en hombres que en mujeres. Por todo esto que estamos contando, los tratamientos experimentales que se ensayaron en los casos más graves combinaban no solo antivirales, sino también interferón, antiinflamatorios, bloqueantes de citoquinas proinflamatorias e incluso antibióticos.

Un virus capaz de transmitirse fácilmente entre personas por el aire y por contacto de superficies contaminadas, capaz de pasar desapercibido en el 80% de la población y de transmitirse cuando no tienes síntomas, capaz de usar un receptor celular muy frecuente en muchos tejidos, capaz de generar una respuesta descontrolada de nuestro sistema de defensa, capaz causar un fallo multiorgánico con una enorme rapidez... Eso es el SARS-COV-2, un mal bicho.

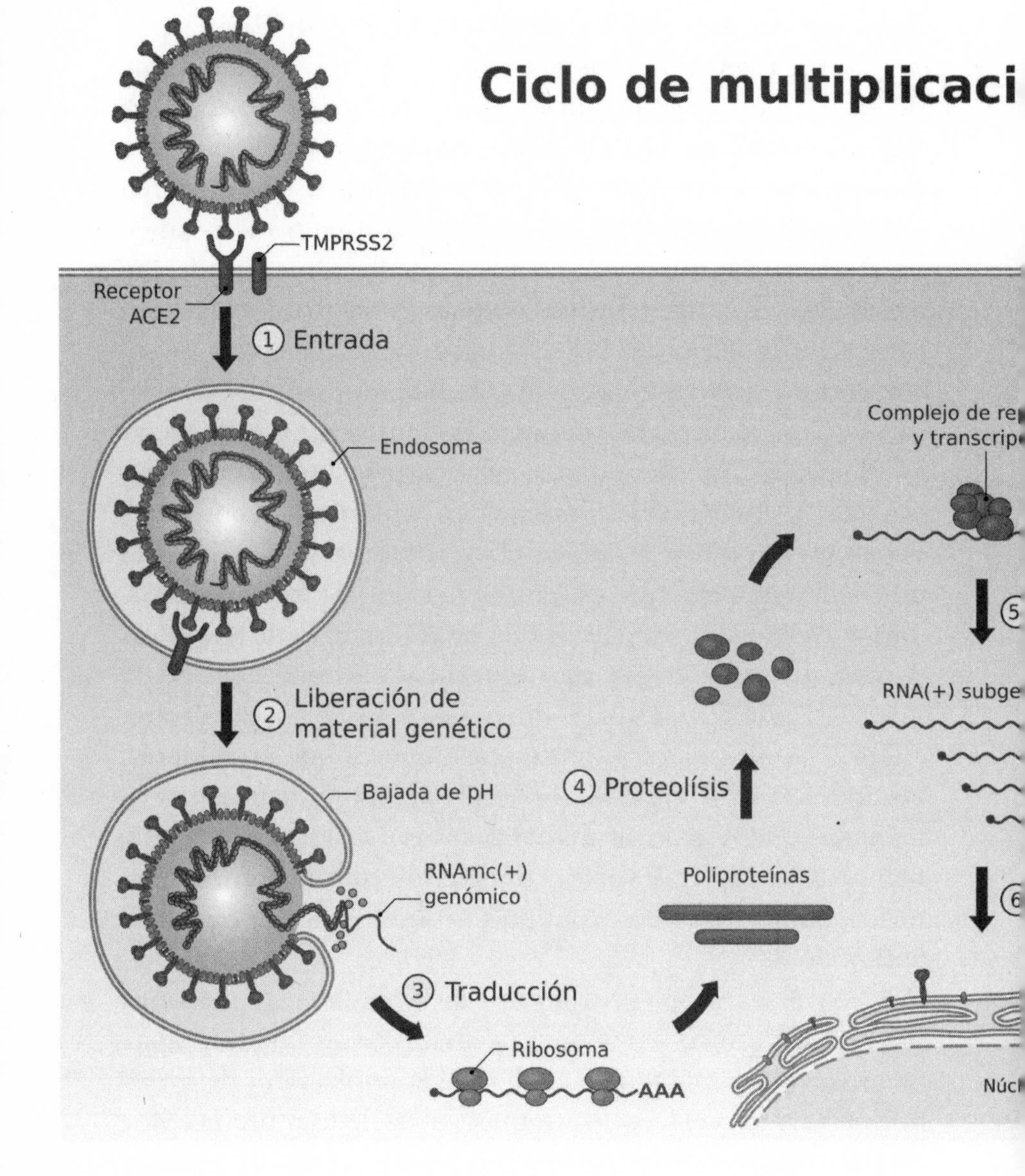
TMPRSS2
Receptor ACE2
① Entrada
Endosoma
② Liberación de material genético
Bajada de pH
RNAmc(+) genómico
③ Traducción
Ribosoma
AAA
Poliproteínas
④ Proteolísis

elular del SARSCoV2

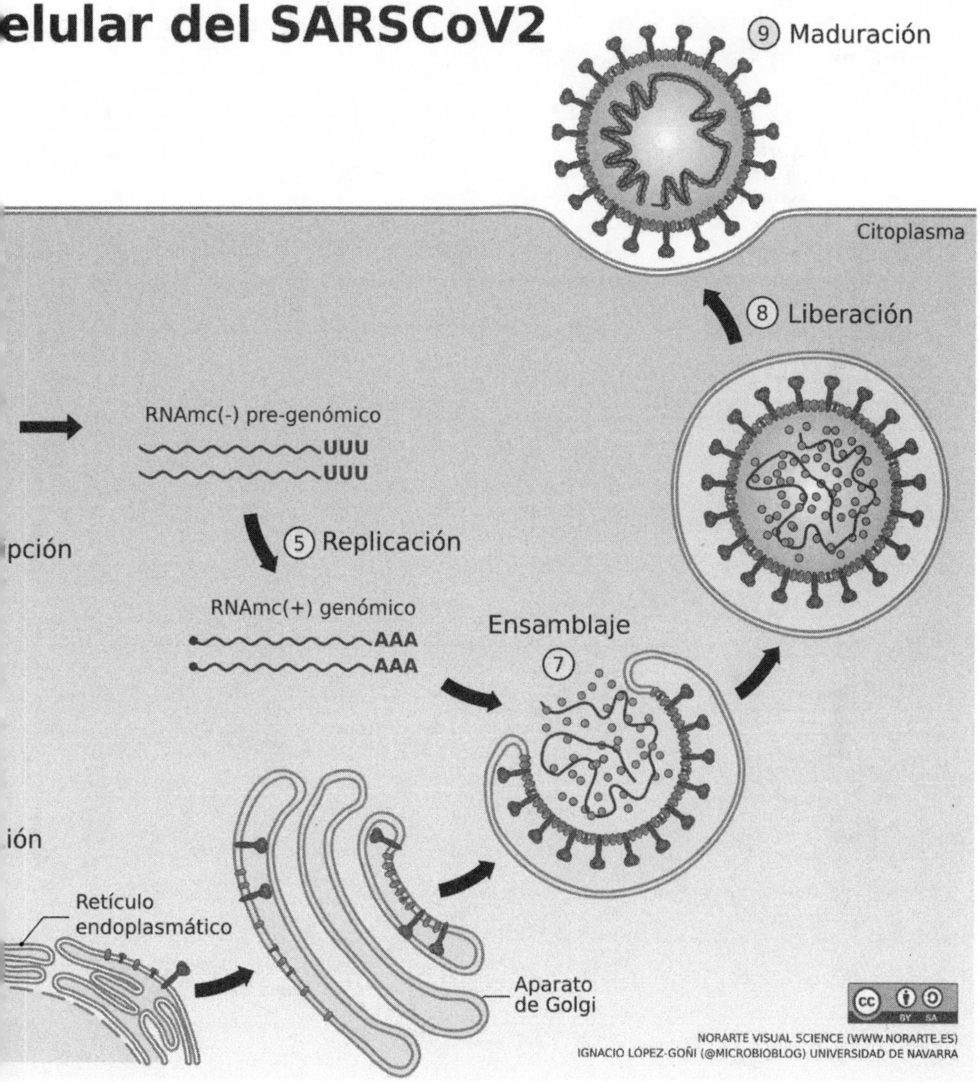

⑨ Maduración

Citoplasma

⑧ Liberación

RNAmc(-) pre-genómico

UUU
UUU

pción

⑤ Replicación

RNAmc(+) genómico

AAA
AAA

Ensamblaje
⑦

ión

Retículo endoplasmático

Aparato de Golgi

BY SA
NORARTE VISUAL SCIENCE (WWW.NORARTE.ES)
IGNACIO LÓPEZ-GOÑI (@MICROBIOBLOG) UNIVERSIDAD DE NAVARRA

Murciélagos listos para cocinar en un mercado
de Luang Prabang, Laos [Sviluppo].

Murciélagos y virus

Como hemos visto, el reservorio o almacén donde se esconden los coronavirus, los nuevos virus de la gripe o los filovirus probablemente sean los murciélagos. Se ha sugerido también que el virus de la hepatitis B debió llegar a los primates a través de los murciélagos. Los murciélagos están repletos de virus.

Los murciélagos, cuyo nombre científico es quirópteros (*Chiroptera*), son un tipo de mamíferos cuyas extremidades superiores se desarrollaron como alas. No son roedores, son mamíferos voladores, los únicos mamíferos voladores. Quizás no sepas que existen más de 4.000 especies de murciélagos distintos. Representan aproximadamente un 20% de todas las especies de mamíferos. Dentro de los mamíferos son, después de los roedores, el grupo más numeroso. Están presentes en todos los continentes, excepto en la Antártida. Los murciélagos son muchos y están por todas partes. Aunque tengan mala fama, juegan un papel ecológico muy importante y son también muy beneficiosos para el ser humano. Tienen un papel muy importante en la polinización de la plantas y en la dispersión de las semillas. Además, actúan como agentes de control biológico de plagas limitando la población de algunos insectos. Se ha calculado que un murciélago puede llegar a comerse 3.000 insectos en una noche. Extrapolando, esto quiere decir que un millón de murciélagos pueden llegar a destruir una tonelada de insectos en una noche. Y ten en cuenta que muchos de esos insectos son los que trasmiten la malaria, el dengue, la fiebre amarilla, el zika, el chikungunya y muchas otras enfermedades. Así que, los murciélagos son unos buenos tipos. Sin embargo, también son un reservorio o almacén natural para gran número de microbios patógenos y desgraciadamente también juegan un papel esencial en la transmisión de muchas enfermedades infecciosas a los animales domésticos y al ser humano. Como hemos visto, en muchas áreas del mundo los murciélagos se emplean como alimento o como remedio medicinal.

Se ha estudiado el conjunto de los genomas de los virus —lo que se denomina el *viroma*— de un murciélago gigante denominado *Pteropus giganteus,* el zorro volador de la India. Los investigadores han encontrado 55 virus distintos, 50 de ellos nuevos, de siete familias de virus: coronavirus, paramyxovirus, astrovirus, bocavirus, adenovirus, herpesvirus y polyomavirus. Se ha demostrado, por tanto, que los murciélagos son el huésped natural de muchos virus zoonóticos que causan infecciones, algunas muy graves en humanos: desde los recientes casos de coronavirus, hasta los filovirus ébola y Marburg, virus de la rabia y otros lyssavirus, muchos tipos de paramyxovirus como los virus Nipah y Hendra, virus que causan fiebres hemorrágicas como los hantavirus, virus de la hepatitis B o el mismo virus de la gripe. A pesar de ser portadores de tanto virus, parece que los murciélagos son inmunes a su infección. ¿Por qué no se infectan y mueren por la acción de tanto virus? ¿Qué tienen de especial? Algunos investigadores piensan que no tienen nada de especial: es cuestión de número, hay tantas especies de murciélagos distintas y tantos individuos que no es sorprendente que tengan tantos virus. Algunas colonias de murciélagos pueden estar formadas por ¡millones de individuos! Encima los murciélagos son muy longevos, pueden llegar a vivir más de 35 años, por lo que la posibilidad de intercambiar virus entre ellos es enorme. Son muchos y viven muy juntos, y eso ya hemos aprendido que es lo mejor para los virus. Sin embargo, hay otros investigadores que sí piensan que los murciélagos tienen algo peculiar que les hace ser reservorio de tantos tipos de virus. Por ejemplo, se ha secuenciado el genoma de un par de especies de murciélagos y se ha encontrado que, a diferencia de otros mamíferos, los genes del sistema de detección y reparación de daños en el ADN están activos de forma constitutiva. Se especula que esto pueda estar relacionado con el tipo de vuelo de los murciélagos, que consume mucha energía, requiere un metabolismo muy activo que genera mucho estrés, lo que a su vez causa daño en el ADN de las células, que rápidamente es detectado y reparado. Esos sistemas suelen ser además la diana que utilizan muchos virus, por lo que tenerlos tan activos ha podido hacer a los murciélagos inmunes y capaces de ser portadores de virus sin sufrir ellos las consecuencias. Otra hipótesis sugiere que el vuelo de los murciélagos genera un metabolismo tan activo que puede producir un aumento de temperatura similar a la fiebre. La temperatura corporal de los murciélagos durante el vuelo puede llegar a los 40 °C. En la mayoría de los mamíferos, la fiebre está relacionada con la estimulación y activación del sistema inmune y ayuda a combatir las infecciones. Aumentando su temperatura corporal, los murciélagos podrían ser capaces de activar sus defensas y así controlar sus virus. Seguimos sin saber exactamente por qué, pero los murciélagos son una fuente de gran cantidad de virus peligrosos. Como hemos dicho cumplen un papel esencial en la naturaleza, pero la próxima vez que te encuentres con uno, casi mejor déjalo pasar (en China, muchas partes de Asia y de África se los comen, y yo no te lo recomiendo). Y no solo los murciélagos, algunos autores estiman que en los mamíferos puede haber unos 320.000 virus distintos, la inmensa mayoría desconocidos. Todo un arsenal que muy probablemente se volverá contra nosotros, solo es cuestión de tiempo. ¿La solución?: ¡hay que invertir más en ciencia!

Tres cazadores de coyotes posan con sus armas y su presa en el centro de Burns. En el momento en que se tomó esta imagen el brote de rabia del este de Oregón era un problema grave, y las recompensas por las pieles de coyote eran frecuentes (circa 1913) [WJ Lubken, OSU Archive /colección Edwin Russell Jackman].

El virus con la tasa de mortalidad más alta

¿Sabes cuál es el virus más peligroso de todos, el que tiene la tasa de mortalidad más alta? ¿Ébola, Marburg, VIH, gripe, SARS-COV-2, viruela? Pues no, es la rabia, con una tasa de mortalidad de casi el 100%. Solo se conoce una persona que haya sobrevivido a la rabia.

La rabia es una de las enfermedades virales más antiguas y temidas. Está extendida por todo el plantea, excepto Australia y la Antártida. Es una enfermedad muy infecciosa entre los mamíferos, particularmente en poblaciones silvestres de perros, coyotes, zorros, mapaches, zorrillos, mangostas y, por su puesto, murciélagos. Es mucho menos frecuente en otros animales, pero se ha aislado también en gatos, vacas, caballos, cerdos, ovejas, cabras, conejos, ratas, ardillas, monos... La transmisión del virus de la rabia desde murciélagos que se alimentan de sangre —murciélagos hematófagos o vampiros— al ganado supone un enorme problema sanitario en buena parte de Latinoamérica. La OMS estima que cada año más de 15 millones de personas en todo el mundo reciben tratamiento postexposición con la vacuna y que mueren unas 60.000 personas por rabia cada año, sobre todo en Asia y África. ¿Cómo es posible que haya tantas muertes por rabia todavía en el siglo XXI? Los perros son el reservorio o almacén mundial del virus y son responsables del 95% de los casos de rabia en humanos. Se calcula que en el planeta puede llegar a haber más de mil millones de perros —has leído bien: mil millones—, de los que solo el 15% son perros *de raza*, mascotas cuidadas y vacunadas. Esto quiere decir que el 85% de los perros en el planeta son *chuchos* callejeros, la mayoría sin vacunar.

Este mapache sirve para ilustrar un cartel de los años noventa que avisa del peligro de los animales salvajes en la transmisión de la rabia [Vermont Farm Bureau].

Alrededor del 75% de las personas infectadas por rabia padecen encefalitis en los primeros días. Sin embargo, el periodo de incubación puede ser desde solo cuatro días hasta seis años, en algunos pocos casos. Lo normal es que la enfermedad dure unos pocos días. En un par de semanas se entra en coma y en un promedio de 18 días llega la muerte. En algunos casos los síntomas incluyen fobia a los líquidos, dificultad para tragar, agitación, ansiedad, alucinaciones, hipersalivación, tendencia a morder, convulsiones, etc. Como ves, muy zombi. La vía de entrada del virus de la rabia en el organismo es a través de una herida o mordedura. El virus se replica en las células musculares, en algún momento pasa a las células nerviosas vía los receptores de acetilcolina y *viaja* por las neuronas hasta la médula espinal. Afortunadamente este viaje puede tardar varios días por lo que es posible un tratamiento rápido postinfección, que consiste en suero antirrábico —inmunoglobulina humana contra la rabia— o vacunas —virus muertos inactivos— que bloquean al virus, impidiendo su diseminación al sistema nervioso central y deteniendo así la enfermedad. Si no se consigue parar al virus y comienzan los síntomas, la mortalidad es prácticamente del 100%.

Solo se conocen ocho personas que habiendo comenzado los síntomas han sobrevivido a la rabia. Siete de ellas recibieron algún tipo de tratamiento antes o inmediatamente después de la infección y la mitad quedó con algún trastorno neurológico grave y permanente. Solo se conoce un caso, Jeanna Giese una joven de 15 años de Wisconsin (EE. UU.), que fue mordida por un murciélago —otra vez los murciélagos—, a la que no se le administró ni vacuna ni inmunosuero y que logró curarse. Jeanna no le dio importancia a la mordedura del murciélago y aproximadamente un mes después se quejó de cansancio y cosquilleos en su mano. En un par de semanas manifestó ya claros síntomas de rabia. Comenzó a recibir tratamiento cuando ya había manifestado evidentes síntomas de la enfermedad. Aunque no se sabe exactamente por qué sobrevivió, Jeanna fue puesta en coma inducido y recibió un tratamiento con dos potentes antivirales. Unos dos meses después recibió el alta y comenzó su rehabilitación.

Ni el VIH, ni el ébola, ni Marburg, ni gripe, ni SARS-COV-2, ni viruela; la rabia es el virus con mayor tasa de letalidad. España se encontraba libre de rabia desde 1978, pero en junio de 2013 hubo un caso de un perro con rabia proveniente de Marruecos que mordió a cuatro jóvenes y un adulto. No manifestaron síntomas y recibieron tratamiento inmediato, afortunadamente sin consecuencias. Los últimos casos diagnosticados en España ocurrieron en el País Vasco en 2019: un hombre falleció por la mordedura de un gato durante una visita a Marruecos, donde abundan los perros y gatos callejeros sin vacunar. Afortunadamente, la rabia no se transmite de persona a persona. La mejor forma de erradicar la rabia es la vacunación de los animales, sin duda. Antes se decía: «Muerto el perro se acabó la rabia». Hoy en día quizá sea políticamente más correcto decir: «Vacunado el perro (y el gato), se acabó la rabia».

Por cierto, una curiosidad. A muchos al pensar en rabia lo primero que se nos viene a la cabeza es la imagen de un perro rabioso, agresivo, con ganas de morder, con fobia al agua y con espumarajos por la boca. Estos efectos que causa el virus lo que favorecen es su propia transmisibilidad. Al promover esa fobia al agua, la saliva no se diluye y, al generar agresividad, se facilita la transmisión por mordedura a través de la saliva que, por tener poca agua, está más concentrada de virus. Aunque los virus no piensan, son *muy listos.*

¿Por qué surgen nuevas infecciones virales?

Como hemos visto a lo largo del libro, algunas enfermedades infecciosas se diseminan o resurgen en una nueva zona del planeta, aparecen por primera vez causadas por un virus que ha cambiado o que era desconocido hasta ese momento. Son virus nuevos o reemergentes. Pero ¿por qué surgen estas nuevas infecciones virales? En realidad, ya hemos ido contestado a esta pregunta. Ahora resumimos los factores principales: (i) factores virales, es decir, la propia evolución y adaptación de los virus; (ii) factores humanos que contribuyen a su extensión; y (iii) factores ecológicos o ambientales.

La propia naturaleza y biología de los virus influye en la aparición de nuevas enfermedades. La mayoría de los casos de nuevos virus o virus reemergentes son virus con genomas del tipo ARN. Durante la pandemia de COVID-19 fue portada en algunos medios de comunicación que el coronavirus que se había aislado en algunos países había mutado. La gente al oír «mutante» se asusta, se piensa que un mutante es un ser perverso y malo. Si el virus muta, será que se está haciendo más virulento. Los virus no es que muten, es que ¡viven mutando! Ya sabemos que cuando hablamos de virus no estamos refiriéndonos a un individuo, sino a una población. Son miles de millones de individuos que se están multiplicando a una velocidad vertiginosa; además, en constante mutación. Como el coronavirus, muchos virus tienen un genoma ARN. La enzima que se encarga de copiarlo, la ARN polimerasa, es muy torpe e introduce muchos errores en cada copia: mutaciones. Por ejemplo, mientras que un virus con genoma ADN comete un error al copiarse cada diez mil millones de copias, un virus con genoma ARN comete un error cada cien mil copias. Este fenómeno de mutación que se denomina *deriva antigénica* es lo que origina la resistencia a los fármacos antivirales y la dificultad para desarrollar vacunas efectivas, que hemos visto en el caso del virus de la gripe o el VIH. Además, muchos virus, como el de la gripe, tienen sus genomas distribuidos en varios fragmentos. Cuando dos virus infectan una misma célula, pueden ocurrir fenómenos de mezcla y de intercambio de genomas, con lo que pueden aparecer nuevos virus con genomas híbridos o mezclados. Este fenómeno, que se denomina *cambio antigénico*, origina la aparición de nuevas cepas virus, como los virus de la gripe aviar en humanos. Estos fenómenos de mutación y de mezcla o recombinación de genomas virales, unido al hecho de que los virus se multiplican a velocidades extraordinariamente altas (en un solo tubo de ensayo podemos tener en pocas horas cientos de miles de millones de partículas virales), hacen que la capacidad de evolución y adaptación de los virus sea enorme. Por eso, cuando los virólogos hablan de la clasificación de los virus no emplean el término *especie*, como en los animales, plantas o bacterias, sino de *cuasiespecie*. Una población de virus es en realidad una nube de mutantes, con pequeñas diferencias genéticas, en la que se puede llegar a definir una secuencia genética consenso, pero en realidad es un conjunto de mutantes. En los virus es como si el proceso evolutivo —el cambio y la selección natural— fuera a muy alta velocidad. Por eso es tan fácil que aparezcan nuevos virus en tiempos muy cortos.

En el caso concreto del coronavirus SARS-COV-2 se obtuvieron y secuenciaron miles de genomas completos en unos pocos meses. Los resultados demostraron que todos ellos estaban relacionados entre sí y compartían un mismo origen común, que se podía fechar en noviembre de 2019. Esto volvía a demostrar que el origen del SARS-COV-2 era natural y que la primera infección humana debió de ocurrir en esas fechas, seguida de una transmisión entre personas sostenida en el tiempo. Además, la comparación y los análisis evolutivos de todos esos genomas de SARS-COV-2 también demostraron que este coronavirus no es un campeón de la mutación y la variabilidad, como el de la gripe o el VIH; de hecho, parece que, al menos durante los primeros meses, su secuencia varió muy poco y su ritmo de mutación era unas 1.000 veces más lento que el de la gripe o el VIH. Quizá esto tiene que ver con que los coronavirus tienen un genoma ARN relativamente grande de unos 30 Kb, un solo fragmento de ARN monocadena, los virus con genoma ARN, o son más pequeños y el genoma está compuesto por varios fragmentos. Quizá por eso, los coronavirus no pueden permitirse muchos errores o mutaciones durante su replicación, y poseen una enzima que repara algunos de los errores que vaya introduciendo su ARN polimerasa. Es la razón por la cual, aunque como todos los virus el SARS-COV-2 vive mutando, parece que es bastante más estable, que muta poco. Esto es muy importante, porque una enorme variabilidad del virus complicaría los sistemas de diagnóstico basados en la detección del genoma, los tratamientos antivirales y el desarrollo de nuevas vacunas. Aunque hay que ser muy cautos, entra dentro de lo probable que la mutación en vez de hacer al virus cada vez más virulento, más peligroso, vaya haciendo que el virus se adapte mejor a su hospedador, a nosotros, y se vaya haciendo cada vez menos letal, con síntomas más leves, pero que se propague mejor. Eso es lo que al virus le interesa, pero ¡ojo! con los virus mejor no hacer predicciones.

En la aparición de nuevos virus también influimos nosotros mismos, nuestro estilo de vida. Cerca del 50% de la población mundial vive en grandes urbes o ciudades: hay ya muchas ciudades con más de diez millones de habitantes. El hacinamiento, la polución y falta de higiene favorecen especialmente la transmisión de infecciones respiratorias y gastrointestinales. Hemos visto ya ejemplos de cómo la globalización y los viajes transoceánicos facilitan la diseminación de virus y enfermedades —la pandemia de COVID-19 fue un claro ejemplo—. Veamos otros ejemplos. En junio de 2003 hubo varios casos de la viruela de los monos en EE. UU. La viruela de los monos es una infección rara en los seres humanos. Antes de 1970 solo se conocía en monos africanos y desde entonces ha habido algún caso esporádico en África. ¿Cómo ha podido entonces llegar este virus a infectar algunas personas en EE. UU.? Parece ser que los roedores son el reservorio o almacén natural de este virus y que el mono es su huésped accidental. El brote en EE. UU. ocurrió a causa de un grupo de roedores, mascotas exóticas, que fueron importadas desde Gambia (África) a Texas. Estos roedores estaban infectados por el virus de la viruela de los monos. En Texas se distribuyeron entre las tiendas de animales de compañía y el contacto estrecho con estas mascotas infectadas diseminó el virus entre varias personas. Vivimos en mundo globalizado, un mundo sin fronteras, donde también los virus pueden moverse con libertad.

Multitud de obreros e ingenieros trabajando en la construcción de la presa de Asuán en Egipto.

Muchos otros brotes de enfermedades infecciosas emergentes tienen lugar después de una alteración del ecosistema. La acción del ser humano sobre el medio ambiente también puede afectar a los virus. La deforestación o eliminación de árboles en la región del Amazonas ha hecho que miles de murciélagos comunes portadores del virus de la rabia se trasladen a otras zonas del Brasil, lo que ha originado nuevos brotes de esta enfermedad en zonas rurales. La destrucción de grandes zonas de bosques en Argentina ha facilitado el crecimiento de la población de roedores que portan el virus Junín, por lo que aumentaron los casos de fiebres hemorrágicas por este virus en Argentina. También está documentada la aparición de brotes de enfermedades virales transmitidas por mosquitos después de la construcción de grandes presas. El estancamiento de agua proporciona las condiciones adecuadas para la reproducción de estos insectos, que sirven como vectores para la diseminación de los virus. Por ejemplo, la construcción de la presa de Asuán en Egipto fue seguida de un brote de fiebre del valle del Rift con más de 1.500 casos, y como hemos visto el canal de Panamá pudo terminarse cuando se controlaron los casos de fiebre amarilla. Otro factor que también afecta a la aparición de infecciones emergentes es el cambio climático. Ya hemos hablado de los arbovirus, de los virus transmitidos por mosquitos. Cada especie de mosquito requiere unas condiciones concretas de temperatura y humedad para desarrollar su ciclo vital. Su distribución geográfica depende por tanto de estas condiciones ambientales. Pequeños cambios en la temperatura y humedad pueden modificar la distribución global de estos insectos y por tanto alterar la extensión de los arbovirus. Un ejemplo es la expansión mundial del mosquito tigre que desde hace años ha aparecido en países del sur de Europa y que está relacionado con la aparición de casos autóctonos de enfermedades tropicales como la fiebre de chikungunya o el dengue. El calentamiento global también está generando cambios climáticos, desde lluvias intensas a aumento de periodos de sequias. Estos cambios pueden afectar también a la población de roedores. En años de lluvias intensas puede haber más alimento, más semillas, y como consecuencia de un exceso de alimento se favorecen la reproducción de los roedores. Estos roedores son portadores de virus. Al aumentar su población, aumenta también la posibilidad de que haya contacto humano con el virus. Hace años, debido a una época de intensas lluvias, la densidad de la población de ratones silvestres aumentó en algunas zonas de EE. UU. Estos ratones son portadores de un tipo de virus que en humanos causan un síndrome pulmonar grave, que puede llegar a provocar la muerte de forma rápida. Ocurrieron así varios casos mortales y al principio se denominó a este grupo los virus *sin nombre.* Hoy en día se sabe que estos hantavirus están distribuidos por todo el mundo y que fueron responsables de varios miles de casos de fiebres hemorrágicas que ocurrieron en soldados americanos durante la guerra de Corea. En verano se han descrito brotes por hantavirus en el parque nacional de Yosemite en EE. UU. Se infectaron ocho personas, tres de las cuales fallecieron. Ese año aumentó mucho la población de roedores silvestres en el parque debido a las lluvias de la temporada anterior. Las personas se pueden contagiar por estar en contacto con orina, excrementos o restos de roedores, y así se contagiaron los excursionistas del parque. El 2020, en plena pandemia de COVID-19, saltó a la prensa el caso de un fallecimiento en China por un hantavirus. Afortunadamente, este tipo de virus cuya transmisión depende tanto del vector, los roedores, es difícil que puedan causar una pandemia mundial. Sin embargo, la aparición de nuevos virus es imparable. Como ya dijimos al hablar del SARS-COV-2, la naturaleza tiene suficientes recursos para generar nuevos virus.

Cazadores de virus

Como estamos viendo, la mayoría de los enfermedades infecciosas virales en humanos tienen su origen en virus de animales: se calcula que entre el 60-80% de la nuevas infecciones humanas tiene su origen en los animales. En la naturaleza hoy en día nos podemos encontrar virus en distintos estados de adaptación al ser humano, desde los que solo se encuentran en animales hasta los exclusivamente humanos, aunque tengan un origen animal.

Por ejemplo, un virus que no está adaptado al ser humano podría ser el virus de la rabia, del que ya hemos hablado. La rabia solo se adquiere por mordedura de un animal, no se transmite entre personas y por tanto es un virus que no está adaptado al ser humano. Solo te puedes infectar de rabia por la mordedura o el arañazo de un animal rabioso. Un ejemplo que está un poco más adaptado al ser humano es el virus del Ébola. Su origen, como hemos visto, son los murciélagos. A través animales como los monos, puede llegar a infectar al ser humano. Aunque se trasmite entre personas por contacto directo, la mortalidad es tan alta que los brotes son esporádicos y están muy localizados. Por el contrario, el dengue o la fiebre amarilla son virus que han evolucionado más y se han adaptado más al ser humano. Como hemos visto, el dengue puede causar epidemias mucho más numerosas, al estar más adaptado a multiplicarse en humanos su trasmisión es mucho más frecuente, más fácil. Por último, un ejemplo de virus de origen animal pero ya totalmente adaptado al ser humano es el VIH. Son virus que, aunque tengan su origen en virus de animales, se han adaptado a nosotros, han dejado de infectar animales y son exclusivamente patógenos humanos. Como hemos visto, el origen del VIH son los retrovirus de primates no humanos, pero ahora es ya un virus que solo infecta a humanos.

Distintos factores, entre los que intervienen los mismos virus y el ambiente externo, condicionan la evolución de los virus desde su origen en animales hasta su adaptación al ser humano. Muchas de estas enfermedades son zoonosis. El control de estas en el ser humano se consigue controlando la infección en los animales. En este sentido, existen iniciativas internacionales muy interesantes, como Global Viral fundado por Nathan Wolfe, que coordina a más de cien científicos en África central y en el sudeste asiático (China, Camerún, Guinea Ecuatorial, República Democrática del Congo, República del Congo, Laos, Gabón, República Centroafricana, Malasia, Madagascar y Santo Tomé). Global Viral mantiene laboratorios de virología que buscan nuevos virus en animales salvajes, con el objetivo de descubrir esos primeros estadios de la evolución viral, virus que todavía no se han adaptado al ser humano pero que son potencialmente peligrosos. Para ello, toman muestras de animales silvestres y salvajes, y mediante análisis de metagenómica —secuenciación y análisis de todos los genomas de la muestra— detectan nuevos virus que infectan esos animales y que potencialmente podrían pasar al ser humano. Se trata de entender cómo es este proceso de evolución hacia la emergencia de nuevos patógenos para prevenir o adelantarse a futuras infecciones virales, a futuras nuevas pandemias. En realidad, solo conocemos la punta del iceberg del mundo de los virus, un mundo en el que todavía hay mucho por descubrir.

Virus y riesgo biológico

La inmensa mayoría de los microorganismo son *gente* muy buena, unos buenos tipos, gracias a ellos es posible la vida en el planeta: son la base de los ciclos biogeoquímicos, limpian nuestros desechos y tienen funciones relevantes en la industria alimentaria y en la biotecnología. Pero es verdad que los microbios también tiene su lado oscuro y que algunos son malos pero que muy malos. Los agentes patógenos —que pueden ser bacterias, virus, hongos u otros parásitos— se clasifican en cuatro niveles de bioseguridad según los siguientes factores: la patogenicidad del microorganismo, el modo en el que se trasmite y el tipo de huésped que infecta, la disponibilidad de medidas preventivas efectivas —como vacunas—, la disponibilidad de un tratamiento efectivo —antibióticos, antivirales y otros quimioterápicos— y la resistencia a estos.

El nivel 1 de bioseguridad corresponde a microorganismos bien caracterizados que sabemos que no causan enfermedad en humanos ni en animales, y que no suponen riesgo —o es mínimo— de infección en los individuos y en la comunidad. A este nivel pertenecen muchas bacterias y hongos ambientales inocuos. En nivel 2 de bioseguridad es para microorganismos patógenos que pueden causar una enfermedad en humanos o en animales, pero que no suponen un riesgo serio para las personas ni para la comunidad, los animales domésticos o el medio ambiente. El riesgo individual es moderado y en la comunidad es bajo. Si causan alguna infección, existe un tratamiento efectivo, vacunas, hay medidas preventivas y el riesgo de que la infección se extienda es limitado. El nivel de bioseguridad 3 se requiere para pató-

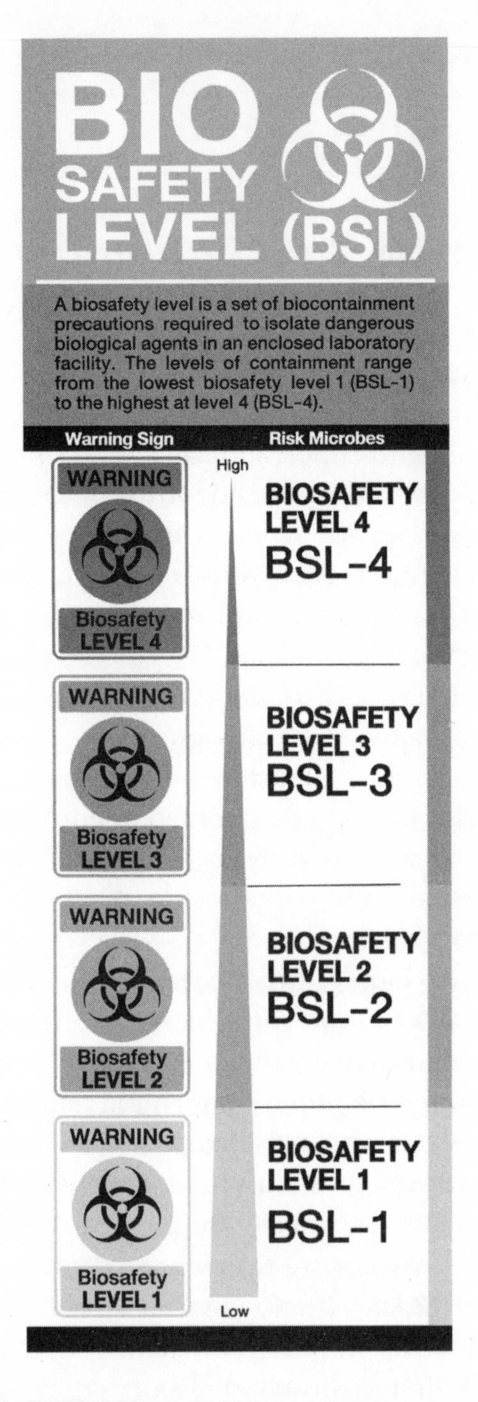

Esquema con los distintos niveles de bioseguridad BSL-1, BSL-2, BSL-3, BSL-4 y los iconos de advertencia de riesgo biológico en laboratorio [Thanas Studio].

genos que pueden causan una enfermedad seria en el ser humano o en los animales, pero que normalmente no se extiende de una persona infectada a otra. Además, existe un tratamiento efectivo y medidas preventivas. El riesgo individual de infección es alto, pero el de la comunidad es bajo. Aquí se incluyen bacterias como *Mycobacterium tuberculosis*, o el virus de la gripe. El nivel de máxima bioseguridad es el 4, en el que se incluyen patógenos que causan enfermedades graves en humanos o en animales y que pueden transmitirse fácilmente de un individuo a otro. Normalmente no hay tratamientos efectivos contra estas enfermedades, ni vacunas, ni medidas preventivas. Suponen un alto riesgo, incluso mortal, tanto para las personas como para los colectivos. Muchos de estos patógenos causan brotes infecciosos en países tropicales en Asia, Latinoamérica y África. Son enfermedades infecciosas emergentes y muy graves. En este grupo se incluyen algunos de los virus más peligrosos de los que ya hemos hablado como el de la viruela, los que producen fiebres hemorrágicas como los filovirus ébola y Marburg, y otros de los grupos arenavirus, bunyavirus y paramyxovirus. Ya te imaginas que trabajar con este tipo de virus tan peligrosos requiere unos laboratorios y unas medidas de contención especiales. Son laboratorios muy sofisticados en los que se asegura que nada entra ni sale sin control. Se trata no solo de que no se contagien los científicos que trabajan con esos virus, sino también de evitar que ningún patógeno escape del recinto, ni por vía aérea ni por las tuberías. El acceso es restringido, todo el aire es filtrado y los desagües controlados. Nada sale del recinto sin haber sido antes inactivado. En Europa hay alrededor de una docena de laboratorios de alta bioseguridad reconocidos oficialmente que trabajan de manera coordinada. Para luchar contra las enfermedades altamente infecciosas, controlar posibles brotes y evitar epidemias y pandemias, la rapidez para detectar el agente causante es lo más importante. Un diagnóstico rápido y efectivo ante una infección de este tipo es crucial y, como los virus no reconocen las fronteras que hacemos los humanos, la cooperación entre los laboratorios de alta bioseguridad es esencial. Por cierto, según las definiciones que aquí hemos dado, ¿en qué nivel de bioseguridad colocarías al coronavirus SARS-COV-2?

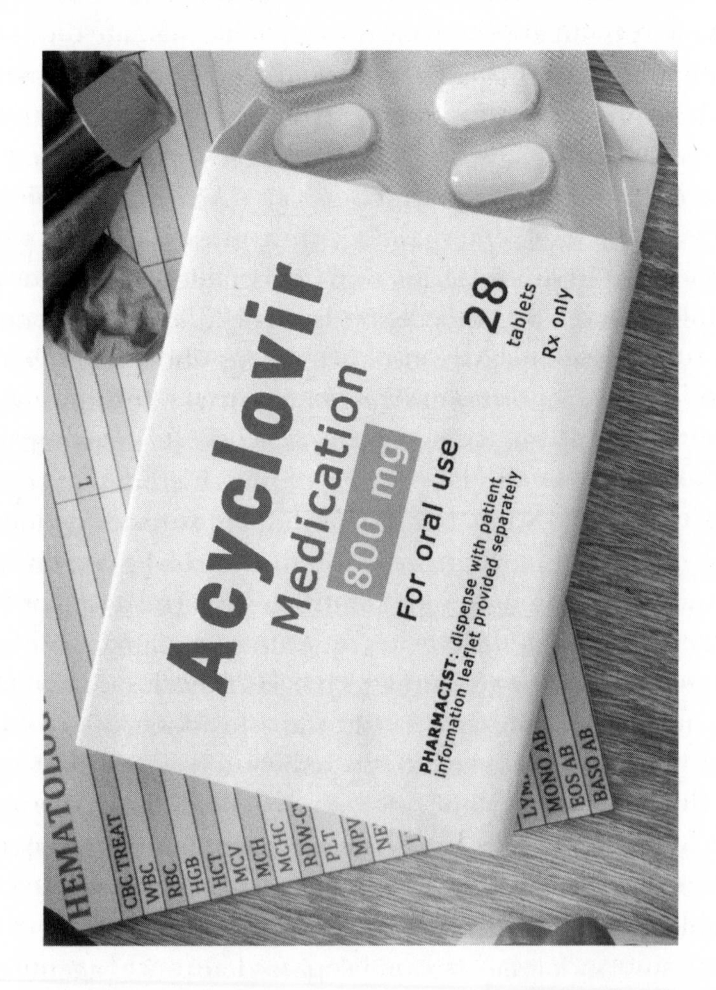

Uno de los antivirales más usados es el acyclovir, que inhibe la replicación de los herpesvirus [Shidlovski].

Fármacos contra los virus

A veces, cuando estás enfermo y vas al médico con una infección, te recetan antibióticos; otras muchas veces te dicen que la infección es por un virus y el médico te dice que no tomes antibióticos. ¿Por qué? Los antibióticos son sustancias químicas que inhiben el crecimiento o matan a las bacterias, pero no a los virus. Normalmente interfieren o actúan contra el metabolismo de la bacteria que es diferente del de nuestras células, contra la síntesis de la pared celular de la bacteria o la síntesis de proteínas, por ejemplo. Pero los antibióticos no nos sirven para luchar contra los virus, porque como hemos visto los virus no tienen metabolismo propio, son piratas de la célula, parásitos metabólicos que emplean la maquinaria enzimática de la célula. Además, desarrollar sustancias con actividad antiviral es mucho más difícil porque deben afectar solo al virus y no a la célula, que es la que produce al virus. Por eso, los antivirales suelen tener más efectos secundarios que los antibióticos, y se emplean en los casos graves en los que el riesgo de los efectos secundarios es menor que el beneficio de acabar con el virus. Sin embargo, en las diferentes etapas del ciclo de replicación del virus dentro de la célula de las que hablamos al principio de este libro hay varios momentos en los que podemos diseñar fármacos antivirales que bloqueen su multiplicación, afectando lo menos posible a la célula. Veamos unos pocos ejemplos. Algunos fármacos antivirales están dirigidos para bloquear la unión del virus a la célula. Por ejemplo, se diseñan pequeñas moléculas sintéticas capaces de pegarse, tapar o bloquear los receptores celulares, que impiden que el virus puede unirse a los receptores y se inhibe así la entrada del virus. De la misma manera también se pueden diseñar moléculas que se peguen y bloqueen las proteínas del virus, de forma que este tampoco pueda unirse a los receptores celulares. Es como taponar la cerradura o alterar la llave para que el virus no pueda entrar en la célula. Pero los virus tienen tal capacidad de variación que pueden modificar sus proteínas para que estas moléculas bloqueantes no se unan, y hacerse así resistentes a estos antivirales. En otros casos, el fármaco antiviral impide la fusión de la envoltura del virus con la membrana celular, como por ejemplo el antigripal amantadina, que se une a una proteína del virus de la gripe e impide la entrada del virus a la célula. Otras drogas antivirales lo que hacen es impedir que el virus haga copias de su genoma. Un ejemplo sería el acyclovir, que inhibe la replicación de los virus herpes; o el AZT, una sustancia que inhibe la replicación del retrovirus VIH. Contra el VIH también se han utilizado unas sustancias denominadas *inhibidores de las proteasas del virus*, que impiden que el virus madure y acabe su montaje. Así deja de ser infeccioso.

Como vemos, estudiar y conocer bien cómo es el ciclo de multiplicación del virus dentro de la célula nos ayuda a diseñar distintas terapias antivirales que bloqueen la replicación del virus. Desgraciadamente, los virus poseen una extraordinaria capacidad de cambio y de mutación, de variabilidad, que origina gran cantidad de resistencias a estas drogas antivirales y que es responsable del fallo terapéutico de muchas de ellas. Por eso es tan difícil encontrar antivirales que funcionen de forma eficaz y continuada. Es, por tanto, una continua lucha entre nuestra capacidad de diseñar nuevos antivirales y la capacidad del virus para cambiar y hacerse resistente. Además, la obtención de un nuevo fármaco antiviral eficaz supone muchos años de trabajo e investigación. Por ejemplo, imaginemos que partimos de conjunto de unas 100.000 moléculas con una potencial actividad antiviral. Primero habrá que ensayar su efecto antiviral en cultivos celulares en el laboratorio. De las capaces de inhibir al virus en las células, luego habrá que comprobar que no tengan efectos tóxicos, lo que seguro descartará muchas de ellas. Luego habrá que volver a ensayar de nuevo su efecto antiviral y su falta de efectos tóxicos en animales de experimentación. Más adelante, de las moléculas candidatas seleccionadas habrá que volver a ensayarlas en voluntarios humanos sanos. Al final de este proceso, que puede durar fácilmente unos diez años de investigación y costar cientos de miles de euros, quizá con un poco de suerte obtengamos algún nuevo fármaco antiviral. Desgraciadamente, los antivirales suelen tener una acción muy específica y son activos contra unos pocos virus concretos. A diferencia de algunos antibióticos, los antivirales no suelen ser de amplio espectro de acción. Como ves, la lucha contra los virus es apasionante, pero, aunque muchas veces no salimos ganando, también hay historias de éxito.

En la década de los años 70 del siglo pasado, con el desarrollo de los test serológicos se puso de manifiesto que muchas de las hepatitis que se transmitían por vía sanguínea no eran causadas por los virus de la hepatitis A y B que se conocían entonces. Los investigadores empezaron a sospechar que existía un nuevo virus diferente al de las hepatitis A y B, que denominaron hepatitis noA noB. Durante varios años se intentó aislar el causante de ese tipo de hepatitis. En 1989 se pudo detectar y caracterizar un nuevo virus que se denominó virus de la hepatitis C, responsable de más del 80% de las hepatitis noA noB. Hoy sabemos que existen unos 160 millones de personas en el mundo infectadas por este virus: cerca del 80% desarrollan una hepatitis crónica, que en muchos casos no tiene síntomas y el paciente ni se entera; el 20% pueden desarrollar complicaciones serias como cirrosis y cáncer de hígado. Según la OMS, mueren cada año unas 400.000 personas por hepatitis C. Hasta hace pocos años no existía una cura para este virus. Los tratamientos eran muy costosos, con muchos efectos secundarios, y con una efectividad alrededor del 50%. Sin embargo, los avances en la investigación de antivirales contra el virus de la hepatitis C han sido fascinantes en los últimos años. Conocer con exactitud la biología de este virus ha permitido desarrollar una batería de sustancia antivirales de acción directa capaces de inhibir al virus. Y los resultados han sido espectaculares: el porcentaje de curación ahora es entre un 95 y un 100 %. Son tratamientos que solo duran unas semanas y con escasos efectos secundarios. El desarrollo de estos antivirales de acción directa constituye un logro excepcional de la medicina moderna, y ha cambiado radicalmente el panorama de la hepatitis C. La historia de la hepatitis C es una historia de éxito: tan solo 30 años después del descubrimiento del virus ya estamos siendo capaces de acabar con él. El éxito de estos nuevos tratamientos es tan espectacular que la OMS se ha propuesto la erradicación de la enfermedad para el año 2030. Algunos investigadores van a poder ser testigos del descubrimiento de un nuevo virus y de su práctica erradicación. Para ello será necesario un diagnóstico precoz de la enfermedad y… abaratar los costes de los medicamentos.

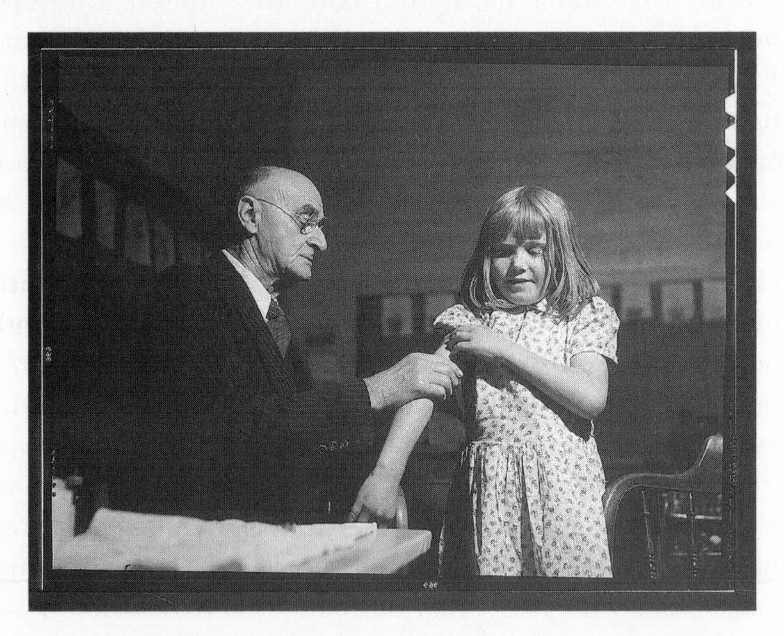

El Dr. Schreiber vacuna a una niña contra la fiebre tifoidea en una escuela rural de San Augustín, Texas [J. Vachon, 1943].

Las vacunas han salvado millones de vidas

Las vacunas han sido uno de los grandes capítulos de la historia de la ciencia. Las vacunas, las prácticas de higiene y los antibióticos han mejorado de forma extraordinaria la salud de la humanidad, han reducido la mortalidad infantil y han disminuido significativamente la incidencia de muchas enfermedades infecciosas, lo que ha contribuido a aumentar nuestras expectativas de vida. No solo vivimos mejor, sino que vivimos más. Hoy en día se vacunan más de 100 millones de niños cada año contra la difteria, el tétanos, la tosferina, la tuberculosis, la polio, el sarampión y la hepatitis B. Se estima que las vacunas previenen unos 2,5 millones de muertes cada año. Cada minuto las vacunas salvan cinco vidas. Y gracias a las vacunas se han erradicado el virus de la viruela humana y el de la peste bovina, se está muy cerca de erradicar la polio y se han reducido casi un 95% la incidencia de enfermedades como la difteria, el tétanos, la tosferina, el sarampión, las paperas o la rubéola. Las vacunas contra la hepatitis A, hepatitis B, *Haemophilus influenzae* tipo B y el neumococo reducirán en los próximos años la mortalidad causada por estos patógenos.

Desde 1888 en EE. UU. se registran semanalmente todos los casos de enfermedades. Un grupo de investigadores digitalizaron todos los datos disponibles de esos informes semanales desde 1888 hasta 2011 de 56 enfermedades infecciosas. Contabilizaron un total de 87.950.807 casos individuales. Tenían así la historia de distintas enfermedades infecciosas en EE. UU. durante los últimos 123 años. En este estudio, se demuestra cómo mucha enfermedades infecciosas han disminuido en este último siglo gracias a la vacunación. En concreto, hay siete enfermedades para las que se implantaron campañas de vacunación masivas: polio, sarampión, rubeola, paperas, hepatitis A, difteria y tos ferina —estas dos últimas producidas por bacterias—. La polio se erradicó de EE. UU. en 1979, gracias a las vacunas desarrolladas por Jonas E. Salk —una vacuna inyectable con virus muertos, de 1955— y por Albert B. Sabin —una vacuna oral con virus vivos atenuados, de 1961—.

La vacuna contra la difteria comenzó a emplearse en 1924, y según este estudio ha evitado más de 40 millones de casos de la enfermedad. En 1948 comenzó la vacuna triple DTP, contra la difteria, el tétanos y la tos ferina, *pertussis* en inglés. La vacuna SPR, triple vírica contra el sarampión, las paperas y la rubeola es de 1978. La vacuna contra la hepatitis A se administra desde el año 2006. Al representar todos los datos juntos de cada una de estas enfermedades a lo largo de los años se demuestra cómo la vacunación ha disminuido significativamente la frecuencia de la enfermedad. Los autores hicieron una estimación a la baja del número de personas que habrían padecido algunas de estas enfermedades en EE. UU. si no hubieren existido estas vacunas: 103 millones de personas habrían enfermado sin las vacunas. Solo en la últimos diez años, han prevenido más de 26 millones de enfermos solo en EE. UU. Gracias a las vacunas se ha reducido tanto la incidencia de muchas enfermedades infecciosas que el problema es que hoy en día no percibimos el riesgo, nos parece que ya no existen, que no hay peligro y algunos deciden no vacunar a sus hijos, alarmados además por los posibles efectos secundarios de algunas de ellas. Los efectos secundarios serios pueden ocurrir, pero en menos de una persona por millón de vacunados. Por eso, las vacunas siempre son más seguras que la propia enfermedad de la que protegen. Existen vacunas para más de 25 enfermedades infecciosas, muchas causadas por virus como el de la varicela, la rubéola, la rabia, la gripe, la viruela, la polio, la hepatitis A y B, el papilomavirus, el sarampión, las paperas, el rotavirus, que causan enfermedades diarreicas, fiebre amarilla, herpes; y otras causadas por bacterias como la tuberculosis, la difteria, el tétanos, las enfermedades por neumococos, el cólera, la peste, el ántrax y el tifus. Algunas de estas enfermedades ya se han reducido más del 90% gracias a la vacunación. Las vacunas salvan millones de vidas, es la mejor y a veces la única forma de luchar contra muchos microorganismos. ¡Las vacunas funcionan!

La importancia de las vacunas se ha vuelto a poner de manifiesto en la pandemia de la COVID-19. En seguida, fue un clamor la necesidad de una vacuna contra el nuevo SARS-COV-2. Todo el mundo *miraba* a la ciencia y pedía: «¿La vacuna *pá* cuando?» —como la canción del anillo de J. Lo—. Pero la investigación necesita su tiempo, sobre todo cuando la hemos tenido estrangulada de financiación en el último decenio, al menos en España. No obstante, de nuevo en este caso, el avance de la ciencia ha sido espectacular. En menos de tres meses desde el descubrimiento del nuevo virus ya había al menos 115 candidatos de prototipos de vacunas, con todo tipo de estrategias diferentes: vacunas vivas atenuadas, inactivas, vectores virales, proteínas recombinantes, basadas en péptidos, ADN, RNA, etc.. Como ocurrió con el brote de ébola de 2014, se agilizaron los trámites para analizar la seguridad y la efectividad de algunas de ellas, que entraron en ensayos clínicos en muy pocos meses; de hecho, esto permitió avanzar en algunos proyectos que llevaban años estancados, como las vacunas de ADN y RNA. El tiempo dirá si de entre todo ese electo de posibles vacunas posibles alguna será la solución para la primera gran pandemia del siglo XXI.

Katie Kuritzko, una descascaradora de ostras de 7 años de edad, se cubre con una bufanda de lana para aliviar los síntomas de las paperas que padece. Dunbar, Louisiana, 1911 [Lewis Wickes Hine].

Vuelven las paperas

Durante los últimos años suelen ser noticia los brotes de paperas en algunos campus universitarios, desde Harvard hasta Girona o Huesca, o en equipos deportivos (hasta Neimar tuvo paperas). Ha habido numerosos brotes de paperas en muchos países donde está bien establecido el calendario vacunal: EE. UU., Canadá, Reino Unido, Suecia, Holanda, Australia, Bélgica, Corea... La vacuna contra las paperas es muy efectiva y ha conseguido reducir la enfermedad en más de un 90% en muchos países. Incluso, ya en 1992, las paperas fue incluida entre las seis enfermedades potencialmente erradicables del planeta. Entonces, ¿cuál es la razón de estos frecuentes brotes de paperas? ¿Por qué resurgen las paperas en poblaciones vacunadas?

Las paperas o parotiditis es una infección vírica contagiosa que afecta principalmente a las glándulas que fabrican la saliva, las parótidas, que se inflaman y duelen. Estas glándulas están delante de las orejas y debajo de la mandíbula. Suele ir acompañada de fiebre, dolor de cabeza y malestar general. Sin vacunación la frecuencia es de unos 300 casos por 100.000 habitantes. Ocurren en todo el mundo, es una enfermedad que solo afecta a los humanos y no existe un reservorio animal. Suele ser una enfermedad leve que no deja secuelas. Hasta un 20% de las infecciones no tienen síntomas. Sin embargo, en algunas ocasiones puede complicarse con una meningitis, por lo general benigna, o con inflamación del páncreas o de los testículos (orquitis), que excepcionalmente puede producir esterilidad. En algunos casos, también se ha relacionado con pérdida auditiva. La mortalidad es muy baja, uno de cada 10.000 casos. Cuando se padece la enfermedad la persona queda protegida para siempre. Las paperas no son frecuentes en los adultos, pero si se producen, la enfermedad es más grave y puede presentar más complicaciones.

La vacunación contra las paperas se justifica porque esta enfermedad afectaba antes a prácticamente todos los niños, con los costes económicos y sociales que ello supone, y por sus complicaciones. La vacuna de las paperas se fabrica formando parte de la vacuna conocida como la triple vírica (sarampión-rubeola-paperas). La posibilidad de administrarla conjuntamente con estas vacunas mejora su relación costo-eficacia. La vacuna con virus de las paperas muertos es poco eficaz, por eso se emplea una vacuna de virus vivos atenuados —debilitados en el laboratorio—, de forma que no provocan la enfermedad, pero sí una respuesta defensiva de larga duración. Actualmente existen once tipos de vacunas contra las paperas diferentes, pero las más extendidas son la cepa Jeryl Lynn (del genotipo A y desarrollada en EE. UU.), UrabeAm9 (genotipo B, desarrollada en Japón) y Leningrad-3 (desarrollada en la antigua Unión Soviética). Cada vacuna tiene distinta inmunogenicidad, eficacia y efectos secundarios. En general, estas vacunas son muy seguras y efectivas. Inducen la producción de anticuerpos específicos protectores, pero en menor medida que la enfermedad natural. Estos anticuerpos pueden durar al menos diez años cuando se administran dos dosis de la vacuna, pero su capacidad protectora puede disminuir con el tiempo. Con la vacunación los casos de paperas se han reducido cerca del 99%. La vacuna es efectiva, pero no al 100%. Si se administran las dos dosis la efectividad ronda el 88% (entre el 66 y el 95%), pero si solo se administra una dosis la efectividad es del 78% (entre el 49 y el 92%). Una alta cobertura de vacunación ayuda a limitar el tamaño, la duración y la propagación de los brotes.

A pesar de todo lo dicho, como hemos visto todavía ocurren brotes esporádicos de paperas en personas vacunadas.

El virus está distribuido por todo el mundo y se transmite muy fácilmente por el aire, se contagia al respirar. Es muy contagioso, tanto como el virus la gripe o la rubéola, pero menos que el del sarampión o la varicela. Por eso, uno de los principales factores que influyen en los brotes de paperas es estar en un ambiente lleno de gente con una persona que tenga paperas (recuerda, muchos y muy juntos, lo mejor para el virus). Los brotes ocurridos en los últimos años suelen ser en jóvenes entre 15 y 30 años en escuelas, universidades, campamentos, colegios mayores o residencias, o miembros del mismo equipo deportivo. En realidad, son varias las razones para explicar el aumento de casos de paperas. En primer lugar, aunque quizá lo menos probable, los movimientos antivacunas. Este ha sido el caso de un brote de paperas en Holanda en una población concreta de personas que rechazaron la vacunación por motivos religiosos. Sin embargo, en muchos otros casos, el rechazo voluntario de la vacuna no ha sido la causa de la aparición de los brotes, que han ocurrido en poblaciones con altas coberturas vacunales. Han podido ocurrir diferencias genotípicas con el virus de las paperas actual. Por ejemplo, la cepa vacuna Jeryl Lynn es del genotipo A, y se sabe que los anticuerpos que inducen esta vacuna son capaces de neutralizar cepas de distintos genotipos. Aunque improbable, no se puede descartar que el virus circulante sea de un genotipo diferente para el cual la vacuna no sea tan efectiva. También es probable que la persona no haya recibido las dos dosis completas de la vacuna. Esta parece ser la razón de un importante brote de paperas en Reino Unido hace años. La mayoría de las personas eran jóvenes entre 15 y 24 años que no habían recibido de niños las dos dosis completas de la vacuna (algunos recibieron la segunda dosis, pero no la primera). En estos casos no es que la vacuna fallara, sino que el fallo estuvo en las campañas de vacunación que dejaron sin vacunar a un grupo de personas que no quedaron completamente inmunizadas. Algo semejante fue la causa de los casos de paperas en Canadá y en Australia. Como hemos dicho, la efectividad de la vacuna, si solo se administra una dosis, es mucho menor que si se administran las dos dosis completas. Tampoco se pueden descartar fallos en la cepa vacunal. Otros brotes que hubo en Singapur y en Suiza parecen estar relacionados con el empleo de una cepa vacunal concreta, la vacuna Rubini, de la que se ha demostrado que su eficacia puede llegar a ser nula. Desde 2002, la OMS recomienda no usar esta cepa. Quizá también puede ocurrir una disminución progresiva de la capacidad protectora de la vacuna con el paso del tiempo. Los casos de paperas en EE. UU. no han sido debidos a no recibir la vacuna o recibir solo una dosis. Muchas de estas personas habían recibido las dos dosis completas. En estos casos lo más probable es que los anticuerpos que induce la vacunación hayan perdido su capacidad protectora con el paso del tiempo. La vacuna parece ser menos inmunogénica de lo que se pensaba inicialmente. Los anticuerpos protectores que induce la vacuna tienden a disminuir al cabo de 10-12 años. Esto implica que la respuesta primaria que induce la vacuna es capaz de eliminar el virus, pero que la protección dura menos. Todo esto lo que demuestra es que una solo dosis de vacuna no es efectiva, y que incluso las dos dosis pueden no ser suficientes para conseguir una protección duradera en toda la población. Algunos autores ya han sugerido considerar la posibilidad de una tercera dosis de vacuna, al menos en las poblaciones de alto riesgo. El que haya que seguir investigando y mejorando las vacunas no quiere decir que haya que poner en duda su eficacia para evitar las enfermedades infecciosas, porque las vacunas… funcionan.

Bacteriófagos: el empleo de los virus como antibióticos

Los virus pueden infectar todo tipo de células: animales, vegetales, hongos, algas y también bacterias. En 1915 un microbiólogo inglés, Frederick W. Twort, describió que las bacterias podían sufrir una *enfermedad* que las deshacía, las licuaba, y sugirió que podía estar causada por algún tipo de virus que infectara las bacterias. Dos años después, el francés Felix D'Herelle, quizás de forma independiente, descubrió el mismo fenómeno y denominó a estos virus *bacteriófagos*, «virus que *comen* bacterias». Ya entonces, D'Herelle sugirió la posibilidad de usar estos virus para tratar enfermedades infecciosas y él mismo empleó una preparación de bacteriófagos por vía oral para curar la disentería bacteriana. Ten en cuenta que la penicilina, el primer antibiótico, no se descubrió hasta 1928, o sea que en la época de Twort y D'Herelle no existían todavía los antibióticos. El éxito de D'Herelle hizo que varias compañías en EE. UU., Francia y Alemania se interesaran por el asunto y se dedicaran a producir preparaciones de bacteriófagos para emplearlos como terapia contra las enfermedades infecciosas, la fagoterapia, que fue muy utilizada en clínica en los años 30 del siglo pasado. Sin embargo, después de la Segunda Guerra Mundial su uso se abandonó, al menos en los países occidentales, principalmente por el tremendo éxito que supusieron al principio los antibióticos. Una de las razones por las que se abandonó el uso de los bacteriófagos fue que estos son muy específicos y solo son efectivos contra determinadas bacterias, mientras que los primeros antibióticos eran de amplio espectro, es decir, podían acabar de forma efectiva contras varios patógenos a la vez. No obstante, la fagoterapia se siguió empleando en los países de la antigua Unión Soviética y fueron de uso clínico hasta los años 70. Se emplearon con éxito para el tratamiento de infecciones intestinales (disentería, diarreas, fiebres tifoideas), infecciones urinarias y cutáneas, quemaduras y heridas, sobre todo.

Los bacteriófagos son muy abundantes en la naturaleza y los encontramos junto con las bacterias en todos los ambientes, en el suelo, en el agua, incluso en el aire. Su acción es muy específica, atacan a un tipo de bacteria concreto sin afectar, por ejemplo, a nuestras propias bacterias intestinales. Tienen algunas ventajas respecto a los antibióticos: son productos *ecológicos*, sin efectos tóxicos o secundarios para nosotros, los animales, las plantas o el ambiente; son fáciles de producir y de aplicar; se pueden emplear como mezclas o cócteles de varios bacteriófagos a la vez; y su concentración se autolimita, aumenta en el cuerpo conforme se multiplican en las bacterias y luego van disminuyendo conforma esas bacterias van siendo eliminadas.

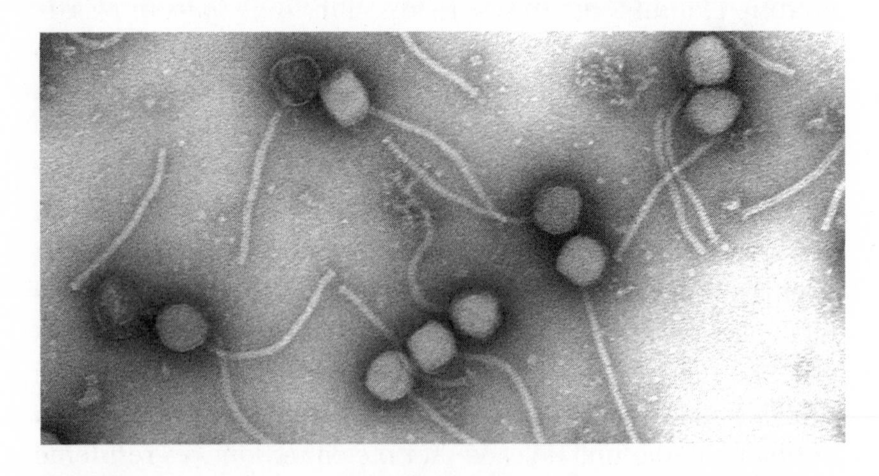

Bacteriófagos vistos a través de un microscopio electrónico [Vincent Fischetti y Raymond Schuch, The Rockefeller University. Public Library of Science].

La proliferación de microorganismos resistentes a los antibióticos es ya un grave problema que afecta a cualquier persona de cualquier edad de cualquier país, sean sean ricos o pobres. Y es que los microbios no distinguen ni fronteras, ni razas, ni economías. Desde que comenzó el uso generalizado de los antibióticos en los años 50, prácticamente todos los patógenos han desarrollado algún tipo de resistencia. Algunos requieren dosis cada vez más elevadas y otros han desarrollado resistencia a todos los antimicrobianos conocidos. La resistencia a los antibióticos prolonga la duración de las enfermedades y aumenta el riesgo de muerte. Algunas infecciones comunes que han sido tratables durante decenios vuelven a ser potencialmente mortales. Si no se toman medidas, pronto podemos llegar a una situación similar a la que había antes del descubrimiento de la penicilina. Se calcula que en Europa cada año ocurren 25.000 muertes por infecciones causadas por patógenos resistentes a los antibióticos, y que para el año 2050 varios millones de personas estarán en peligro de muerte cada año por bacterias resistentes a los antibióticos. Como ves la situación es seria. Incluso la OMS publicó en 2014 su primer informe mundial sobre esta cuestión y puso de manifiesto que la resistencia a los antibióticos es una grave amenaza para la salud pública en todo el mundo. Por estas razones, ha vuelto a cobrar interés el empleo de bacteriófagos como tratamiento alternativo al gran problema que supone hoy en día la extensión de la resistencia a los antibióticos.

A la hora de aplicar bacteriófagos como terapia hay que asegurarse que se ha elegido el virus que no incluya en su genoma genes de toxinas, que podrían tener un efecto no deseable; además, lo mismo que con los antibióticos, las bacterias también pueden acabar haciéndose resistentes a los bacteriófagos, aunque la frecuencia es mucho más baja. Por ejemplo, si una de cada cien mil bacterias de un cultivo es resistente a un antibiótico, solo una de cada diez o cien millones es resistente al virus. Una alternativa que también se está ensayando es la aplicación conjunta de antibióticos y bacteriófagos, lo que disminuye la aparición de resistencias. Por ejemplo, en pacientes con infecciones por estafilococos, los tratados con bacteriófagos se curaron un 41%, con antibióticos un 23%, y los tratados con una combinación con bacteriófagos y antibióticos un 78%.

A diferencia de los países occidentales, la fagoterapia fue muy empleada en la Unión Soviética, concretamente en Georgia y en Polonia. Uno de los centros más conocidos donde se preparaban los bacteriófagos para toda la Unión Soviética fue el Instituto Tbilisi de Bacteriófagos, Microbiología y Virología de la República de Georgia, fundado en 1923 por el profesor Georgia Eliava y donde el propio D'Herelle trabajó durante varios años. Eliava tuvo algunos *problemillas* con el partido y fue ejecutado en la época de Stalin por la KGB en 1937. Hoy en día el instituto lleva el nombre de su fundador; es el Eliava Institute. En este centro existe probablemente la mayor colección de bacteriófagos del mundo. Producen bacteriófagos para tratar todo tipo de infecciones: sepsis, peritonitis, mastitis, abscesos purulentos, neumonías y bronquitis, quemaduras, etc. Y en todo tipo de formatos: líquido, pastillas, pomadas, aerosoles, nebulizadores e incluso supositorios. Todos estos estudios pasaron muy desapercibidos para la comunidad científica internacional durante muchos años, muy probablemente porque la mayoría de estos trabajos estaban escritos en ruso y prácticamente solo los rusos saben ruso. Sin embargo, como hemos dicho, hoy en día el problema de la resistencia a los antibióticos está revitalizando el interés por la eficacia de la fagoterapia. La Unión Europea ha financiado varios proyectos de investigación sobre el empleo de bacteriófagos para el tratamiento de infecciones por las bacterias *Escherichia coli* y *Pseudomonas aeruginosa* en quemaduras, por ejemplo. Además, no solo se ensayan los bacteriófagos completos, sino que también hay toda una línea de investigación sobre las proteínas de esos virus que se encargan de lisar las bacterias, los denominados *enzibióticos*. Es muy probable, por tanto, que en el futuro el médico nos recete un preparado de virus para acabar con alguna infección.

Las bacterias también se vacunan

Esta historia es una historia apasionante. Vamos primero a imaginarnos cómo podría ser nuestro planeta hace unos 3.800 millones de años. Un planeta inhóspito muy diferente al que conocemos actualmente: con una gran actividad volcánica, tormentas eléctricas, un intenso bombardeo de meteoritos y radiación UV, la temperatura del agua entre los 30 y 70 °C, un ambiente anaerobio, sin oxígeno —el oxígeno es tóxico y se *inventaría* unos millones de años más tarde— y una alta concentración de otros gases como el dióxido de carbono, el metano, el amonio... En esas condiciones, quizá en las profundidades marinas comenzó la vida en nuestro planeta. En unos pocos millones de años aquella explosión de vida se diversificó y fueron evolucionando los primeros microorganismos, lo que hoy denominamos arqueas y bacterias, que rápidamente fueron colonizando todos los ecosistemas. Aquellos diminutos seres, durante miles de millones de años fueron los únicos pobladores de nuestro planeta. Pero aquella explosión de vida estuvo a punto de desaparecer y dejar nuestro planeta azul tan vacío, estéril y muerto como el resto de los planetas que nos rodean. Muy probablemente, al mismo tiempo que se desarrollaban las primeras formas de vida, esas arqueas y bacterias, aparecieron también los primeros virus bacteriófagos, piratas de las célula capaces de infectar, multiplicar y destruir las primitivas bacterias. Y comenzó así, hace miles de millones de años, una batalla épica, una lucha a muerte, un juego de tronos entre dos reinos, dos dominios, bacterias contra virus, virus contra bacterias.

Ya hemos aprendido que los virus son auténticos dictadores. Cuando un virus entra al interior de una bacteria, inyecta su ADN y superimpone su información genética, la bacteria deja de multiplicarse y dedica toda su energía y maquinaria enzimática a hacer copias del virus, a multiplicar al intruso. Así, cientos, miles de virus son sintetizados por la bacteria y esta acaba muriendo, explotando y liberando al virus, que comienza un nuevo ciclo de infección. Los virus siguen multiplicándose y, si no se bloquea la infección, en muy poco tiempo la población bacteriana muere y desaparece. Una batalla a vida o muerte.

Las bacterias, como los virus, no piensan, pero también son muy listas, y muy pronto aprendieron a desarrollar un sofisticado y fascinante sistema para defenderse contra los virus, un sistema capaz de reconocer un ADN extraño y degradarlo. Este sistema de defensa permite a la bacteria interferir con la infección y bloquear al virus. Pero no lo hace impidiendo la entrada del virus, sino que el sistema se activa cuando el virus inyecta su ADN extraño al interior de la bacteria. Un trocito de ese ADN del virus se incorpora en el genoma de la bacteria. La bacteria archiva en su genoma parte del ADN del virus. Posteriormente, cuando se produce una segunda infección del virus, la bacteria es capaz de reconocer al virus y mediante unas enzimas destruirlo. Es un sistema por tanto que escanea el ADN extraño y si lo reconoce lo destruye. Es como si las bacterias se vacunaran contra ese virus. Pero, además, el ADN del virus queda almacenado como información en el genoma de la bacteria y de sus descendientes. De esta forma, la bacteria guarda una *memoria* de la infección viral y así está continuamente en guardia frente a cualquier virus invasor. Se trata de un sistema inmune contra el virus que se hereda de generación en generación.

Pero los virus también evolucionan y pueden escapar de este sistema defensivo de la bacteria y esa batalla continua hasta nuestros días, de forma que las poblaciones de virus y bacterias se han mantenido en un equilibrio casi perfecto durante miles de millones de años. Se calcula que en el planeta existen unos 10^{30} bacterias, un 1 seguido de 30 ceros, una cantidad inmensa: billones de trillones de bacterias. Pues la mitad de ellas son destruidas cada uno o dos días por los virus. Se controla así la población de bacterias. Gracias a esa batalla entre virus y bacterias ha sido posible la evolución y la vida en el planeta. Ya te he dicho que era una historia fascinante.

Este mecanismo de defensa de las bacterias contra los virus ha permanecido oculto a nuestro ojos, como un preciado tesoro guardado por la naturaleza, durante miles de millones de años. Hasta que un microbiólogo español lo descubrió trabajando en las salinas de Santa Pola (Alicante). Ahí, este microbiólogo descubrió una extraña bacteria capaz de vivir a altísimas concentraciones de sal, denominada *Haloferax mediterranei*. Se trata de un bicho muy curioso, una arquea halófila extrema, un microorganismo que ama la sal, que necesita ambientes con una altísima cantidad de sal, tan grande que prácticamente ningún otro ser vivo puede resistir. Por eso, se aísla de las salinas, donde normalmente no hay nada, solo sal... En 1993, este microbiólogo estaba interesado en estudiar el genoma de esta bacteria y por qué era capaz de vivir en esas condiciones tan extremas. Encontró en el ADN de *Haloferax* unos pequeños fragmentos repetitivos muy abundantes que le llamaron mucho atención. Se habían descrito unos años antes en otras bacterias, pero parece que a nadie le interesaba: «No le des mucha importancia, muchos organismos tienen secuencias repetidas en su genoma», le decían. Pero para él, si un microorganismo había mantenido algo en su genoma durante miles de años, seguramente es que tenía una función. ¿Cuál era la función de esas secuencias repetidas? Descubrió que aquellas repeticiones no era algo exclusivo de la bacteria que amaba la sal, sino que era algo muy frecuente entre los microorganismos. Y descubrió que esas repeticiones eran similares a secuencias de genomas de algunos virus: eran restos de genomas de virus en ADN de la bacteria. Comenzó así el interés de la comunidad científica internacional por esas *repeticiones palidrómicas cortas interespaciadas agrupadas regularmente*, un nombre farragoso que seguro no te dice nada. Quizá te suenen más las siglas en inglés que acuñó ese microbiólogo alicantino y sus colegas: CRISPR/Cas.

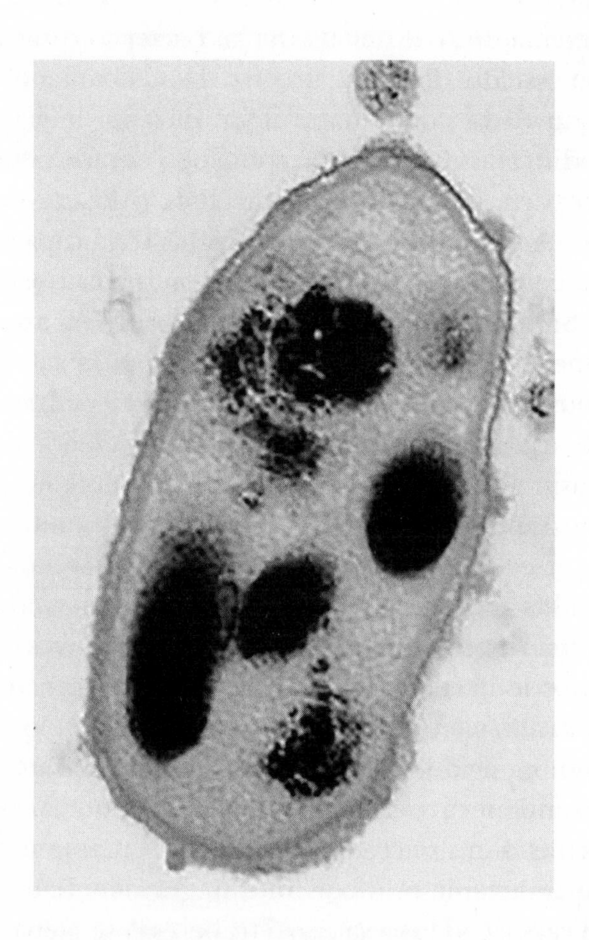

Haloferax mediterranei [Naor A, Lapierre P, Mevarech M, Papke RT, & Gophna U (2012). «Low species barriers in halophilic archaea and the formation of recombinant hybrids». *Current biology*].

CRISPR/Cas es ese sistema inmune que desarrollaron las bacterias para vacunarse contra los virus y que permaneció oculto a nuestro ojos durante millones de años. Hoy sabemos que hay muchos tipos distintos de sistemas CRISPR/Cas. Desde el año 2012 el sistema CRISPR/Cas ha supuesto la mayor revolución en la biología, la biomedicina y la biotecnológica de los últimos años. CRISPR/Cas es el mejor *editor de textos* que se ha inventado hasta ahora para manipular el genoma de cualquier ser vivo. Permite editar genomas de forma sencilla, barata y precisa. Es aplicable a todo tipo de ADN, de microorganismos, de animales y de plantas, permite modificar el ADN, hacer mutaciones, inserciones, deleciones, reparar fallos en el genoma, eliminar un gen, añadir otro, regular su expresión, hacer modificaciones epigenéticas, visualizar regiones concretas del genoma... Las posibilidades son infinitas. Es como una de esas navajas suizas de las que sacas todo tipo de herramientas: una tijerita, un destornillador, unas pinzas..., hasta un ¡mondadientes! CRISPR/Cas ya se está aplicando para obtener plantas resistentes a plagas, animales con una mayor masa muscular, órganos más seguros para trasplantes en humanos, mosquitos que no transmitan el dengue o la malaria, para la terapia génica y para estudiar, prevenir y curar enfermedades como la diabetes, el autismo o las infecciones virales, incluso para sistemas de diagnóstico rápido de virus pandémicos como el SARS-COV-2. CRISPR/Cas es un extraordinario ejemplo de cómo invertir en ciencia básica puede acabar en el desarrollo de una herramienta tremendamente útil. Aquel microbiólogo que descubrió el sistema de inmunidad innata de las bacterias en una sencilla célula escondida en las salinas de Santa Pola es Francisco J. Mojica, que trabaja en el Departamento de Fisiología, Genética y Microbiología de la Universidad de Alicante. Francis J. Mojica es nuestro más probable candidato al próximo premio Nobel de Medicina y es todo un ejemplo de dedicación a la ciencia y a la investigación.

Pared de permafrost [Magnetix].

Resucitar virus del permafrost

El permafrost es la capa de hielo permanente en la superficie del suelo de las regiones muy frías o periglaciares. El permafrost es por tanto suelo congelado durante uno o más años. Se encuentra en latitudes elevadas cercanas a las áreas circumpolares de Canadá, Alaska, Siberia, Noruega, en el Ártico y en la Antártida. A mediados de 2013 fue noticia el hallazgo de un *bebé* mamut congelado de unos diez años en *perfecto* estado de conservación y que vivió en Siberia hacía 39.000 años. No era la primera vez que se encontraba este tipo de mamuts congelados, que se extinguieron de la superficie terrestre hace unos 10.000 años. También se han encontrado otros animales, como renos y rinocerontes. ¿Y qué pasa con los microorganismos patógenos? ¿Puede un virus patógeno quedar *escondido* en el permafrost y *volver a la vida* años o siglos después? ¿Podría volver a causar una nueva epidemia o pandemia? ¿Qué consecuencias tendría si se libera de nuevo al ambiente? La respuesta es que no tenemos ni idea. Suena a ciencia ficción, pero no lo es. En 1999 unos investigadores fueron capaces de detectar el genoma ARN de un virus que infecta plantas (virus del mosaico del tomate) en muestras de hielo de unos 14.000 años de antigüedad en Groenlandia. Y también se han aislado bacteriófagos que habían sido aisladas del hielo polar. En 2004 un equipo de investigadores franceses y rusos identificaron varios restos arqueológicos en el permafrost en la República de Yukutia (Rusia), en el noreste de Siberia. Se trataba de fosas comunes de finales del siglo XVII y principios del XVIII. Una de esas fosas contenía cinco momias congeladas. El hallazgo no era muy común, ya que lo normal en aquella época era que los enterramientos fueran individuales. Los análisis sugerían además que todos los cuerpos habían sido enterrados muy poco después de la muerte y de forma precipitada. Años después, una de las momias se analizó en detalle y se observó que presentaba restos de hierro en sus pulmones, lo que demostraba que se encharcaron de sangre antes de morir. En base a estas observaciones, la hipótesis fue que falleció de forma repentina a causa de una infección letal, probablemente viruela, la única enfermedad infecciosa que ha sido erradicada del planeta, gracias a las campañas de vacunación de los últimos dos siglos. Para confirmar esta hipótesis se realizaron análisis moleculares y fueron capaces de amplificar y secuenciar fragmentos de ADN del virus de la viruela. Además, los análisis bioinformáticos lo relacionaron con los virus que causaron una epidemia de viruela en 1714. Este trabajo demostró que los cuerpos de cadáveres congelados en el permafrost de Siberia son un almacén al menos de fragmentos de ADN de patógenos, incluso extinguidos como la viruela. Afortunadamente, en este caso lo que quedaban en esos cadáveres eran solo fragmentos del virus y no el virus entero y activo.

Pero no ha sido la primera vez que se han obtenido fragmentos de genomas de virus *extinguidos* de muestras congeladas. Como dijimos al principio de este libro, en 2005 un grupo de investigadores reconstruyeron en el laboratorio el virus de la gripe de 1918. Mediante técnicas de biología molecular, como si de un puzle se tratara, generaron un virus activo que contenía el genoma completo del virus de 1918. Para *resucitar* este virus emplearon muestras de autopsias de soldados americanos que habían fallecido por la gripe del 18, que se guardaban en el Instituto de Patología de la Fuerzas Armadas, en Washington D.C, y muestras de cadáveres que habían permanecidos congelados en el permafrost de Alaska desde noviembre de 1918. Por técnicas de genética reversa consiguieron una versión activa del virus de la gripe de 1918 capaz de multiplicarse en células. Este trabajo no estuvo exento de una gran polémica, ya que se trataba de *resucitar* en el laboratorio un virus pandémico que había causado entre 25-50 millones de muertes entre 1918 y 1919. También se ha demostrado la existencia de genes del virus de la gripe en lagos helados siberianos que son visitados por aves migratorias en épocas de deshielo. Esto sugiere que el hielo puede actuar como un reservorio o almacén de virus: el virus puede ser depositado en el lago por las aves migratorias y mantenerse intacto cuando el lago se congela. Cuando las aves retornan en primavera, el hielo se funde y libera el virus que puede infectar o recombinar de nuevo con las aves.

Otro ejemplo más reciente es la reactivación de un virus gigante, el *Pithovirus*, a partir del permafrost siberiano —de los virus gigantes hablaremos más adelante—. Las muestras congeladas se había obtenido en el año 2000 de la región de Chukotka, en el extremo nordeste de Rusia, en la costa del mar de Bering, a 30 metros de profundidad. Jamás se habían descongelado y fueron datadas con una antigüedad entre 34-37.000 años. En este caso, los investigadores fueron incluso capaces de obtener el virus activo y multiplicarlo en células. Normalmente los virus pierden su capacidad infectiva por factores ambientales como la radiación ultravioleta, la sequedad, el contacto con sustancias inactivantes como los enzimas, agentes oxidantes o el calor. La mayoría de los virus mantienen su integridad y su viabilidad en condiciones de congelación a bajas temperaturas. Aunque como los virus son patógenos intracelulares obligados necesitan las células para poder multiplicarse. Todos estos hallazgos demuestran que no es descabellada la hipótesis de que un virus congelado durante miles de años en el permafrost *resucite* y *vuelva a la vida* en la actualidad. No es ciencia ficción, pero realmente no sabemos qué consecuencias tendría la descongelación de un virus patógeno del permafrost siberiano.

Vista parcial de la obra *Primer desembarco de Cristóbal Colón en América* (1862), de Dióscoro Teófilo Puebla y Tolín [Museo Nacional del Prado].

¿Por qué Colón descubrió América?

Dicen los libros de historia que el 12 de octubre de 1492 Colón descubrió América. A bordo de la Santa María, Cristóbal Colón llegó a una isla llamada Guanahani, a la que renombró como San Salvador, en el archipiélago de las Bahamas. Días después Colón recorrió otras islas hasta llegar a Cuba y a La Española (hoy Haití). Varios años más tarde, el conquistador español Hernán Cortés lideró la expedición que anexionó México a la Corona de Castilla tras luchar contra los mayas y los aztecas. Por su parte, Francisco Pizarro logró imponerse al Impero inca y conquistar la Nueva Castilla, el actual Perú. Fueron por tanto exploradores y conquistadores de la Corona de Castilla los que *descubrieron* América.

Sin embargo, cada vez hay más evidencias de que fueron los vikingos los que realmente *descubrieron* el nuevo continente. Se cree que unos 500 años antes que Colón, los escandinavos, movidos por la escasez de recursos, ya habían llegado al norte del continente americano. Vinland fue el nombre dado por los vikingos al territorio que hoy se conoce como la isla de Terranova y las costas del Golfo de San Lorenzo (Nuevo Brunswick y Nueva Escocia en la actual Canadá). La ocupación de Vinland solo duró unos pocos años —era morada de un pueblo hostil y los vikingos no consiguieron establecerse—. Representó el primer contacto de Europa con América, casi 500 años antes del primer viaje de Colón. ¿Por qué los vikingos, a diferencia de los conquistadores españoles, no consiguieron establecerse y dominar a los nativos americanos? La respuesta quizá esté en los virus. Es bastante improbable que ni Cortés en México ni Pizarro en Perú, con un puñado de hombres y unos cuantos caballos, fueran capaces de aniquilar en solo unos pocos años unos imperios tan bien organizados y con una alto nivel de civilización como los aztecas y los incas. Entre otras cosas, los exploradores y los conquistadores españoles llevaron en sus barcos sin darse cuenta unos peligrosos polizones: los virus de la viruela, las paperas y el sarampión. No hay evidencia alguna de que estas infecciones existieran en América antes de la llegada de los conquistadores. La viruela y el sarampión fueron unos perfectos aliados, involuntarios, no intencionados, en el éxito de la conquista española. Se cuenta que fueron los hombres de Pánfilo Narváez, que desembarcaron en 1520 en Yucatán (México), quienes introdujeron la viruela en América: uno de los pasajeros era un esclavo africano infectado con el virus. En pocos meses la enfermedad se extendió por todo el Imperio azteca, porque la población indígena no había tenido exposición o inmunidad contra el virus antes de la llegada de los españoles. Los brotes de viruela devastaron a los aztecas y a los incas, y también afectaron a otros indios americanos. Una segunda epidemia de viruela provocó una devastación en 1531, y tres rebrotes posteriores, entre 1545 y 1576, redujeron la población azteca de unos 26 millones cuando llegaron los conquistadores españoles a 1,6 millones a comienzos del siglo XVII. Dicen que el propio emperador Moctezuma II falleció aquejado de viruela. En la misma época, por el mismo motivo también la población inca del Perú disminuyó, de cerca de siete millones a aproximadamente medio millón. Quinientos años antes, la población de vikingos era muy pequeña y probablemente no era capaz de mantener estas enfermedades, y por eso no las transmitieron a los nativos americanos en sus viajes a Vinland. Mientras que los españoles se encontraron frente a pueblos enfermos y moribundos por la viruela, los vikingos tuvieron que enfrentarse a nativos sanos y resistentes que les mandaron de vuelta a casa. Varios siglos después, los propios vikingos sufrieron los desastres de otra plaga, la peste negra, que mató a más de la mitad de los pueblos escandinavos. No cabe duda de la brutalidad de los conquistadores, pero la historia de México y Perú no habría sido igual sin los estragos que la viruela y el sarampión hicieron entre los indios. Las enfermedades infecciosas traídas por los europeas diezmaron las poblaciones nativas americanas. Algunos autores calculan que cerca del 95% de la población indígena murió por enfermedades infecciosas durante el primer siglo después de la llegada de Colón. Hubo epidemias de viruela, sarampión, gripe, paperas, difteria, tifus, sífilis y peste bubónica. Es probable que, si no hubiera sido por los microbios, la historia del descubrimiento y colonización de América quizá habría sido otra muy distinta.

En África, por el contrario, la historia fue diferente. Los europeos no acabaron siendo mayoría en ninguna de las colonias africanas, porque los nativos africanos habían estado en contacto con los europeos durante siglos y habían desarrollado tolerancia e inmunidad frente a muchas de estas *enfermedades europeas.* Por eso, estos virus no tuvieron el mismo efecto devastador que en América. Por el contrario, algunas enfermedades típicas de África fueron las que mantuvieron a los invasores europeos fuera de muchos lugares del continente africano hasta bien entrado el siglo XIX. Como ves, también hay que tener en cuenta a los virus cuando se escriben los libros de historia.

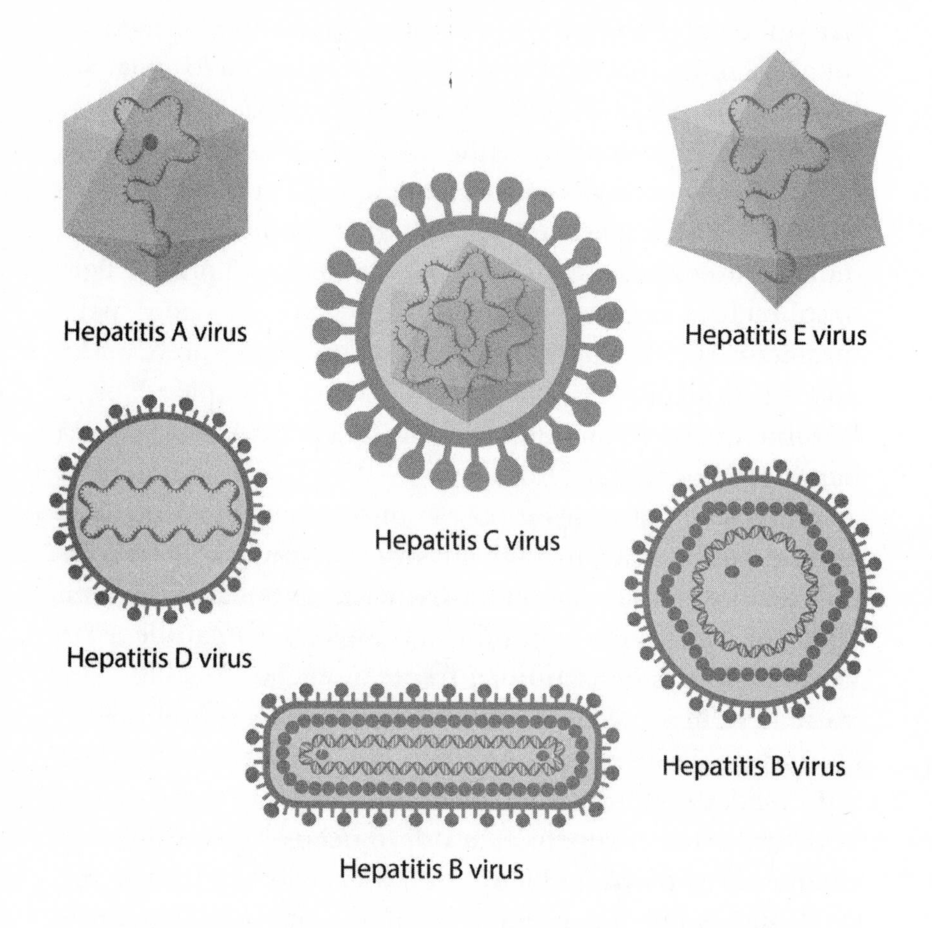

Esquema con los diferentes tipos de virus que provocan hepatitis, entre ellos el virus de la hepatitis C, un virus ARN, con nucleocápside icosaédrica y envoltura, perteneciente al género *Hepacivirus* [Olga Bolbot].

Hepatitis C: un virus en el juzgado

Si sigues la serie de televisión *CSI* habrás visto cómo Gil Grissom y su equipo son capaces de dar con el malo de la película analizando *las epiteliales* que se dejan *olvidadas* en la escena del crimen. Hoy en día, mediante las técnicas de secuenciación del ADN y análisis bioinformáticos, los investigadores son capaces de demostrar que una muestra biológica concreta es tuya y no de otro sospechoso. La probabilidad de acertar es tan alta que estas pruebas ya son empleadas en los juicios y sirven para condenar, o absolver, al presunto criminal. Esto se hace con el ADN de las células de la piel, por ejemplo. Pero ¿podemos seguir la pista de una infección, de un virus, y demostrar dónde y por quién comenzó?

De la hepatitis C ya hemos hablado antes. En febrero de 1998 se detectaron una serie de casos de infección por este virus entre pacientes que habían sufrido algunas pequeñas intervenciones quirúrgicas en Valencia (España). A partir de esos casos, se realizó un estudio epidemiológico muy exhaustivo, se examinaron los expedientes de un total de 66.000 personas que habían tenido algún tipo de intervención en los hospitales donde se sospechaba que había ocurrido la infección. Se confirmó un brote de hepatitis C en cientos de pacientes. El único factor en común en todas las personas con hepatitis C fue… un médico anestesista que les había atendido en el quirófano. Por lo visto, el médico era adicto a la anestesia y se inyectaba él mismo un poco de anestesia antes de la operación; luego con la misma aguja anestesiaba al paciente. El anestesista era portador del virus de la hepatitis C. En 2007, el juez encontró culpable a este médico de infectar intencionadamente al menos a 275 personas con el virus, cuatro de las cuales fallecieron por las complicaciones. El anestesista fue condenado a 1.933 años de cárcel, aunque probablemente solo permanezca 20, según la legislación española. Para probar su inocencia, el anestesista afirmaba que en realidad él era quien había sido infectado por alguno de los pacientes y no al revés. ¿Se puede probar científicamente esta afirmación? ¿Podemos estar seguros de que el inicio de todas las infecciones fue el virus del anestesista o, como afirmaba él, él era uno más de la cadena de infectados? ¿Tenían los virus de todos los pacientes un origen común, y este era el anestesista? ¿Quién infectó a quién? ¿Quién fue el origen de todo, el culpable? El asunto no era fácil. El virus de la hepatitis C tiene una capacidad de variación enorme, puede mutar increíblemente rápido, evoluciona a una gran velocidad. Se han descrito al menos once tipos genéticos diferentes del virus. Además, cada tipo se divide a su vez en diferentes subtipos. La distribución geográfica de estos genotipos y subtipos es variable. Por eso, lo que no se espera es que las secuencias de los genomas de los virus de distintas personas coincidan exactamente. Dentro de un mismo paciente con hepatitis C, podemos encontrar distintas pequeñas variantes genéticas del virus en distintas zonas del cuerpo o a lo largo del tiempo de la infección. Por ello, encontrar una relación entre los virus, demostrar el orden de aparición temporal de distintos virus, demostrar si los virus de los pacientes provenían del anestesista no fue una tarea sencilla. No se trataba por tanto de comparar simplemente las secuencias de los genomas para ver si eran iguales, sino que había que diseñar métodos para ver la relación *familiar* entre los virus. Y esto es lo que hicieron investigadores de la Universidad de Valencia, que aportaron evidencias científicas que demostraban que el origen de este brote de hepatitis C estuvo en el anestesista. Mediante técnicas de genética forense —secuenciación del genoma y análisis bioinformáticos— analizaron cerca de 4.200 secuencias virales. Analizaron once muestras de virus de cada una de las 321 personas que se sospechaba que podían haber sido infectadas por el anestesista, y de 42 personas de la misma zona geográfica con hepatitis C, pero sin relación alguna con el anestesista —estas muestras se emplearon como controles negativos—. Todas se compararon con las secuencias del virus del anestesista. Así, trazaron cómo había sido la evolución del virus y pudieron *dibujar* su árbol familiar, como un árbol genealógico familiar del virus. ¡Este árbol filogenético ocupaba nada menos que once metros de papel impreso! Analizando los datos, determinaron la probabilidad de que cada persona hubiera sido infectada por el anestesista frente a la probabilidad de que la fuente de infección no tuviera nada que ver con él. En la mayoría de los casos la probabilidad de que el anestesista fuera la fuente de infección fue mayor de 100.000, en algún caso llegaba a ser de $6,6 \times 10^{95}$, o sea, prácticamente del 100%. Como este virus evoluciona tan rápidamente, los investigadores fueron también capaces de estimar las fechas en las que pudieron ocurrir las infecciones, entre enero de 1987 y abril de 1998, lo que coincidía con los datos epidemiológicos. Por tanto, la probabilidad de que el origen de la infección fuera el anestesista era altísima y las fechas coincidían. Estos resultados ayudaron al juez a determinar una relación directa con el anestesista en 275 casos. Además, estos mismos análisis permitieron demostrar que otros 47 casos sospechosos al final no tenían nada que ver con el virus del anestesista; la fuente de infección en estos casos no fue el médico. De todas formas, siempre hay que ser cautos; aunque con estas técnicas puedes descartar totalmente que dos muestras tengan relación y demostrar así que una persona no es culpable, nunca puedes probar la culpabilidad al 100%, porque en ciencia somos muy quisquillosos, pero una probabilidad de $6,6 \times 10^{95}$ es... el 100%. Los resultados de la genética forense no son siempre definitivos, pero en este caso aportaron pruebas irrefutables que confirmaban los datos epidemiológicos y ayudaron al juez a un veredicto justo y veraz.

Estas técnicas de epidemiología molecular son las que permitieron hacer un seguimiento de la evolución de la pandemia del coronavirus SARS-COV-2. Desde su inicio, se obtuvieron los genomas del virus a partir de muestras biológicas, se secuenciaron y se compararon. Fueron miles de genomas analizados a lo largo de los meses, lo que permitió seguir la evolución del virus a tiempo real.

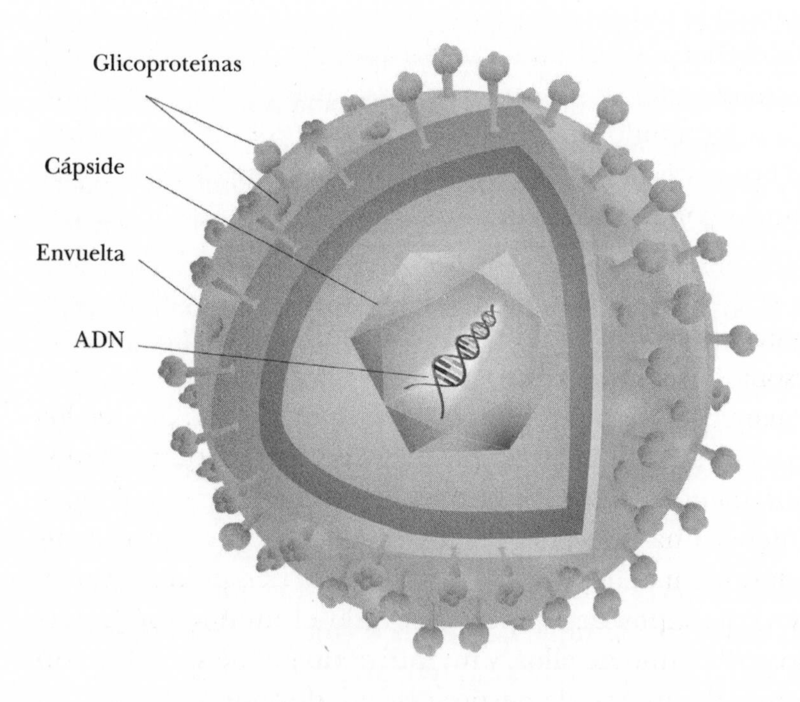

Representación esquemática de un herpesvirus.

Herpes: el misterio del virus que aparece y desaparece

Seguro que alguna vez has tenido alguna infección por herpes: unas ampollitas o vesículas que aparecen de vez en cuando en la zona labial, al cabo de unos días se secan y desaparecen, y misteriosamente vuelven a aparecer más o menos en la misma zona algún tiempo después. Hay muchos tipos de herpes distintos, pero son los virus más comunes y persistentes del ser humano. Prácticamente todo el mundo tiene o ha tenido un herpes. Se conocen desde hace siglos. Ya Hipócrates (460-370 a. C.) describió algunas lesiones cutáneas compatibles con una infección por virus herpes. El mismo término, *herpes,* proviene del griego, y significa «reptar» o «arrastrarse», en referencia a la forma en que se propagan las lesiones cutáneas por el virus. Una vez que una persona ha contraído una infección por herpes, este virus permanece en el organismo durante toda la vida, porque los herpes no se curan. Las lesiones aparecen y desaparecen misteriosamente porque los herpes son capaces de establecer y mantener una infección latente. Pueden permanecer latentes durante muchos años y al cabo de un tiempo reactivarse. Hay varios tipos de herpes, casi todo el mundo está infectado por alguno de ellos, y un individuo puede ser infectado por más de un tipo de herpes distinto durante su vida.

¿Por qué el herpes labial aparece y desaparece? El virus puede infectar a varios tipos de células. El virus se contagia por contacto directo. Infecta las células epiteliales donde se multiplica y forma esas ampollas típicas, que en realidad

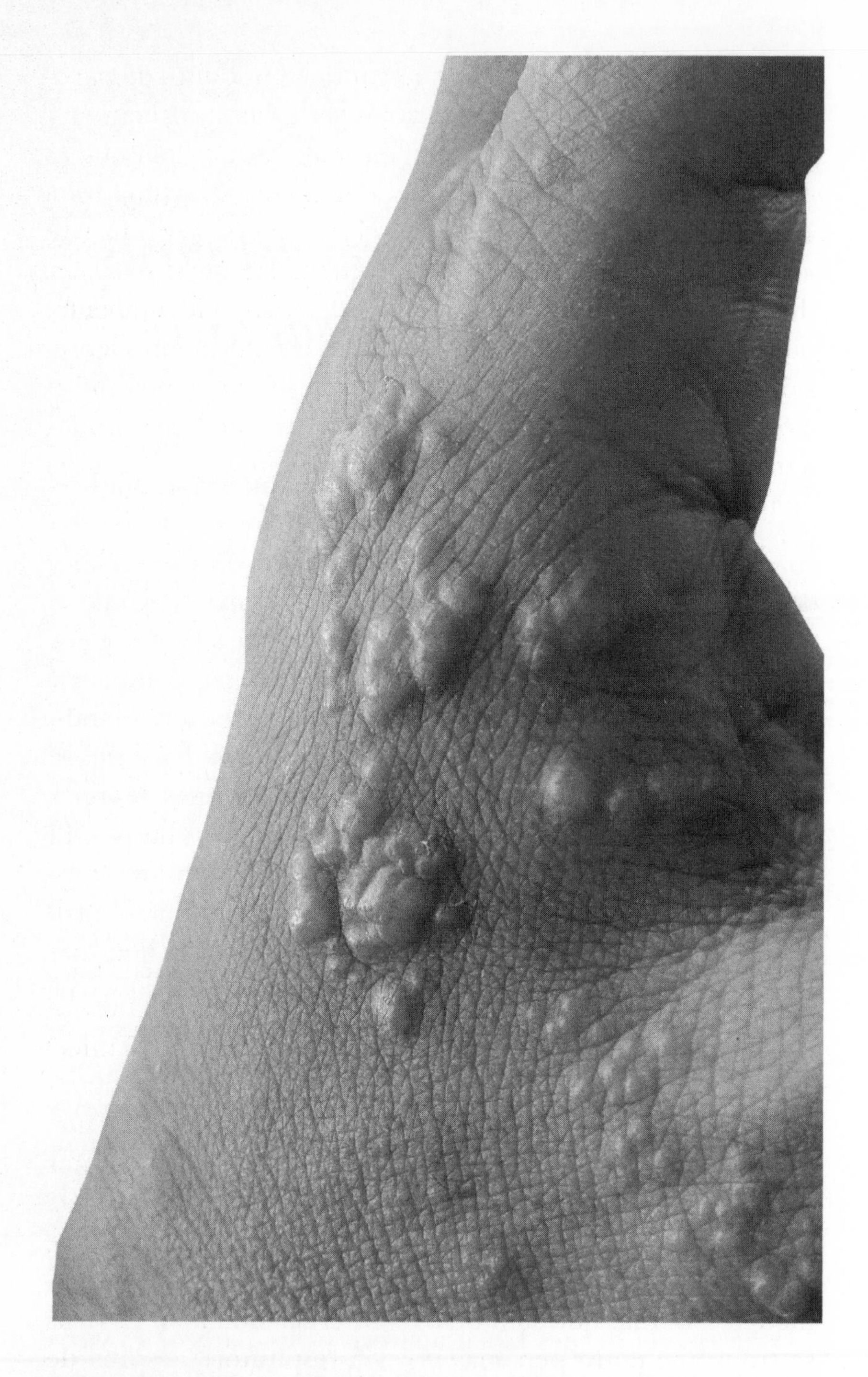

Lesiones en la piel producidas por un herpesvirus [Myibean].

están repletas de un líquido que contiene millones de partículas virales. Esas ampollas acaban secándose, forman costras y el virus *desaparece*. Bueno, en realidad no, sino que es capaz de infectar las neuronas que inervan esa misma zona de la piel. El herpes asciende por el axón de la neurona y se *esconde* en su núcleo. Ahí, el virus queda latente o *escondido* durante meses o incluso años. En un determinado momento, que suele coincidir con una etapa de cierta inmunodepresión en la que estamos *bajos* de defensas —fiebre u otra infección—, el virus se reactiva y desde el núcleo de las neuronas a través de las terminaciones nerviosas *vuelve* a las células del epitelio de la piel y comienza una nueva infección. El herpes también se puede reactivar por factores ambientales —cambios de temperatura, mayor irradiación solar—, hormonales —menstruación— o estrés —épocas de más trabajo, estrés físico o emocional, cansancio excesivo, desnutrición, etc.—. Así, el ciclo se repite cada cierto tiempo: el virus va desde la zona de la piel hasta las neuronas y vuelta otra vez. También hay un tipo de herpes de transmisión sexual que produce lesiones genitales. Ambos herpes no se curan y los tratamientos lo único que hacen es aliviar los síntomas.

Pero hay más tipos de herpes. La varicela, por ejemplo, es otra enfermedad infecciosa causado también por un herpes, el virus de la varicela-zóster. En este caso el virus también desaparece y vuelve a aparecer, pero la segunda vez se manifiesta como una enfermedad distinta. Cuando te infectas por primera vez con este herpes, la enfermedad se manifiesta como la varicela. Pero después el virus queda latente, escondido en los ganglios, y puede reactivarse muchos años más tarde y manifestarse como el herpes zóster. La varicela y el zóster no son dos virus distintos, son el mismo virus que produce dos manifestaciones clínicas distintas. Es una enfermedad mundial que solo ocurre en el ser humano. El virus se transmite entre personas por vía respiratoria, es una de las infecciones más contagiosas y fáciles de transmitir, no tanto como el sarampión, pero más que las paperas. Si convives en casa con una persona con varicela, tienes una probabilidad del 90% de que te contagies. Antes de las vacunas, prácticamente todas las personas adultas habían pasado la varicela. La varicela es frecuente en niños pequeños. Haber pasado la varicela te inmuniza de por vida, ya no vuelves a pasarla —recuerda, la próxima vez que se reactive se manifestará como zóster—. Como tantas cosas en la vida, solo se pasa un vez. Tiene un período de incubación de un par de semanas, y en niños sanos es una enfermedad leve y que se cura sola: aparecen los típicos granitos y sarpullido por la cabeza y el tronco, sobre todo, malestar general y fiebre. Pero ojo, en algunos casos esos granitos pueden ser cientos. La varicela en adultos puede llegar a ser más peligrosa. El virus se suele reactivar en personas mayores o con las defensas *bajas*. El zóster solo ocurre en personas que tuvieron la varicela. Se caracteriza por un dolor muy intenso y picazón, y por la aparición de vesículas que siguen el recorrido de un nervio sobre la superficie del cuerpo. Lo mismo que el herpes labial, este virus infecta tanto las células de la piel, donde forma las ampollas, como las neuronas, donde *se esconde*.

Como hemos dicho, los herpes son muy frecuentes. Más de la mitad de la población tiene anticuerpos contra el herpes simple y más del 90% contra el herpes varicela-zóster, lo que demuestra que han estado en contacto con estos virus. Por eso, se podría decir que el herpes es la pandemia viral más extendida. Afortunadamente, la mayor parte de las infecciones son asintomáticas y no comprometen la salud. Además del herpes labial y genital y el varicela-zóster, otros herpes causan mononucleosis, roséola o enfermedad febril en niños pequeños, o se han relacionado con algunos tipos de cánceres como el linfoma de Burkitt, el sarcoma de Kaposi y enfermedades neurodegenerativas como la esclerosis múltiple.

Terapia viral: la bala mágica contra el cáncer

Imagínate que fuésemos capaces de desarrollar un vehículo lo suficientemente inteligente como para dirigirse de manera selectiva a las células cancerígenas, sin afectar al resto de células sanas, y les inyectará solo a ellas un antídoto que las matara: una *bala mágica* contra el cáncer. Pues más o menos eso se está consiguiendo al modificar genéticamente unos virus. En concreto, un grupo de investigadores han manipulado genéticamente el virus vacuna, ese viejo conocido empleado durante muchos años como vacuna para erradicar la viruela. Han diseñado un nuevo tipo del virus, denominada JX-594, para que sea capaz de multiplicarse y amplificarse en las células tumorales. El JX-594 es un virus oncolítico diseñado para localizar, atacar y destruir las células tumorales. Está diseñado para reproducirse de forma selectiva solo en las células tumorales, pero no así en el tejido normal. Los investigadores han realizado un ensayo clínico con un grupo de pacientes, todos ellos con cáncer avanzado que afectaba a varios órganos y que no respondían a los tratamientos habituales. Los pacientes recibieron una sola inyección con distintas dosis del virus JX-594 modificado genéticamente. El análisis de las biopsias de los tumores demostró que en varios de los pacientes el virus fue capaz infectar y multiplicarse en las células tumorales, pero no en las de los tejidos sanos y normales. Además, se detectó también en los tumores la expresión de un gen extraño que se había introducido en el virus para facilitar su detección. Este virus fue bien tolerado por los pacientes incluso en las dosis más altas, ya que los únicos efectos secundarios fueron malestares similares a los de una gripe que duraron tan solo un día. Esta nueva estrategia permite expresar genes extraños de manera selectiva en las células del tumor, lo que abre la posibilidad de que se pueda introducir de manera selectiva sustancias terapéuticas en tumores sólidos en humanos, usando como vehículos los propios virus.

Otro ejemplo concreto es el empleo de un tipo de virus, los adenovirus, diseñados y modificados especialmente para infectar y destruir células tumorales. Los adenovirus normales son un tipo de virus muy comunes que infectan tanto a humanos como animales, y que pueden provocar infecciones en las vías respiratorias, conjuntivitis y gastroenteritis. Las modificaciones genéticas que se le han hecho al adenovirus para que sea eficaz contra las células tumorales son de dos tipos. Por un lado, se le ha eliminado una parte de un gen importante del virus. Al quitarle ese gen, el virus ya no puede multiplicarse en una célula normal sana, por lo que resulta inofensivo. Por el contrario, las células tumorales, que están siempre activas multiplicándose, sí que permiten la replicación del virus modificado. Como resultado, el virus modificado solo se multiplica en las células tumorales, hasta producir su muerte por lisis. Además, el virus tiene una segunda modificación en la fibra o proteína de la cápside del virus que potencia su unión a la superficie de las células tumorales y penetra más fácilmente en estas células. El resultado de estas dos modificaciones es que el virus entra solo en las células tumorales, se multiplica en ellas y consigue destruirlas. Una vez eliminadas, saldrán de ellas más copias del virus que volverán a infectar a otras células tumorales. Estos adenovirus modificados genéticamente se han ensayado para tratar un tipo de tumores cerebrales muy agresivos denominados *glioblastomas*. Estos tumores cerebrales tienen una mortalidad muy elevada y se calcula que afectan cada año a seis personas de cada 100.000. Los resultados en el laboratorio y con animales de experimentación han sido muy satisfactorios, por lo que se han comenzado ensayos clínicos con pacientes en los que el tumor ha reaparecido y en los que se combina un tratamiento de quimioterapia y con estos virus modificados. Los resultados son muy esperanzadores y han demostrado que ya somos capaces de modificar determinados virus, inyectarlos al paciente, que el virus se dirija solo contra las células del tumor, sin afectar al resto de células sanas, y les inyecte el antídoto adecuado. Se ha fabricado la *bala mágica*, que en el futuro quizá podamos modificarla a medida para que sea efectiva contra los distintos tipos de cáncer.

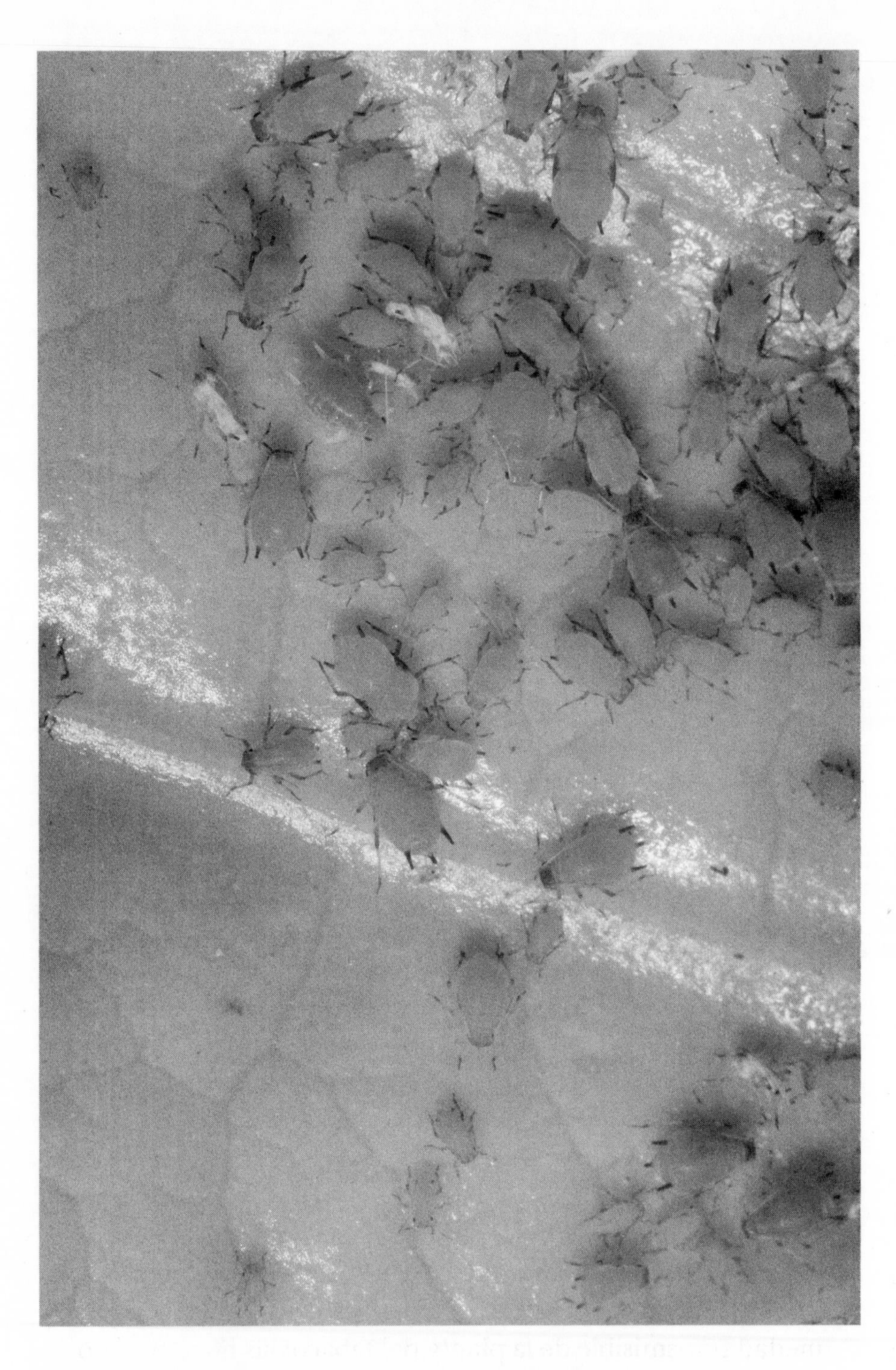

Pulgón verde de los cítricos sobre una hoja de noni
(*Morinda citrifolia*) [A.J. Céspedes].

La tristeza de los limones

En los años 30 del siglo pasado ocurrió una epidemia devastadora que acabó con la producción de cítricos (naranjas, mandarinas, limones, limas y pomelos) en Brasil y Argentina. Los agricultores le denominaron *la tristeza de los cítricos.* La enfermedad estaba producida por un virus. Y es que las plantas también tienen virus. El virus de la tristeza de los cítricos, que así se llama, es el patógeno más importante de estos frutales y se encuentra distribuido por todo el mundo. El virus se propaga muy fácilmente mediante pulgones. La enfermedad debilita al árbol, que acaba muriendo. Para evitar la extensión de la enfermedad, los agricultores deben emplear semillas y plantas de viveros reconocidos oficialmente que garanticen que están libres de virus. Pero este no es el único ejemplo de virus que infectan plantas. Se conocen más de 900 virus de plantas diferentes y son responsable de que al menos el 10% de la producción mundial de alimentos se pierda cada año. Las plantas infectadas por virus se marchitan, y aunque no siempre el virus mata a la planta, sufren enanismo, disminución del rendimiento, deformación del fruto, amarillamiento, etc. Esto origina pérdidas enormes en la producción y en la calidad de los cultivos en todas partes del mundo.

Probablemente uno de los virus más estudiados en la historia de la virología haya sido el virus del mosaico del tabaco. En 1886, Aldo Meyer describió por primera vez una enfermedad transmisible de la planta del tabaco: las hojas se decoloraban y aparecían con un patrón de manchas en mosaico en la superficie que las hacía inservibles —de ahí el nombre de la enfermedad, mosaico del tabaco—. En 1892, el biólogo ruso Dimitri Ivanoski demostró que el agente infeccioso que causaba esta enfermedad atravesaba los filtros de porcelana que se empleaban en aquella época para retener las bacterias y que era, por tanto, un «fluido vivo contagioso». Unos pocos años después, en 1898, el botánico y microbiólogo holandés Martinus Beijerink acuñó por primera vez el término *virus* para referirse a esos «fluidos vivos contagiosos» que no eran bacterias. Sus experimentos con el virus del mosaico del tabaco son probablemente tan importantes como los de otros microbiólogos de su época como Robert Koch o Louis Pasteur, pero como Beijerink no se dedicó solo a las enfermedades humanas, no tuvo tanto impacto. Sin embargo, este virus se ha empleado durante más de 100 años como sistema modelo para la virología y la biología molecular. El virus del mosaico del tabaco no solo infecta a la planta del tabaco, sino que puede infectar a más de 550 especies de plantas con flor. Puede reducir hasta un 35% el rendimiento de los cultivos y, como es muy estable en el suelo y el ambiente y puede permanecer durante años en los cigarrillos hechos con hojas infectadas, prevenir su diseminación y su control es muy difícil.

Los virus de plantas también pueden llegar a extenderse como una pandemia. Entre 1915 y 1918 se descubrió en Bulgaria un nuevo agente viral que infectaba los ciruelos. Las hojas se estropeaban, los frutos se volvían fibrosos y gomosos, con manchas, sin azúcar ni sabor y caían antes de madurar, lo que los hacía inservibles para el consumo. El agente causante era un virus: el virus de la viruela de los ciruelos o virus Sharka. En un período de 30 años se diseminó por todo el este de Europa y la antigua Unión Soviética. En la década de 1970, se extendió por Holanda, Francia e Italia. España y Portugal fueron infectados en la década de 1980; en 1992 se encontró en Chile y en 1994 en la India; en 1998 se detectó por primera vez en el continente americano y llegó a Canadá en el año 2000.

La viruela de los ciruelos, la tristeza de los cítricos, el mosaico de la caña de azúcar o el amarillamiento de la remolacha son enfermedades virales responsables de grandes pérdidas económicas, que pueden causar grandes hambrunas y hacer tambalear la economía de un país. En la mayoría de la plantaciones se usan la misma variedad de planta o variedades muy similares que son genéticamente casi idénticas. Si un planta es susceptible a una infección, toda la plantación también lo es. La economía y alimentación de millones de personas dependen de los cultivos. Cuando pensamos en guerra biológica solemos referirnos únicamente a gentes patógenos como los virus que causan infecciones en humanos. Pero no podemos descartar que en algunos países haya programas activos sobre armas biológicas dirigidas contra los cultivos. La diseminación deliberada y sin control de un virus patógeno para un cultivo esencial puede llegar a paralizar la economía de una nación y poner en riesgo el suministro de alimentos a la población. El bioterrorismo con virus contra los cultivos también es algo a tener en cuenta. Por cierto, no sé si sabes que en Holanda en el siglo XVIII algunas variedades de tulipanes fueron muy cotizadas. En concreto una variedad, el tulipán Viceroy, tenía la flor jaspeada con una pigmentación característica. A finales de 1636 un solo bulbo de tulipán de la variedad Viceroy se podía cambiar por cuatro toneladas de trigo, ocho toneladas de centeno, cuatro bueyes grandes, ocho cerdos gordos o 450 kilos de queso, por ejemplo. Esta obsesión se transformó poco tiempo después en una auténtica *burbuja económica*, una de las primeras de las que se tiene registro. En pocos días los precios de los tulipanes comenzaron a caer en picado. Mucha gente había invertido sus ahorros en tulipanes, todo el mundo vendía y nadie compraba. Hoy sabemos que esa pigmentación jaspeada típica de la variedad Viceroy es debida a la infección por el virus del mosaico del tulipán. Como ves, no solo COVID-19, sino que hasta los virus de las plantas también pueden ser responsables de una crisis económica.

(Superior) Comprando conejos a «Rabbito» en Sheridan Street, Gundagai, Nueva Gales del Sur, Australia [National Library of Australia]. (Inferior) Cazadores de la Unidad de conejos de Hermiston [Biblioteca del Congreso].

Cómo cargarse 500 millones de conejos en dos años

Hay un capítulo de *Los Simpson* en el que la familia viaja a Australia y Bart libera una rana que se trae de EE. UU. La rana acaba reproduciéndose y al final hay millones de ranas que acaban con las cosechas australianas. En realidad, esta historia está basada en hechos reales. Hasta mediados del siglo XIX no había conejos salvajes en Australia. En 1859, un residente australiano aficionado a la caza de conejos decidió traerse 24 conejos europeos de Inglaterra para criarlos en su granja australiana y poder así practicar su deporte favorito. Estos fueron los primeros conejos europeos que llegaron al continente australiano. Según las crónicas del lugar, se cuenta que en 1867 llegó a cazar en su granja y en un solo año más de 14.000 de estos animales. Lo que este australiano no tuvo en cuenta es que los conejos son muy prolíficos y se multiplicaron... como conejos, sobre todo en un ecosistema en el que no tenían grandes competidores. En pocos años se extendieron por todo Australia, y en la década de los años 40 se calcula que había ya más de 600 millones de conejos. El Gobierno australiano construyó una cerca de casi 2.000 kilómetros para evitar que la plaga se extendiera, pero fue inútil. La invasión tuvo consecuencias desastrosas: acababan con las cosechas, algunas plantas autóctonas de Australia llegaron a extinguirse, favorecieron la erosión de los terrenos y el daño en la agricultura y los ecosistemas fue de proporciones inmensas. Los conejos han sido la plaga de vertebrados más destructiva en Australia. Ni la caza intensiva ni el uso de venenos fueron capaces de reducir su población. Hasta que en los años 50 a alguien se le ocurrió emplear un virus para acabar con los conejos.

El virus mixoma es de la misma familia que el virus de la viruela humana, un poxvirus, pero solo afecta a los conejos, no entraña riesgo alguno para la salud pública. Se descubrió en Uruguay en 1896 en conejos silvestres americanos y causa una enfermedad denomina *mixomatosis*. Es por tanto una de las primeras enfermedades animales asociadas a un virus. En su huésped original, el conejo y las liebres americanas causa una enfermedad muy leve, pero en los conejos europeos es devastador, es una enfermedad muy grave con una mortalidad muy alta. A los conejos infectados las salen unas lesiones cutáneas, nódulos y tumores en la cara y extremidades. La muerte por neumonía e inmunosupresión es muy frecuente y la tasa de mortalidad supera el 99%. El virus se trasmite por contacto directo y también por pulgas y mosquitos. Ya en los años 30 se llevaron a cabo las primeras investigaciones para determinar el uso potencial del virus de la mixomatosis para el control biológico de la plaga de conejos en Australia, pero los primeros ensayos de campo comenzaron en 1950. Durante los primeros años se realizaron varias campañas de inoculación masiva del virus y los resultados fueron espectaculares: la población de conejos se redujo de 600 a 100 millones en solo un par de años. Las noticias del éxito del control de la plaga de conejos en Australia llegaron rápidamente a Europa. En Francia, en junio de 1952, a un distinguido médico y bacteriólogo de 77 años ya retirado, el doctor P.F. Armand Delille, se le ocurrió inocular con el virus a dos conejos silvestres de su finca situada a 70 kilómetros de París. En seis semanas el 98% de los conejos silvestres de la zona habían muerto. El virus se extendió rápidamente por toda Europa y el Reino Unido, y la población de conejos silvestres se redujo entre un 90-95% los siguientes años. Los agricultores se pusieron muy contentos, pero las asociaciones de cazadores no eran de la misma opinión. En la península ibérica tuvo también consecuencias ecológicas: al desaparecer los conejos, la supervivencia de sus depredadores también se vio afectada y puso en peligro de extinción a otras especies como el águila imperial y el lince ibérico. Este experimento de control biológico mediante la introducción de un patógeno en una población *virgen* sin contacto previo con este, ha permitido estudiar en tiempo real la coevolución de ambas poblaciones, el virus-patógeno y el conejo-huésped. Con el tiempo, se ha comprado que se han ido seleccionando aquellos conejos que presentaban una resistencia genética a la mixomatosis y aquella cepas del virus más atenuadas capaces de transmitirse mejor en el huésped. Como hemos dicho, al principio las tasas de mortalidad llegaban al 99%, pero en unos pocos años algunos conejos sobrevivían a la enfermedad y fueron apareciendo cepas del virus más atenuadas con tasas de mortalidad inferiores al 50%; es decir, con el tiempo el virus y el conejo se fueron adaptando. Por eso, en los años 90 comenzó a estudiarse otra estrategia para controlarlos: emplear virus del mixoma modificados genéticamente de forma que causara infertilidad en las hembras, lo que se conoce como *vacunas inmunoanticonceptivas*. Se trataba de controlar la población de conejos mediante el control de su fertilidad en vez de aumentando su mortalidad. Una de las lecciones que aprendemos de este ejemplo es que los virus también son parte del ecosistema y que toda alteración de su equilibrio natural tiene consecuencias imprevisibles.

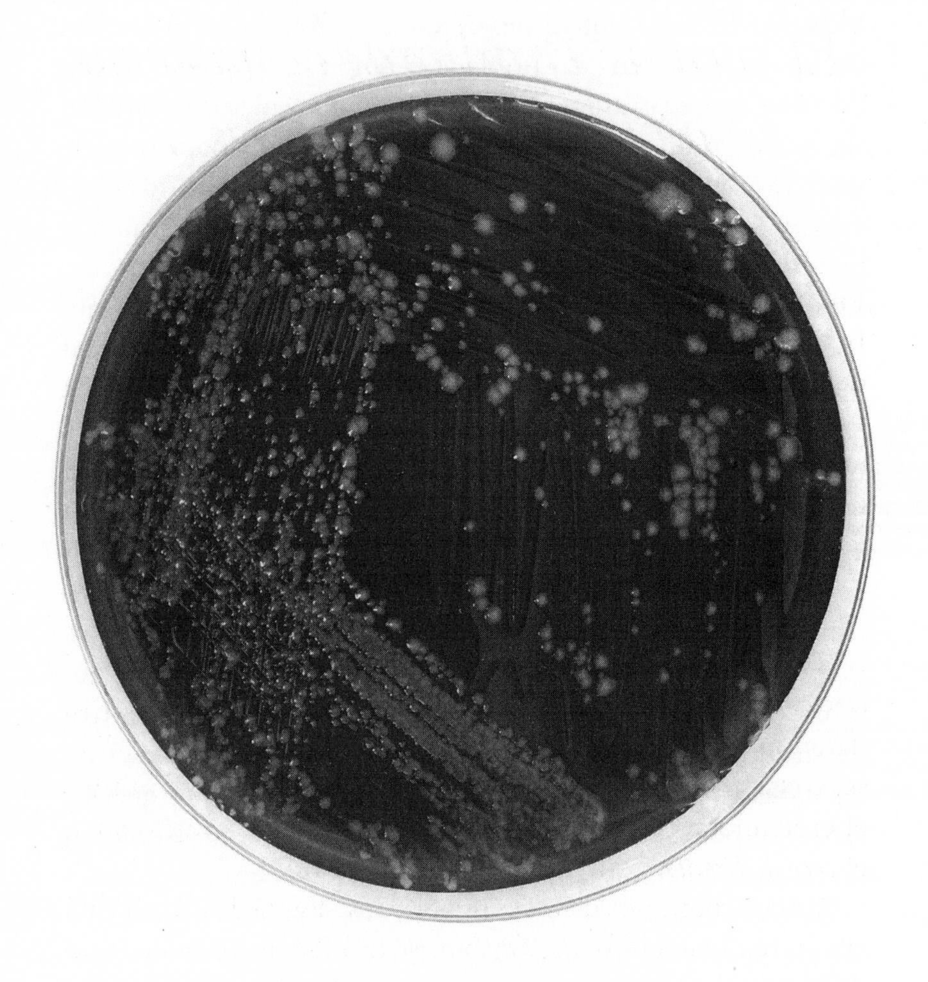

Placa de petri con un cultivo de *Legionella pneumophila* [Ashley Marie Best].

El coco de Bradford: el misterio de los virus gigantes

En 1992, durante un brote de neumonía en el hospital de Bradford en el Reino Unido, se tomaron muestras de agua del sistema de aire acondicionado. Se buscaba la bacteria *Legionella,* que causa neumonías y que vive dentro de las amebas que se multiplican en estos sistemas de refrigeración. Dentro de las amebas, se observó al microscopio óptico lo que entonces se describió como una pequeña bacteria con forma redondeada que se teñía como las bacterias gram positivas —un tipo de tinción que permite diferenciar las bacterias en gram positivas y gram negativas—. Se le denominó el *coco de Bradford* —las bacterias con forma redondeada se denominan cocos—. Se intentó aislar la bacteria y amplificar su ADN, y se añadieron antibióticos a las amebas para inhibir el crecimiento del microorganismo. Pero nada funcionaba, el *coco de Bradford* era una bacteria muy rara.

Más de diez años después, en 2003, se logró descubrir qué era en realidad el *coco de Bradford.* Se trataba de un nuevo tipo de virus muy peculiar: los mimivirus. Se denominaron así porque se confundieron con bacterias debido a su tamaño y a que *imitaban* (del inglés *mimicking microbe*) la tinción de gram positiva. El genoma de estos mimivirus era el mayor genoma viral conocido hasta este momento. Tenía genes no encontrados en ningún otro virus y que hasta entonces se creía que eran exclusivos de organismos celulares. Desde entonces se han ido encontrando otros virus gigantes similares, como el *Megavirus chilensis,* que también se replica en el interior de las amebas y que se descubrió en 2011 durante una campaña en la estación marina de Las Cruces en Chile. Estos mimivirus son realmente grandes. Tienen un tamaño de alrededor de 0,7 micras, un genoma de 1,2 millones de pares de bases con unos 1.120 genes, aproximadamente. Para que te hagas una idea el virus de la gripe tiene un tamaño menor de 0,1 micras y un genoma con unas 14.000 pares de bases que codifica solo diez proteínas. Los mimivirus son más grandes que las bacterias más pequeñas. Por ejemplo, *Mycoplasma genitalium* es una de las bacterias de vida independiente más pequeñas, mide menos de 0,5 micras, y tiene un genoma de unos 580.000 pares de bases con 525 genes, prácticamente la mitad que los mimivirus. La morfología de los mimivirus es muy diferente a la de otros virus. Tienen una estructura pentagonal característica rodeada de una capa de finas fibras proteicas. La mayoría de los descritos se han aislado del interior de la ameba *Acanthamoeba polyphaga.* También se han descrito en esponjas y corales, y un tipo de virus gigante, el cafeteriavirus, se ha aislado de un flagelado unicelular del zooplancton marino. Por eso, se sugiere que los mimivirus pueden jugar un papel importante en los ecosistemas acuáticos.

Diez años después del descubrimiento de los mimivirus, en 2013, se describió otro nuevo tipo de virus gigantes, los pandoravirus. Como los anteriores, también se multiplican dentro de la ameba *Acanthamoeba.* Se han aislado en muestras de sitios tan alejados como Chile y Australia. Son incluso más grandes que los Mimivirus, pueden tener hasta 1,2 micras, con genomas de más de 2,8 millones de pares de bases y más de 2.500 genes. La estructura de los pandoravirus sin embargo es muy diferente a la de los mimivirus, y los análisis genéticos demuestran que no están emparejados. Los pandoravirus tiene forma de ánfora ovalada, rodeados por una envoltura compuesta por varias capas de un grosor de unos 70 nanómetros que dejan un abertura a modo de canal.

Por otra parte, en 2014, a partir de muestras congeladas a 30 metros de profundidad en el permafrost de Siberia, se aisló un tercer tipo de virus gigante diferente a los anteriores que se denominó *Pithovirus sibericum.* Las muestras fueron datadas con más de 30.000 años de antigüedad. Probablemente este sea el virus más grande hasta ahora conocido con 1,5 micras de tamaño, ¡que para un virus es una enormidad! Sin embargo, sorprendentemente, aunque su tamaño es mayor que el de los mimivirus y pandoravirus, su genoma es más pequeño, con unos 610.000 pares de bases y *tan solo* 467 genes. Su morfología es más parecida a los pandoravirus, pero genéticamente son más similares a los mimivirus.

Mimivirus, megavirus, pandoravirus, pithovirus... El descubrimiento de los virus gigantes parásitos intracelulares de amebas y otros organismos unicelulares ha abierto un debate sobre la definición, el origen y la evolución de los virus. Algunos piensan que estos virus son en realidad *ladrones de genes* que han adquirido todo su enorme arsenal genético por transferencia horizontal de otros virus y organismos celulares. Quizá hayan podido evolucionar a partir de un genoma celular ancestral mediante un proceso de evolución reductiva, frecuente en otros microorganismos parásitos intracelulares. Otros autores sugieren incluso que estos virus gigantes tienen un ancestro común y representan un cuarto dominio entre los seres vivos, además de las bacterias, las arqueas y los eucariotas. Por eso, han propuesto agruparlos todos en un nuevo orden, los *megavirales.* Aunque se ha descrito un caso humano de un paciente con neumonía al que se le aisló un mimivirus, no sabemos realmente si son infecciosos y pueden llegar a causar alguna enfermedad en animales o humanos. Por eso, se sigue investigando el papel de estos virus gigantes en enfermedades humanas. Los virus gigantes no son algo anecdótico, cada vez vamos descubriendo que son más diversos de lo que se pensaba en un principio. Es muy probable que aparezcan más virus de este tipo. Seguro que en los próximos años oímos hablar más de estos virus gigantes que en su día se confundieron con bacterias, los *cocos de Bradford.*

El microscopista holandés Anton van Leeuwenhoek,
por Gaetano Gandolfi [Met Museum].

Nuestros virus: el viroma humano

Hace más de 300 años, Anton van Leeuwenhoek (1632-1723) fue el primero que vio cientos de bacterias que habitan en nuestra boca, lo que él denominó «animálculos». Y es que somos más microbios de lo que pensamos: el número de bacterias en nuestro cuerpo puede llegar a ser superior al número de células humanas. Al conjunto de microorganismos (bacterias, protozoos, hongos y levaduras) que se encuentran en el cuerpo en individuos sanos se le denomina *microbiota*. La diversidad de microbios en nuestro organismo es enorme. Se estima que en nuestro cuerpo habitan más de 10.000 especies bacterianas diferentes. En general, nuestras comunidades microbianas están compuestas de algunos tipos bacterianos (muy pocos) que son muy abundantes y frecuentes, junto con muchas, muchas bacterias distintas pero representadas en pequeño número. O sea que, aunque la diversidad es enorme, hay algunas pocas bacterias con las que nos llevamos muy bien y aparecen mucho en nuestro cuerpo. No sabemos por qué, pero también el tipo de bacterias es muy variable entre personas: las bacterias que tú tienes son distintas de las mías. La microbiota es única para cada individuo. Además, la comunidad de bacterias en una persona determinada cambia a lo largo del tiempo. Probablemente todo esto dependa de la edad, el sexo, la dieta, el grado de obesidad, la inmunidad, la genética del individuo, y también de otros factores como el clima o la propia higiene personal. Cuando se compara la microbiota en distintas zonas del cuerpo, se observa que las bacterias de cada parte son muy diferentes. La mayor diversidad microbiana la encontramos en el tracto intestinal y en la boca; la piel tiene una diversidad media y donde menos tipos distintos de bacterias hay es en la vagina.

Está claro, bacterias tenemos muchas, pero ¿y los virus?, ¿tenemos virus en nuestro cuerpo? El cultivo de los virus ha supuesto una limitación en el estudio de los virus que habitan en nuestro cuerpo, pero desde hace unos pocos años las nuevas técnicas de secuenciación masiva de genomas, la *metagenómica*, ha permitido hacernos una idea del conjunto de virus que tenemos en nuestro organismo sano, lo que se denomina el *viroma humano*. Los análisis demuestran que en nuestro cuerpo puede llegar a haber unos tres billones (millones de millones) de partículas virales de unos 1.500 tipos diferentes. Puede parecer mucho, pero es muy poco si lo comparamos con la variabilidad de virus en una muestra ambiental: en un kilogramo de sedimento marino puede haber entre 10.000 y un millón de virus diferentes. En el intestino es donde más virus encontramos, pero también hay en las mucosas, los tractos respiratorio y urinario y en la vagina. Donde hay bacterias ahí hay virus, así que la mayoría de los virus que encontramos son bacteriófagos, virus que infectan nuestra bacterias. Obviamente en las personas enfermas encontramos virus patógenos, pero también se encuentran en personas sanas, algunos herpes, adenovirus y papilomavirus. También se detectan virus de plantas, que muy probablemente sean producto de la dieta alimenticia. Sin embargo, la inmensa mayoría de las secuencias de ADN que se encuentran son de virus sin caracterizar, hasta ahora desconocidos, que ni siquiera están en las bases de datos. El conjunto de nuestros virus puede afectar a nuestro estado de salud. Por ejemplo, los bacteriófagos puede tener influencia en la población de nuestras bacterias y en su virulencia, lo que puede tener consecuencias a su vez en nuestro estado de salud.

Somos lo que somos porque somos virus

Los virus son los elementos genéticos más numerosos y diversos de la Tierra. Están en todas partes y son capaces de infectar cualquier tipo de organismo, así como a otros virus. Han intervenido en la evolución de la vida celular desde su origen. Ya hemos hablado del SIDA, causado por el virus de la inmunodeficiencia humana (VIH), un retrovirus. Como hemos visto, los retrovirus son un tipo de virus con genoma diploide ARN mono hebra. Durante su ciclo celular, son capaces de copiar su ARN a ADN, lo que se denomina *transcripción reversa.* Luego, integran su genoma ADN en un cromosoma de la célula del huésped en forma de provirus. Así el retrovirus puede quedar *escondido,* insertado en el genoma de la célula durante mucho tiempo. Los retrovirus son los únicos virus conocidos, hasta el momento, que requieren la integración de su genoma en un cromosoma del huésped para completar de forma satisfactoria su ciclo celular. Lógicamente, los retrovirus, como todos los virus, pueden transmitirse *horizontalmente* entre distintos individuos y causar infecciones. Pero, el virus en forma de provirus insertado en el genoma de una célula normal no pasa a nuestra descendencia, no lo heredan nuestros hijos.

Sin embargo, ocurre algo distinto si el retrovirus infecta una célula germinal, es decir, uno de nuestros gametos. En ese caso, el provirus puede llegar a heredarse como un gen celular más y acabar en el genoma de nuestros descendientes. Si el gameto lleva en su ADN el ADN del retrovirus, después de la fecundación todas las células del nuevo embrión llevarán en su genoma el provirus. Y esto es lo que ha ocurrido en repetidas ocasiones a lo largo de los últimos millones de años en muchos organismos, incluido el ser humano. Por eso, en nuestro genoma existen copias de retrovirus que han ido infectando los gametos y se han ido integrando como provirus en el genoma humano durante el curso de la evolución. Son los denominados *retrovirus endógenos* (ERV, *endogenous retrovirus;* HERV, *human endogenous retrovirus*), restos de retrovirus que han quedado *fosilizados* en nuestro genoma. En este caso se trata de una transferencia del virus *vertical,* de padres a hijos, lo que permite la *fijación* de esos retrovirus endógenos en el genoma de la población.

Los retrovirus endógenos completos codifican varias proteínas y están flanqueados por dos secuencias terminales largas o LTR (*long terminal repeats*), que son zonas reguladoras. A lo largo de la evolución, los retrovirus endógenos han perdido gran parte de sus funciones, por mutaciones o modificaciones, y son incapaces de producir virus infecciosos. El 90% de los retrovirus endógenos solo contienen ya esas secuencias reguladoras de los extremos y han perdido por tanto su capacidad retroviral. Sin embargo, debido a su capacidad de copiar su propio ADN e insertarse en otros puntos del genoma, los retrovirus endógenos se *han extendido* y existe en gran número en el genoma de los mamíferos. Por ejemplo, se calcula que el 8% de nuestro genoma son retrovirus endógenos: tenemos cerca de 450.000 copias de estos retrovirus *fósiles* en nuestro ADN que infectaron hace millones de años nuestra línea germinal. Y lo mismo ha ocurrido en los genomas de otros muchos vertebrados. Son parte de eso que durante años se llamó, con gran desacierto, el ADN *basura,* secuencias que no codifican proteínas pero que hoy sabemos que tienen una función reguladora. En concreto, estas regiones de los extremos pueden interferir con la expresión de otros genes del huésped y cada vez hay más datos del impacto de estos virus endógenos en la biología del huésped.

Los retrovirus endógenos han contribuido a remodelar la arquitectura del genoma a lo largo de millones de años, han contribuido a la evolución del genoma del huésped introduciendo innovación y variabilidad genética, e influyen en la expresión de los genes del huésped.

Por ejemplo, algunos retrovirus endógenos pueden ser patógenos y han sido relacionados con varias enfermedades, como esclerosis múltiple, enfermedades autoinmunes, diabetes e incluso cáncer. Por eso, algunos retrovirus endógenos son definidos como auténticos *parásitos del genoma*. Los retrovirus endógenos pueden causar fenómenos de reordenamiento de secuencias que están relacionados con procesos cancerígenos. Cada vez hay más evidencias de que la actividad de varios retrovirus endógenos humanos contribuye a la formación de tumores, melanomas y carcinomas. Se ha comprobado que los retrovirus endógenos pueden promover tumores porque generan inestabilidad genética y modifican químicamente el ADN. Además, pueden producir ARN de interferencia que altera la expresión de los genes adyacentes. Algunos genes regulados por retrovirus endógenos se han relacionado con tumores de mama, testículo, próstata, útero, etc.

Sin embargo, el que los retrovirus endógenos se hayan mantenido durante la evolución en nuestro genoma sugiere que han tenido también un papel beneficioso para nuestra supervivencia. Hay varios estudios que muestran la implicación de los retrovirus endógenos en el desarrollo normal de la placenta de los mamíferos. Un ejemplo concreto son los genes de las sincitinas, cuyo origen son en realidad retrovirus endógenos. Son un ejemplo de *domesticación* molecular de retrovirus endógenos para llevar a cabo una función celular. Las sincitinas son proteínas que promueven la fusión de un grupo de células de la capa externa del blastocisto, esenciales para la formación de la placenta de los mamíferos. Además, esas sincitinas juegan un papel esencial en la tolerancia inmunológica, la tolerancia del feto al sistema inmune de la madre. Sin esta modulación del sistema inmune, el feto sería *rechazado* por el sistema inmune de la madre y no podría desarrollarse. Algunos retrovirus endógenos también pueden tener otros efectos beneficiosos: algunos de los productos que codifican sus genes pueden ser responsables de proteger al huésped contra infecciones virales externas. En concreto, algunas proteínas de estos virus fosilizados interfieren con el receptor celular del retrovirus exógeno, bloquean su entrada a la célula e impiden que se multiplique. Un ejemplo concreto se ha descrito en el genoma de las ovejas. Se estima que un retrovirus endógeno que se fijó en su genoma hace unos tres millones de años expresa una proteína que bloquea e impide la infección por el retrovirus exógeno JSRV (*jaagsiekte sheep retrovirus*), el agente causante de un tipo de cáncer de pulmón contagioso denominado *adenocarcinoma pulmonar ovino.* Ejemplos similares se han descrito en retrovirus endógenos de otros vertebrados, como pollos, ratones y gatos. Sin embargo, aunque en el genoma humano hay cientos de retrovirus endógenos, hasta el momento no se ha descrito ningún caso humano de defensa viral debido a los retrovirus endógenos.

Como estamos viendo, los retrovirus endógenos se transmiten de una generación a otra y persisten integrados en el genoma a lo largo de miles de años. Se cree que han jugado un papel muy importante en el proceso evolutivo humano. Algunos retrovirus endógenos se han incorporado a nuestro genoma *recientemente* y son específicos de humanos. Se integraron después de la separación entre humanos y chimpancés, hace unos seis millones de años. Como este tipo de retrovirus endógenos son los biológicamente más activos se cree que han podido contribuir a las diferencias genómicas entre humanos y chimpancés a través de inserciones y reordenamientos específicos. Los humanos modernos (*Homo sapiens*) compartimos un ancestro común con otros dos tipos de homínidos arcaicos, los neandertales y los denisovanos, de hace unos 800.000 años. La población que dio lugar a los homínidos modernos (o sea, a nosotros los *Homo sapiens*) se separó de neandertales y denisovanos hace unos 400.000 años. No obstante, la evolución humana es un campo de investigación muy activo y probablemente surjan otras propuestas en un futuro cercano. En 2011 se publicaron las secuencias de los genomas de estos dos homínidos arcaicos, a partir del ADN de sus fósiles, lo que ha permitido buscar secuencias de retrovirus endógenos. Se han identificado muchas secuencias de retrovirus en los genomas de ambos homínidos que también están presentes en los humanos modernos y que, por tanto, se formaron en el ancestro común a los tres linajes: *Homo sapiens*, neandertales y denisovanos. Sin embargo, se han encontraron 14 secuencias de retrovirus endógenos exclusivas de estos homínidos arcaicos que no aparecen en los humanos modernos. Algunos de estos retrovirus endógenos aparecen en ambos, en neandertales y denisovanos, lo que es consistente con la hipótesis de que estos homínidos arcaicos compartieron un ancestro común mas reciente que el que compartían con el linaje de los humanos modernos. Además, la existencia de retrovirus endógenos que aparecen en denisovanos y no en neandertales confirma también la hipótesis de que ambos linajes se separaron hace miles de años y permanecieron distintos. Aunque son necesarios análisis más precisos de los genomas de estos antepasados nuestros, esta investigación demuestra que los retrovirus infectaron las líneas germinales de estos homínidos ancestrales después incluso de haberse separado del linaje que dio lugar a los humanos modernos. Estos estudios demuestran también que este tipo de análisis puede ayudar a discernir los procesos o las etapas de nuestra propia evolución.

La caracterización de los retrovirus endógenos ofrece también una oportunidad única de llevar a cabo estudios funcionales sobre virus ya extinguidos y sobre otros aspectos de la coevolución entre los virus y sus huéspedes. Por eso, varios grupos de investigación han reconstruido en el laboratorio secuencias completas de retrovirus endógenos capaces de infectar células. Son versiones infectivas de retrovirus endógenos similares a los retrovirus antiguos de los que provenían. En definitiva, se trata de *resucitar* virus fosilizados en el genoma. Este tipo de trabajos en los que se generan en el laboratorio partículas de retrovirus endógenos infecciosas sugieren la posibilidad de que las células podrían llegar a hacer lo mismo por fenómenos de recombinación genómica. No se puede descartar, por tanto, que algunos retrovirus exógenos actuales hayan podido surgir por fenómenos de mutación y recombinación de retrovirus endógenos.

Nuestro genoma tiene una longitud aproximada de unos 3.200 millones de pares de bases de ADN y contiene unos 20.500 genes. Un grano de arroz puede llegar a tener el doble de genes que nosotros. La diferencia entre la secuencia del ADN de un humano y un chimpancé es menos del 2%. Tenemos prácticamente la misma baraja de cartas que un chimpancé, pero jugamos muy diferente. Solo el 30% de nuestro ADN está relacionado con los genes, el resto es lo que se denominó ADN *basura*. Cada vez conocemos más la estructura y función de esa parte del genoma que no son genes. La cantidad de genes no es lo que importa, ni tampoco la secuencia del ADN; lo esencial es la regulación, cómo y cuándo se expresa el genoma. Y ahí intervienen también los retrovirus endógenos. Algunos de sus genes se han incorporado al genoma de los animales y a lo largo de millones de años han influido en su evolución. Esto sugiere que la evolución no es un árbol del que brotan ramas ordenadas perfectamente lineales y separadas, sino que se asemeja más a uno de esos árboles del Amazonas cuyas raíces y ramas forman una maraña que sube y baja, se entremezclan y cruzan unas con otras. También los virus han tenido que ver en la configuración del genoma de los animales.

El adenovirus 36 y los gordos

La OMS, que siempre nos anima el día dándonos buenas noticias, anunció hace unos años que la obesidad ya se puede considerar una epidemia que afecta a todo el mundo. Se calcula que hay más de mil millones de adultos que tienen sobrepeso, de los cuales al menos 300 millones son obesos. 42 millones de niños menores de cinco años son gordos. La obesidad infantil es uno de los problemas más graves del siglo XXI en cuanto a salud pública. Las personas obesas tienen mayor riesgo de padecer hipertensión, diabetes, enfermedades cardiovasculares, apneas y problemas respiratorios y algunos tipos de cáncer. Y para colmo también eran más susceptibles de sufrir la COVID-19.

No hay una única causa de la obesidad. Tu sobrepeso depende de muchos factores: genéticos, metabólicos, estilo de vida, deporte, alimentación e incluso factores ambientales. Otro factor que se discute desde hace unos años es la contribución de las infecciones virales a la obesidad: ¿puede un virus ser la causa de la obesidad?, ¿mi obesidad es debido a una infección?, ¿realmente estoy gordo o la culpa es de un virus?

Existen evidencias que relacionan la obesidad con infecciones virales. La mayoría de los datos se han obtenido en modelos animales. Por ejemplo, el primer trabajo que relacionaba virus y obesidad es de hace más de 30 años, con el virus de la enfermedad del moquillo de los perros —un virus similar al del sarampión, pero que no afecta a humanos—. Algunos experimentos con ratones han demostrado que este virus causa obesidad en el 30% de los animales infectados. En ratones, el virus se multiplica en el hipotálamo y afecta

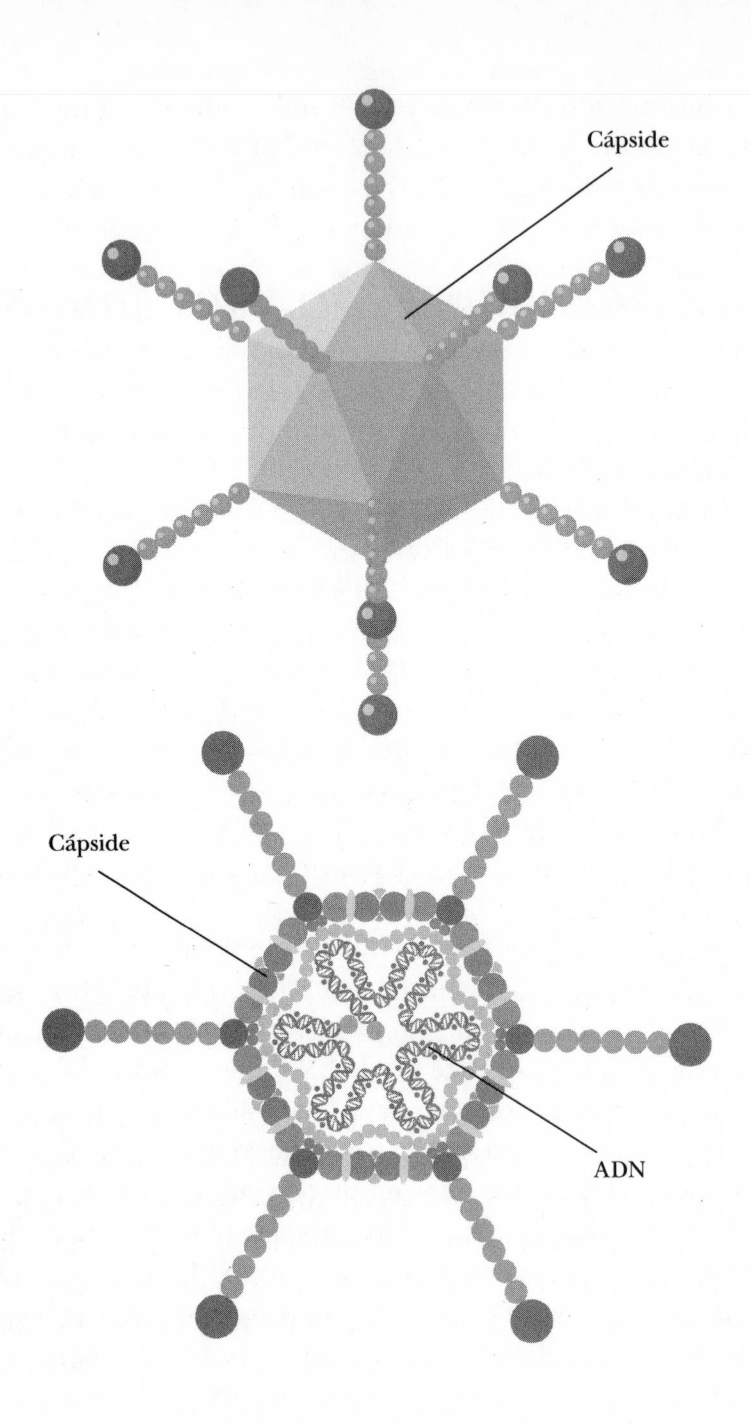

Ilustración esquemática de la anatomía externa e interna de un adenovirus [Olga Bolbot].

a la producción de hormonas, lo que acaba generando una alteración del metabolismo y obesidad. De forma similar, el virus de la enfermad de Borna —que infecta a muchos tipos de animales y no está claramente relacionado con ninguna enfermedad humana— también se ha relacionado con la obesidad en ratas por alterar el hipotálamo. Otro ejemplo es el virus asociado al Rous, el retrovirus más frecuente en aves de corral y que causa obesidad en las gallinas. El virus afecta a la glándula del tiroides y causa hipotiroidismo, que acaba manifestándose como obesidad.

En humanos, se ha relacionado la obesidad con dos tipos de adenovirus. Los adenovirus son muy frecuentes en humanos y típicamente causan infecciones leves del sistema respiratorio, gastrointestinal o la conjuntiva. Existen más de 50 tipos distintos de adenovirus humanos. Uno de ellos, el virus SMAM-1 ha sido el primero que se sugirió que podía causar obesidad en humanos. Se descubrió en los años 80 durante una epidemia en aves de corral, en la que se observó que las aves infectadas tenían una acumulación de grasa en el abdomen. Posteriormente se comprobó que las gallinas infectadas experimentalmente con este virus tenían un 50% más de grasa que las gallinas control sin infectar. En un estudio con personas obesas en la India, se observó que el 19% tenían anticuerpos frente a este virus, lo que demostraba que habían estado en contacto con el virus.

Pero el virus que más atención ha atraído por su posible relación con la obesidad humana es el adenovirus 36. Se aisló por primera vez en 1978 de una muestra de heces de una niña con gastroenteritis. Desde el año 2000 se ha venido relacionando con la obesidad. Se ha demostrado que este virus aumenta el nivel de grasa en ratones y pollos. También se ha experimentado en primates: los monos infectados con el adenovirus 36 eran más gordos y tenía cuatro veces más grasa que los monos control sin infectar. En un estudio con 502 voluntarios humanos, el 30% de los obesos tenían anticuerpos contra este virus, frente a solo el 11% de las personas sin sobrepeso. Los resultados parecen más evidentes cuando se ha estudiado su relación con la obesidad infantil: en un trabajo en el que se analizaban 124 niños, el 78% de los que tenían anticuerpos frente al adenovirus 36 eran obesos. ¿Cómo este virus puede tener alguna relación con la obesidad? Hay estudios que han encontrado partículas virales en el interior de los adipocitos, que son las células que forman el tejido adiposo y que contienen hasta un 95% de grasa en su interior. Parece ser que la infección con este adenovirus induce la diferenciación de las células en adipocitos, lo que aumenta la cantidad de tejido adiposo. Es decir, el virus hace que las células madre humanas se transformen en células de grasa, lo que aumenta el tejido adiposo. Además, el adenovirus 36 también puede tener un efecto dañino para el hígado, lo que puede afectar al metabolismo de los lípidos y contribuir al aumento de peso. Sin embargo, todos estos estudios, aunque muy sugestivos, no acaban de demostrar que la causa de la obesidad en humanos sea la infección por el virus. Obviamente por razones éticas no es posible llevar a cabo una infección experimental en personas y ver qué pasa. Pero los datos sugieren que no es descabellado pensar que algunos virus puedan afectar al metabolismo, a la síntesis de hormonas o a la diferenciación celular y, por ello, causar obesidad en humanos. La infección viral puede influir, pero no parece que sea una causa necesaria para la obesidad humana. Se necesitan más estudios epidemiológicos para llegar a una conclusión. De momento, no le eches la culpa a los virus. Una dieta saludable, reducir la ingesta de grasas y mantener una rutina de ejercicio y actividad física de al menos 30 minutos diarios es la mejor manera de no engrosar los números de la nueva epidemia del siglo XXI: la obesidad.

El torpevirus: la estupidez es contagiosa

Ya hemos visto que nuestro cuerpo no está estéril, contiene una gran cantidad de microorganismos que se conocen como la microbiota. Muchos de ellos son virus, pero la composición de virus de nuestra microbiota es bastante desconocida. Hace unos años, un grupo de investigadores estadounidenses publicaron un sugerente trabajo en el que estudiaron los virus presentes en la garganta de un grupo de individuos sanos. Ellos mismos se sorprendieron al descubrir la presencia de un virus muy similar a un virus del alga verde unicelular *Chlorella.* Este resultado en realidad lo encontraron por casualidad. Los autores estaban estudiando la microbiota de 33 individuos sanos e hicieron un análisis de secuenciación masiva de todo el ADN de muestras tomadas de la garganta de estas personas. Lo que no se esperaban encontrar es que en 14 de ellas (el 42%) había secuencias de ADN similares al genoma del este virus de algas. Para confirmar sus resultados, realizaron más análisis y detectaron ADN del virus en 40 personas de un total de 92 (el 43%). Es la primera vez que se detecta este tipo de virus de algas en la garganta humana, y es que no es nada frecuente que un virus *cruce* los distintos *reinos* de seres vivos. Como las personas de este estudio estaban participando también en un estudio sobre funcionamiento cognitivo, decidieron examinar la relación entre la presencia de ADN de este virus en la garganta y el resultado de una batería de test cognitivos. Y encontraron otro resultado más sorprendente todavía: la presencia de ADN de este virus estaba asociada —de forma *modesta* pero significativa desde el punto de vista estadístico, dicen los autores— con un peor resultado en algunos test cognitivos. Es decir, las personas con este virus tenían peores resultados en los test de procesamiento visual, reconocimiento espacial y atención; en definitiva, eran menos espabiladas. Los resultados además eran independientes de otras variables como el sexo, la edad, la raza, el estatus socioeconómico, el nivel educativo, el lugar de nacimiento y si fumaban o no. Para confirmar este resultado tan sorprendente, realizaron un experimento con ratones. Inocularon el virus por vía intestinal a un grupo de ratones y comprobaron que los ratones con el virus también dieron peores resultados en los test de reconocimiento espacial y de memoria que los ratones normales. No solo eso, sino que además los ratones con el virus tenían alterado el patrón de expresión de genes del hipocampo, la región del cerebro asociada con el aprendizaje, la memoria y el comportamiento. Estos resultados demuestran que los virus no solo infectan a los seres humanos, sino que pueden tener también otros efectos biológicos. Aunque el mecanismo exacto no se conoce, los autores sugieren que quizá el diferente comportamiento neurológico puede ser debido a que la infección del virus altera la respuesta inmune que afecta al control de la expresión génica que influye en el funcionamiento del hipocampo y por tanto en el comportamiento. No sabemos si será así, pero no cabe duda de que cada vez hay más datos de la importancia de nuestros microbios no solo en nuestra salud sino también en nuestro comportamiento.

Pero este trabajo deja también una gran cantidad de apasionantes y sugerentes preguntas sin respuesta: ¿Cómo ha podido llegar este virus de algas a la garganta del 43% de las personas analizadas? Si la presencia de este virus afecta al procesamiento visual, el reconocimiento espacial y a la atención, ¿las personas con el virus son en definitiva menos espabiladas? ¿Se puede relacionar por tanto con la estupidez humana? ¿Han descubierto el *torpevirus*, un virus que nos hace más torpes, más estúpidos? ¿Eres imbécil o es que estás infectado? Si como algas o me inoculo este virus, ¿me vuelvo más estúpido? ¿Se puede trasmitir el virus de una persona a otra? ¿Es, por tanto, la estupidez contagiosa? Si elimino el virus, ¿se podría curar la estupidez? ¿Podría un Gobierno extender este virus por la población para hacerla más estúpida y por tanto más fácilmente dominable? ¿Se podría emplear como potencial arma de guerra biológica, para extender la estupidez en el enemigo? ¿Te puedes inmunizar contra la estupidez? ¿Piensa mi mujer que yo estoy también infectado por este virus? ¡La verdad es que ahora se me ocurren cantidad de cosas de las que puedo echar la culpa a este virus!

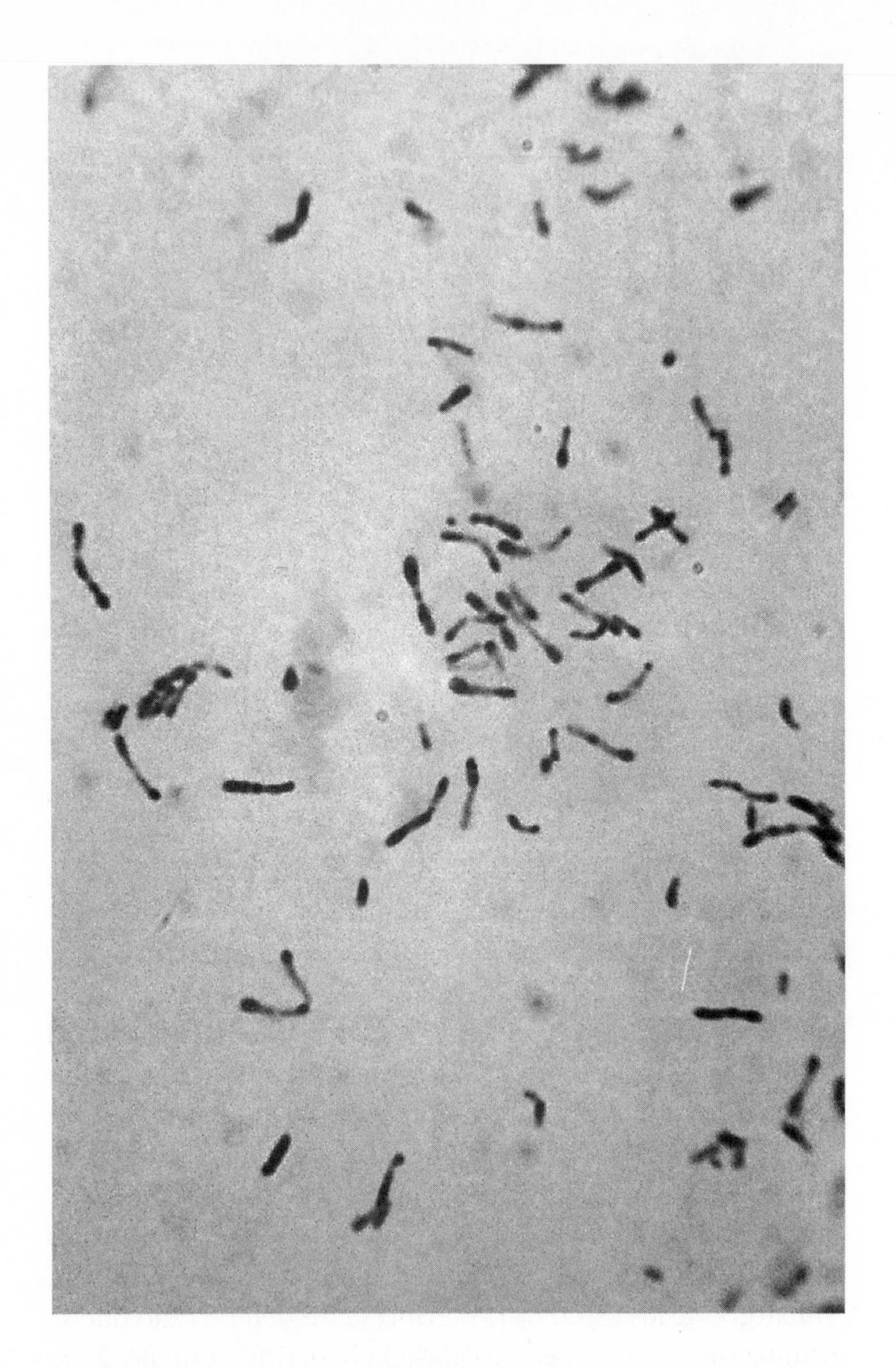

La bacteria *Corynebacterium difteriae* produce una toxina que causa la difteria. La síntesis de esta toxina depende de un virus que infecta la bacteria. Solo si la bacteria está infectada por el virus es capaz de sintetizar la toxina. Esta toxina le permite a *Corynebacterium* colonizar el tracto respiratorio. Obviamente, desde una perspectiva humana este virus no supone ningún beneficio, pero desde el punto de vista de la bacteria sí que es beneficioso para ella.

Algunos virus son unos buenos tipos

A lo largo de este libro hemos ido viendo ejemplos de virus *malos* que infectan las células y producen enfermedades, epidemias y pandemias. Les hemos llamado incluso *piratas* de la célula. Pero ¿los virus son siempre malos? ¿No hay virus buenos? Quizá pienses que, como los virus son agentes patógenos, si desaparecieran de la Tierra el impacto sería mínimo e incluso beneficioso. Sin embargo, los virus juegan un papel biológico crucial tanto en las células individuales como en todo el ecosistema. Sin virus la vida en la Tierra sería muy diferente e incluso quizá no existiría. En realidad, de la *bondad* de algunos virus ya hemos hablado: los virus que infectan y matan bacterias, los bacteriófagos, nos pueden ayudar a controlar algunas infecciones; hoy en día podemos manipular algunos virus y emplearlos como terapia contra el cáncer; otros, como los retrovirus endógenos, son parte de nuestro genoma y probablemente hayan influido en nuestra propia evolución como humanos. Pero hay más ejemplos de virus que tienen efectos beneficiosos.

En 1995 se descubrió en una muestra de suero humano un virus que se relacionó con el virus de la hepatitis. Sin embargo, varios estudios posteriores han demostrado que se trataba de un virus distinto al de la hepatitis y que no se ha asociado hasta el momento con ninguna patología o enfermedad en humanos. Se le denominó virus GB por la iniciales del médico cirujano del que se aisló. Este virus no se multiplica en las células del hígado, sino en un tipo de células sanguíneas, los linfocitos, parte fundamental de nuestras defensas y del sistema inmune. Los análisis epidemiológicos demuestran que, aunque no esté relacionado con ninguna enfermedad, la infección por el virus GB es común en la población y está distribuida por todo el mundo. Por tanto, el virus GB puede establecer una infección persistente, pero sin síntomas clínicos ni enfermedad. Parece ser que se transmite por vía sexual, de madres a hijos y por exposición a sangre contaminada. Entre un 20-40% de las personas VIH positivas tiene también el virus GB. Lo interesante de este virus es que parece interferir directamente con la replicación del VIH, de manera que en las personas infectadas por ambos virus se retrasa la progresión de la enfermedad por VIH. Existen varios estudios que asocian la infección con el virus GB con una mayor supervivencia de las personas VIH positivas y una reducción de la mortalidad. Aunque los mecanismos concretos de este efecto protector no se conocen del todo, parece ser que la infección con el virus GB altera los receptores de la entrada del VIH a las células, inhibe la replicación del VIH, mejora la respuesta inmune innata, activa los linfocitos... En definitiva, afecta a varios factores celulares del huésped que dificultan el ciclo de replicación del VIH. No se descarta que el virus GB, además de proteger contra el VIH, pueda influir también en otras enfermedades infecciosas. Cada vez hay menos dudas de que el virus GB es un *buen tipo* al que hay que seguir muy de cerca.

Todos los seres vivos, desde las bacterias más sencillas hasta los gorilas, pasando por las algas y los insectos, son infectados por algún tipo de virus, normalmente por muchos tipos de virus distintos al mismo tiempo. A lo largo del tiempo, virus y células han evolucionado conjuntamente. Existen virus que tienen una relación de simbiosis mutualista con su hospedador, es decir, una relación en la que ambos, el virus y el huésped, se benefician. En algunos casos se trata de virus que han estado en relación con su huésped durante mucho tiempo y que incluso son ya parte del propio huésped. Por ejemplo, existe un tipo de avispas que parasitan las larvas-oruga de unos insectos, pero para ello necesitan la ayuda de un virus. Estos virus se multiplican en el sistema reproductor de la avispa hembra y son inyectados junto con los huevos de la avispa en la oruga. El virus en la oruga no se multiplica, sino que afecta a su sistema inmune y causa una supresión de las defensas de la oruga, de forma que esta, en vez de destruir los huevos de la avispa —como ocurriría en condiciones normales sin el virus— permite su supervivencia y eclosionan, completando así el desarrollo de la avispa parásita. De esta forma, la avispa y el virus tienen una relación de mutuo beneficio: sin virus, la oruga impediría el desarrollo de los huevos de la avispa; con el virus, la avispa puede desarrollarse.

Algunas partes del parque nacional de Yellowstone en EE. UU. están llenas de fuentes termales. Ahí el suelo puede llegar a alcanzar temperaturas de hasta 50 °C. Existen muy pocas plantas que puedan resistir esas temperaturas y cre-

Erupción de un géiser en el Parque Nacional Yellowstone [Susanne Pommer].

cer en esas zonas del parque, excepto un tipo de hierba: *Dichanthelium lanigunosum.* Los científicos estudiaron cómo esta planta es capaz de tolerar temperaturas del suelo de más de 46 °C, y encontraron un tipo de simbiosis muy peculiar, un tripartito entre la planta, un hongo y un virus: el virus infecta al hongo, que a su vez infecta a la planta. Se ha demostrado que, si el hongo no está infectado por el virus, no es capaz de conferir la tolerancia a la temperatura a la planta. Se requieren ambos, el virus y el hongo, para que la planta puede crecer en esos suelos tan calientes. Se trata de otro ejemplo de endosimbiosis, en este caso gracias a un virus una planta adquiere nuevas propiedades fundamentales para su supervivencia.

También hay virus que son beneficiosos para su huésped porque son capaces de matar a sus competidores. Algunas bacterias y también las levaduras pueden llevar en su interior virus que producen toxinas que matan a los competidores, mientras que ellas mismas permanecen inmunes. Es el caso de la bacteria *Corynebacterium difteriae,* que produce una toxina que causa la enfermedad de la difteria. La síntesis de esta toxina depende de un virus que infecta la bacteria. Solo si la bacteria está infectada por el virus es capaz de sintetizar la toxina. Esta toxina le permite a *Corynebacterium* colonizar el tracto respiratorio. Obviamente, desde una perspectiva humana este virus no supone ningún beneficio, pero desde el punto de vista de la bacteria sí que es beneficioso para ella. En las levaduras, ya Pasteur en 1877 describió el fenómeno denominado *efecto killer,* que consiste en la secreción de una toxina por determinadas cepas de levaduras que provoca la muerte de otras levaduras competidoras *sensibles.* Estas toxinas son producidas por un tipo de virus de infecta esas cepas.

Nadie sabe realmente cuántos virus hay sobre la Tierra, pero algunas estimaciones nos pueden dar una idea de la escala. Por ejemplo, se ha calculado que el número de células procariotas (bacterias y arqueas) en la Tierra es de 10^{30}, un

1 seguido de 30 ceros. Como se estima que por cada célula puede haber unos 10 virus, esto significa que habría 10^{31}, una cantidad inmensa, diez billones de trillones de virus. Si consideramos que un virus puede contener 0,2 fentogramos de carbono (1 gramo son 100.000.000.000.000 fentogramos), la cantidad de carbono que contienen todos estos virus del planeta equivaldría a la de 200 millones de ballenas azules. ¡Y esto sin tener en cuenta los virus que hay dentro de las células eucariotas! Así que también los virus influyen en el ciclo del carbono.

Tampoco sabemos cuántas especies o tipos distintos hay de virus, pero probablemente serán las entidades biológicas más diversas del planeta. En los primeros capítulos vimos que hay muchos tipos distintos de virus según su tamaño, su forma, su tipo de genoma, el tipo de célula que infectan y cómo se multiplican. También hemos visto varios ejemplos de su enorme capacidad de mutación y de su plasticidad genómica. Por eso, la pregunta sobre cuántas especies o tipos distintos de virus hay es muy difícil de responder. Pero de nuevo podemos hacer algunas conjeturas. Algunos biólogos opinan que la biodiversidad del planeta (plantas, animales, hongos, algas, protozoos, bacterias) se estima en unos 1.700 millones de especies distintas. Si asumimos que cada especie biológica contiene un virus diferente habría al menos 1.700 millones de especies de virus distintos. En realidad, este número es una estimación muy por debajo de la realidad. Solo en los humanos podemos encontrar cientos de virus diferentes, por lo que probablemente el número de virus distintos sean mucho mayor. Todo esto no son más que algunos ejemplos y estimaciones que demuestran que los virus han tenido y tienen una influencia fundamental en los ecosistemas de todo el mundo, aunque solo sea por su cantidad y su diversidad. La otra conclusión que también da cierto temor es que conocemos menos del 0,5 % de todos los virus que puede haber en el planeta.

El origen de los virus

El origen y la evolución de los virus es un asunto que sigue fascinando a los científicos. Debido a su enorme diversidad, los biólogos todavía no se ponen de acuerdo en cómo clasificarlos y cómo relacionarlos con el árbol de la vida. Podemos verlos como elementos genéticos con la capacidad de moverse entre las células, o como primitivos organismos libres que han acabado siendo parásitos de las células, o como los precursores de la vida y el origen de las células. Ni siquiera hay consenso en responder a la pregunta de si los virus son seres vivos o no. Para poder responder a esta pregunta primero es necesario que nos pongamos de acuerdo en definir el mismo concepto de vida. En general, la mayoría de los biólogos están de acuerdo en algunas propiedades comunes a todo ser vivo: capacidad de crecer, reproducirse y mantener una homeostasis interna (una estabilidad interna compensando los cambios en su entorno mediante el intercambio regulado de materia y energía con el exterior), responder a estímulos, llevar a cabo algunas reacciones metabólicas y capacidad de evolucionar o cambiar a lo largo del tiempo. ¿Cumplen los virus estos criterios? Sí y no. De alguna forma los virus son capaces de reproducirse. Cuando nos infecta un virus, al cabo de unos días estamos enfermos y la cantidad de virus en nuestro interior se ha multiplicado cientos de millones de veces. Por tanto, podemos afirmar que los virus se reproducen, y además evolucionan, eso es evidente. Hemos visto muchos ejemplos en este libro de virus que cambian, se modifican y evolucionan a lo largo del tiempo. Por eso es tan difícil obtener una vacuna efectiva contra el VIH o tenemos que cambiar la vacuna de la gripe cada año. Pero los virus no tienen metabolismo, no pueden generar ATP (la *moneda* energética de todos los seres vivos celulares), no poseen la maquinaría enzimática para sintetizar sus proteínas, ni poseen ribosomas. Como ya hemos visto, solo se replican en el interior de las células, son parásitos intracelulares obligados. A diferencia de las células vivas, solo tienen un tipo de ácido nucleico ARN O ADN, nunca ambos. Está claro que los virus no son células, pero ¿podríamos afirmar que no son seres vivos? Para algunos, representan un tipo diferente de organismo dentro del árbol de la vida, organismos con cápside y que no sintetizan ribosomas.

Si la pregunta sobre si los virus son seres vivos es difícil de responder, mucho más complicada es la de su origen: ¿de dónde vienen?, ¿cuál es su origen? Sobre esta cuestión todavía hay menos consenso entre los científicos. Se discuten varias hipótesis. Una posibilidad es que los virus se hayan originado a partir de elementos genéticos que se han *escapado* de las células y han adquirido la capacidad de moverse o pasar de una célula a otra. Su origen estaría en elementos genéticos que pueden *moverse* por el genoma de la célula, en un proceso de *corte y empalme* de secuencias de ADN, y que en un determinado momento en la historia evolutiva adquirieron la función de sintetizar una cubierta de proteínas que les permitía escapar de una célula e infectar a otra. Quizá este podría ser el origen de los retrovirus, que, como ya hemos visto, tienen una enorme similitud con los retrovirus endógenos del genoma de muchos animales. También muchos de los bacteriófagos podrían haber surgido a partir de pequeñas moléculas de ADN autorreplicativas, los plásmidos, que con el tiempo adquirirían estructuras especializadas, las cápsides, para poder pasar de una bacteria a otra.

Otra hipótesis sobre el origen de los virus sostiene un origen celular, pero *reduccionista*: los virus provienen de algunos tipos celulares más complejos que a lo largo de la evolución han ido perdiendo funciones hasta adoptar una forma de replicación intracelular parásita. A favor de esta hipótesis está la existencia actual de bacterias muy sencillas como *Chlamydia* y *Rickettsia*, que como los virus son también parásitos intracelulares obligados y que son incapaces de llevar a cabo una vida *libre*. Quizá este haya sido el origen de virus ADN complejos como los poxvirus o los virus gigantes (mimivirus, megavirus...), de los que ya hemos hablado. Estos virus contienen algunas enzimas que les permiten incluso sintetizar su propio ARN. Su origen, por tanto, serían células primitivas que han ido perdiendo funciones hasta hacerse parásitos obligados.

Las dos hipótesis anteriores asumen que las células existieron antes que los virus. Una tercera hipótesis sostiene por el contrario que los virus fueron anteriores al origen de las células, hace unos 3.800 millones de años. Los virus existieron en un mundo precelular como entidades autorreplicativas, capaces de copiarse a sí mismas y que con el tiempo se fueron organizando y haciendo más complejas. Hace 3.800 millones de años la Tierra era un planeta hostil: muy altas temperaturas, impactos de meteoritos, alta radiación, fuertes tormentas eléctricas y gran actividad volcánica. Además, la atmósfera terrestre no tenía oxígeno, pero era rica en otros gases como hidrógeno, metano, CO_2, nitrógeno y amonio. En esas condiciones fueron apareciendo los primeros compuestos orgánicos a partir de compuestos inorgánicos más sencillos (carbono, oxígeno, hidrógeno, nitrógeno, fósforo...). Una de las hipótesis más aceptada es que la secuencia de aparición de esos compuestos orgánicos fue primero el ARN, después las proteínas y por último el ADN. Probablemente hubo un primer mundo prebiótico antes de la aparición de la primera célula en el que la primera molécula orgánica fuera el ARN (el mundo ARN), un ARN con función enzimática y que podría haber catalizado su propia síntesis. La existencia de moléculas ARN con actividad enzimática como las proteínas no es una hipótesis descabellada: hoy en día existen los ribozimas, pequeñas moléculas naturales de ARN con capacidad de romper sus propios enlaces. Posteriormente aparecieron otros compuestos: las proteínas. Con el tiempo, las proteínas habrían sustituido la función catalítica del ARN. Y en algún momento debió surgir el ADN, que, al ser una molécula más estable que el ARN, sustituiría a este como molécula codificante —con la información genética— y el ARN quedaría como intermediario entre el ADN y las proteínas. Este tripartito ADN-ARN-proteína es el que fue seleccionado por la evolución celular hasta nuestros días. Según algunos científicos, los virus provienen de aquel mundo ARN precelular, habrían existido antes que las bacterias, las arqueas y las primeras células eucariotas. También hay quien sugiere incluso que, de la misma manera que las mitocondrias actuales de la célula tienen su origen en un proceso de endosimbiosis y provienen evolutivamente de bacterias, el origen del núcleo de las células podría haber sido un proceso de endosimbiosis de virus ADN complejos ya existentes.

¿Cuál de las hipótesis anteriores sobre el origen de los virus es la correcta? No tenemos una explicación clara y definitiva sobre el origen de los virus, pero muy probablemente las tres hipótesis sean en parte ciertas, no son excluyentes. A diferencia de las células, los virus actuales no comparten todos ellos un mismo ancestro común, no tienen todos un mismo origen evolutivo único. Quizá han surgido varias veces a lo largo de la evolución y por mecanismos diferentes. Quizá algunos, como los retrovirus y los bacteriófagos, hayan surgido a partir de elementos genéticos que se han *escapado* de las células, otros como los virus ADN más complejos fueron células primitivas que fueron degenerando hasta hacerse parásitos obligados, y quizás los actuales virus con genoma ARN de cadena simple sean descendientes de aquellas moléculas primigenias de la era prebiótica. Quizás algunos tengan un origen celular y otros hayan contribuido al origen de las mismas células. No sabemos a ciencia cierta si son seres vivos, ignoramos su origen, pero no cabe duda de que sin virus la vida en el planeta no sería como la conocemos hoy en día.

El kuru: ¿por qué no es sano el canibalismo?

En la década de los años 50, un grupo de investigadores, entre ellos algunos antropólogos, visitaron una región montañosa de Papúa-Nueva Guinea donde vivía una tribu de aborígenes, los fore. Estos tenían la mala costumbre de comerse a sus familiares muertos, como signo de amor y respeto, como parte de sus rituales fúnebres. Las mujeres, los niños menores de 10 años y las personas mayores se comían el cerebro y otros órganos internos, mientras que los hombres o no participaban o solo comían carne de otros hombres. Los antropólogos descubrieron que los fore comenzaron a practicar el canibalismo a principios de siglo XX. Además de estos gustos culinarios, los investigadores encontraron que los fore padecían una rara enfermedad que ellos denominaban kuru, que significa *enfermedad de la risa.* El kuru llegó a ser una auténtica epidemia entre los fore. En algunos poblados fue la causa de muerte más frecuente. Afectaba sobre todo a las mujeres de la tribu: era ocho veces más frecuente en mujeres, niños pequeños y ancianos que en los hombres. Menos del 10% de las mujeres sobrevivían más allá de la edad de procreación. Los síntomas del kuru comenzaban con problemas al andar, temblores, pérdida de la coordinación y dificultad en el habla. Los síntomas continuaban con movimientos bruscos, accesos de risa incontrolada, depresión y lentitud mental. En la fase terminal, el paciente padecía incontinencia, dificultad para deglutir y úlceras profundas. Se trataba por tanto de una grave enfermedad neurológica.

Aunque el kuru no afectaba a otras tribus aborígenes del país, los investigadores descartaron que fuera una enfermedad hereditaria: se extendió muy rápidamente entre los fore durante el siglo XX y no podían ser todos descendiente de un único individuo. En seguida se relacionó con el canibalismo, que solo practicaban ellos. Desde que se les convenció de que es mejor no comerse a los familiares, el kuru desapareció prácticamente en una generación. No se ha visto ningún caso en los nacidos desde 1957, cuando se acabó con el canibalismo. Sin embargo, como el periodo de incubación de la enfermedad es de varias décadas, todavía aparecieron algunos casos aislados, en personas ancianas que practicaron el canibalismo siendo niños.

Uno de los primeros investigadores del kuru fue el virólogo Daniel C. Gadjusek. Para demostrar que era una enfermedad infecciosa que se contraía por comer cerebros humanos, inoculó en el cerebro de chimpancés sanos suspensiones de cerebros de pacientes muertos por kuru. Como el periodo de incubación de la enfermedad es tan largo, tuvo que esperar casi dos años para ver que los chimpancés enfermaran con los mismos síntomas. Estos experimentos llevaron a la conclusión de que el kuru estaba causado por un agente infeccioso que, en ese momento, se pensó que podía ser un virus latente. En aquellos años se creía que algunas enfermedades estaban causadas por un tipo de virus todavía no identificado con periodos de incubación muy largos, incluso de varios años. Eran las denominadas enfermedades por virus *lentos.* Se comprobó que los síntomas del kuru eran muy similares a los de las encefalopatías espongiformes, como el *scrapie* o *tembladera* de las ovejas y la enfermedad neurodegenerativa humana de Creutzfeldt-Jakob. Gajdusek sugirió que tanto el kuru como la enfermedad de Creutzfeldt-Jakob estaban causadas por un agente infeccioso todavía no identificado. Se ha sugerido que el kuru comenzó cuando los aborígenes se comieron a un misionero que falleció de la enfermedad de Creutzfeldt-Jakob. Daniel C. Gadjusek recibió el premio Nobel de Medicina en 1976.

Unos años antes, en 1972, el joven Stanley B. Prusiner comenzó su investigación para intentar aislar el agente infeccioso que causaba estas enfermedades. Diez años después, Prusiner y su equipo aisló una proteína infecciosa del cerebro de un animal a la que denominaron prion, un nombre que hacía alusión al término en inglés *proteinaceous infectious particle.* Al principio, la comunidad científica fue muy crítica con la hipótesis de Prusiner, ya que según él este agente infeccioso no tenía ni ADN ni ARN. Según Prusiner, existían dos formas de la proteína: la proteína prion normal (PrPc) y la proteína prion infecciosa (PrPsc). La forma infecciosa de la proteína prion tiene alterada su estructura y se pliega de manera incorrecta. Cuando un prion infeccioso PrPsc entra en un organismo sano interacciona con la proteína prion normal PrPc que existe en el organismo y la modifica, cambiando su estructura y convirtiéndola en prion infeccioso. Esto provoca una reacción en cadena que produce grandes cantidades de la proteína prion infecciosa que se acumula y causa la enfermedad. Una misma proteína, con la misma secuencia, pero con conformaciones y estructuras diferentes: una hipótesis descabellada en aquellos años.

Hoy sabemos que los priones, y no los virus, son responsable de las encefalopatías espongiformes transmisible, como el *scrapie* y la encefalopatía espongiforme bovina (la famosa *enfermedad de las vacas locas*), el kuru, la enfermedad de Creutzfeldt-Jakob, de Gerstmann-Straussler-Scheinker y el insomnio familiar fatal en humanos. El canibalismo no es nada saludable, entre otras muchas razones porque puede causar el kuru. Algo parecido ocurrió con la crisis de las *vacas locas* a finales de los 80. A las vacas se les alimentaba con piensos ricos en proteínas de origen animal. De esta forma engordaban antes y producían más carne. La encefalopatía espongiforme bovina ocurrió por un cambio en el sistema de fabricación de estos piensos, que se preparaban con carcasas, restos y vísceras de animales (ovejas y vacas, principalmente). El nuevo sistema de fabricación no inactivaba los priones infecciosos presentes en los piensos. En realidad, estábamos dando de comer a las vacas restos de vacas, y pasó lo mismo que a los de la tribu fore. Si las vacas hubieran comido hierba en vez de pienso fabricado con restos de vacas no se habrían vuelto locas. Y si los fore hubieran celebrado los funerales de una forma un poco más civilizada y no se hubieran comido los sesos del difunto, no habrían contraído la *enfermedad de la risa*. Por cierto, la descabellada hipótesis de los priones de Prusiner hizo que le otorgaran el premio Nobel de Medicina en 1997. El único dogma en biología es que en biología no hay dogmas.

Conclusión

Para muchos, lo que hemos vivido durante el año 2020 es lo más parecido a una guerra. Las guerras no sabemos ni cuándo ni cómo acaban. Pero las epidemias empiezan, tienen un pico y terminan. En una epidemia al principio el número de personas susceptibles de infectarse es alto y el número de infectados aumenta con rapidez. Conforme va pasando el tiempo, el número de susceptibles va disminuyendo —porque se han curado, se han inmunizado, los hemos vacunado... o se han muerto—. Cada vez hay menos gente para infectarse y llegamos al pico de la epidemia. Para que se retrase y se reduzca ese pico no hay más remedio que cortar la cadena de transmisión del virus y eso, cuando el virus es nuevo, solo lo podemos hacer con medidas de confinamiento y aislamiento. Las epidemias se pasan y sabemos que vamos a ganar, aunque el número de bajas y el golpe sea considerable. Pero también en momentos duros hay motivos para la esperanza. En 1918 ocurrió la que ha sido la pandemia más grande del siglo XX: la gripe de aquel año causó más muertos en 25 semanas que el VIH en 25 años, más muertos que la Gran Guerra, la Primera Guerra Mundial. Pero hoy, un siglo después, podemos afirmar que jamás hemos estado tan bien preparados para combatir una pandemia. Desde que, a finales de diciembre de 2019, China notificó a la OMS los primeros casos de una neumonía grave de origen desconocido, una multitud de científicos y científicas de todo el planeta se han puesto a investigar la causa, a buscar una solución y a desempolvar experimentos realizados con anterioridad contra otros patógenos. Todavía tenemos muchas preguntas pendientes, pero jamás la ciencia había conocido tanto de un virus que se descubrió hace tan solo unos meses. En unos meses, ya hubo varias propuestas terapéuticas —antivirales— y vacunas contra el nuevo coronavirus. Todo ese conocimiento acumulado permitió ir a una velocidad nunca antes vista. A la ciencia le pedimos certezas absolutas, pero la ciencia no tiene todas las respuestas. Hay momentos de incertidumbre, pero tenemos que apostar por el conocimiento. Ahora miramos a los laboratorios de investigación, que hemos tenido estrangulados durante una década. Ahora nos damos cuenta de que las amenazas son globales, también las enfermedades infecciosas, y requieren soluciones globales. Más del 60% de los nuevos patógenos emergentes o reemergentes provienen de los animales, y los cambios ambientales y ecológicos influyen en la distribución de las enfermedades. Por eso, ahora cobra todavía más sentido la estrategia *One Health*: el trabajo conjunto entre los profesionales de la salud humana, la salud animal y el medio ambiente. Solo así podremos combatir la próxima pandemia. Ojalá apostemos por el conocimiento, por la ciencia y la investigación, y por la colaboración. La ciencia es un bien humano que debe ser independiente de cualquier ideología y que debe estar siempre al servicio de la humanidad. La ciencia es necesaria para el verdadero progreso, para asegurar la vida, la igualdad y la dignidad del ser humano.

Bibliografía

A giant virus in amoebae. La Scola B, y col. Science. 2003. 299 (5615): 2033.

A novel coronavirus associated with severe acute respiratory syndrome. Ksiazek TG, y col. *The New England Journal of Medicine.* 2003. 348 (20): 1953-1966.

Identification of a novel coronavirus in patients with severe acute respiratory syndrome. Drosten C, y col. *The New England Journal of Medicine.* 2003. 348 (20): 1967-1976.

SARS and Carlo Urbani. Brigg Reilley MPH, y col. *The New England Journal of Medicine.* 2003. (348): 1951-1952.

Resurrected influenza virus yields secrets of deadly 1918 pandemic. *Kaiser J. Science.* 2005. 310 (5745): 28-29.

Characterization of the reconstructed 1918 Spanish influenza pandemic virus. Tumpey TM, y col. *Science.* 2005. 310 (5745): 77-80.

Aberrant innate immune response in lethal infection of macaques with the 1918 influenza virus. Kobasa D, y col. *Nature.* 2007. 445: 319-323.

Virus: estudio molecular con orientación clínica. Shors, T. Editorial Médica Panamericana, 2009.

Bacteriophages as potential new therapeutics to replace or supplement antibiotics. Kutateladze M, y col. *Trends Biotechnology.* 2010. 28 (12): 591-595.

Viral obesity: fact or fiction? Mitra AK, y col. *Obesity Reviews.* 2010. 11 (4): 289-296.

Origins of HIV and the AIDS pandemic. Sharp PM, y col. 2011. *Cold Spring Harbor Perspectives in Medicine.*

Prevention of HIV-1 infection with early antiretroviral therapy. Cohen MS, y col. *The New England Journal of Medicine.* 2011. 365 (6): 493-505.

Discovery of an Ebolavirus-like filovirus in Europe. Negredo A, y col. *PLoS Pathogens.* 2011. 7 (10): e1002304.

Informe de situación y evaluación de riesgo de transmisión de fiebre hemorrágica de Crimea-Gongo (FHCC) en España. Octubre 2011. Ministerio de Sanidad, Política Social e Igualdad, Gobierno de España. http://www.msssi.gob.es/gl/profesionales/saludPublica/ccayes/analisisituacion/doc/crimeaCongo.pdf

Intravenous delivery of a multi-mechanistic cancer-targeted oncolytic poxvirus in humans. Breitbach, C.J., y col. *Nature.* 2011. 477 (7362): 99-102.

Distant Mimivirus relative with a larger genome highlights the fundamental features of Megaviridae. Arslan, D., y col. *Proceedings of the National Academy of Sciences USA.* 2011. 108 (42): 17486-17491.

Airborne transmission of influenza A/H5N1 virus between ferrets. Herfst S, y col. *Science.* 2012. 336: 1534-1541.

Global burden of cancers attributable to infections in 2008: a review and synthetic analysis. De Martel, C., y col. *The Lancet Oncology*. 2012. 13 (6): 607-615.

Adenovirus 36 infection and obesity. Esposito S, y col. *Journal of Clinical Virology*. 2012. 55 (2): 95-100.

Neandertal and Denisovan retroviruses. Agoni, L., y col. *Current Biology*. 2012. 22 (11): R437-R438.

Myxomatosis in Australia and Europe: a model for emerging infectious diseases. Kerr PJ. *Antiviral Research*. 2012. 93 (3): 387-415.

Endogenous viruses: insights into viral evolution and impact on host biology. Feschotte, C., y col. *Nature Review of Genetics*. 2012. 13 (4): 283-296.

Experimental adaptation of an influenza H5 HA confers respiratory droplet transmission to a reassortant H5 HA/H1N1 virus in ferrets. Imai M, y col. *Nature*. 2012. 486: 420-428.

Evidence in Australia for a case of airport dengue. Whelan P, y col. *PLoS Neglected Tropical Diseases*. 2012. 6 (9): e1619.

Variola virus in a 300-year-old siberian mummy. Biagini, P., y col. *New England Journal of Medicine*. 2012. 367: 2057-2059.

West Nile Virus: frequently asked questions. A report from the American Academy of Microbiology, 2013.

Evolución del SIDA en España. Díez M y Díaz A. *Investigación y Ciencia*. 2013. 442: 60-64.

Viruses throughout life & time: friends, foes, change agents. 2013. A report on an American Academy of Microbiology Colloqium. San Francisco, *American Academy of Microbiology*.

A strategy to estimate unknown viral diversity in mammals. Anthony, S. J., y col. *mBio*. 2013. 4 (5): e00598-1

Molecular evolution in court: analysis of a large hepatitis C virus outbreak from an evolving source. González-Candelas, F., y col. *BMC Biology*. 2013. 11 (1).

Comparative analysis of bat genomes provides insight into the evolution of flight and immunity. Zhang, G., y col. Science. 2013. 339 (6118): 456-460.

Pandoraviruses: amoeba viruses with genomes up to 2.5 Mb reaching that of parasitic eukaryotes. Philippe N, y col. *Science*. 2013. 341 (6143): 281-286.

Thirty-thousand-year-old distant relative of giant icosahedral ADN viruses with a pandoravirus morphology. Legendre M, y col. Proceedings of the National Academy of Sciences USA. 2014. 111 (11): 4274-4279.

Bat flight and zoonotic viruses. O'Shea, T. J., y col. *Emerging Infectious Disease*. 2014. 20(5): 751-745.

First case of locally acquired chikungunya is reported in US. McCarthy, M. *British Medical Journal*. 2014. 349: g4706.

Emergence of Zaire Ebola virus disease in Guinea. Baize S, y col. *The New England Journal of Medicine*. 2014. 371 (15): 1418-1425.

HIV epidemiology. The early spread and epidemic ignition of HIV-1 in human populations. Faria NR, y col. Science. 2014. 346 (6205): 56-61.

Ebola by the numbers: The size, spread and cost of an outbreak. Butler D, y col. *Nature*. 2014. 514: 284–285.

Chlorovirus ATCV-1 is part of the human oropharyngeal virome and is associated with changes in cognitive functions in humans and mice. Yolken, R.H., y col. *Proceedings of the National Academy of Sciences USA*. 2014. 111 (45): 16106-16111.

Reduced vaccination and the risk of measles and other childhood infections post-Ebola. Takahashi, S., y col. *Science.* 2015. 347 (6227): 1240-1242.

Global Challenges. Twelve risks that threaten human civilisation. The case for a new category of risks. 2015. *Global Challenges Foundation.* Stockholm, Sweden.

Death from 1918 pandemic influenza during the First World War: a perspective from personal and anecdotal evidence. Wever PC, y col. *Influenza Other Respir Viruses.* 2014. 8(5):538-46.

Este libro se terminó de imprimir el día 7 de octubre de 2020. Tal día de 1885, nacía en Copenhague Niels Henrik David Bohr, uno de los físicos que más aportaron al conocimiento del átomo y la mecánica cuántica.

31901066185051